"十三五"江苏省高等学校重点教材

电 工 技 术

王 勤 刘海春 翁晓光 编著

科学出版社

北 京

内 容 简 介

本书是南京航空航天大学精品教材，同时也是"十三五"江苏省高等学校重点教材(编号：2019-2-112)。全书采用模块化教材编写体系，共 6 个模块，分别是直流电路(电路元件与电路定律、电路的分析方法、电路的暂态分析)、交流电路(正弦交流电路、非正弦周期电流电路、三相电路)、电磁学、电动机(交流电动机、直流电动机)、电动机控制电路(继电接触器控制系统、可编程逻辑控制器)、电路仿真。

本书引入了最新的国家及国际电工委员会(IEC)标准，进一步强化了电工课程的"应用性""工程性"特征。

本书可作为普通高等学校非电类专业"电工与电子技术""电工基础"等课程的教材，也可供相关工程技术人员参考。

图书在版编目(CIP)数据

电工技术/王勤，刘海春，翁晓光编著. —北京：科学出版社，2020.9
"十三五"江苏省高等学校重点教材
ISBN 978-7-03-064904-1

Ⅰ. ①电… Ⅱ. ①王…②刘…③翁… Ⅲ. ①电工技术-高等学校-教材 Ⅳ. ①TM

中国版本图书馆 CIP 数据核字(2020)第 066187 号

责任编辑：余 江 / 责任校对：王 瑞
责任印制：张 伟 / 封面设计：迷底书装

科 学 出 版 社 出版
北京东黄城根北街 16 号
邮政编码：100717
http://www.sciencep.com
天津市新科印刷有限公司 印刷
科学出版社发行 各地新华书店经销
*
2020 年 9 月第 一 版 开本：787×1092 1/16
2023 年 7 月第四次印刷 印张：17 1/4
字数：409 000
定价：59.80 元
(如有印装质量问题，我社负责调换)

前　言

　　"电工技术"是工科非电类专业一门重要的技术基础课程,它将建立起这些专业所属学科与信息类学科相融合的桥梁。在现代信息社会,电工技术对国民经济的基础支撑及推动作用显得更为突出,这也对新时代电工课程的教学、教材的编写提出了更新和更高的要求。

　　本书是根据教育部《普通高等学校本科专业目录和专业介绍(2012年)》中机械类、能源动力类、材料类、交通运输类等专业对电工技术的知识能力要求,以及我国于2016年正式加入的国际本科工程学位互认协议——《华盛顿协议》对课程达成度的要求,并结合本课程的知识体系特点而编写的。

　　本书在内容的安排上,本着"厚基础、重应用"的原则,在体现电工技术学科发展前沿的同时,更加重视知识理论在工程实际中的应用。

　　本书主要特色如下:

　　(1) 紧跟学科技术前沿及相关行业、专业技术标准。例如,在"正弦交流电路"和"直流电动机"中,分别增加了先进的电子镇流器电路及无刷直流电机的相关介绍;在"三相电路"中,增加了在航空、舰船等领域广泛应用的400Hz中频电力系统,并将国际电工委员会(IEC)及我国相关部门制定的部分技术标准融入相关内容中。

　　(2) 工程特色鲜明。对于一些重要的知识点,增加了相关的工程应用案例,使学生学以致用,有效增强其学习体验。此外,在每一章的最后,均设置了"工程应用",对工程案例进行了详细的分析和介绍。

　　(3) 配套资源丰富。针对书中的重点、难点,结合数字化出版技术,提供了12个教学视频(书中二维码链接),为读者的学习提供有效帮助。

　　由于非电类专业众多,对电工技术的要求也不尽相同,为方便各专业的教学,将本书的内容分为三类。

　　(1) 基本内容。即教学基本要求所规定的内容。

　　(2) 选讲内容(标以"*")。如受控源电路、电磁铁等,适合机电类等专业。

　　(3) 拓展性内容(标以"△")。如直流电动机、可编程逻辑控制器(PLC)等,适合对电工技术有较高要求的教学对象。

　　本书具体分工如下:第1、2、8章由翁晓光编写,第3、10章由金艳编写,第4章由翁晓光、金艳、罗运虎编写,第5章由罗运虎编写,第6、9章由刘海春编写,第7、12章由郭健编写,第11章由王勤编写。书中二维码视频资源由刘海春、翁晓光和郭健制作完成。

　　由于编者水平有限,本书难免存在不妥或疏漏之处,敬请读者批评指正。

　　编者邮箱:nuaalhc@nuaa.edu.cn

编　者

2020年3月

目　录

第一篇　直　流　电　路

第二篇 交 流 电 路

第三篇 电 磁 学

第四篇 电 动 机

第五篇　电动机控制电路

第六篇 电 路 仿 真

第一篇 直流电路

第1章 电路元件与电路定律

内容概要: 电路是人们利用电能的基本载体,而其中的电路元件与电路基本概念、定律则是电路分析的基础。本章主要介绍电路模型、电路的基本物理量、电路元件、电路的工作状态和基尔霍夫定律等。

重点要求: 了解电路的组成和电路模型的概念;掌握电流和电压的参考方向;掌握电路元件的基本电特性;熟练运用基尔霍夫定律分析简单电路;了解工程应用电路的分析方法。

1.1 电路和电路模型

1.1.1 电路的组成

电路是电流的通路,它是为实现某种功能由若干电气设备或元器件按一定方式连接而成的。电路的结构形式和所能完成的任务是多种多样的。简单的电路如手电筒电路,复杂的电路如电力系统、电气控制系统等。通常把比较复杂的电路称为网络,电路与网络没有本质上的区别。

电路一般由电源、负载和中间环节三部分组成。

电源是提供电能的设备,如发电机、电池等。

负载是取用电能、将电能转换为其他形式能量的装置,例如,电动机将电能转换为机械能,灯泡将电能转换为光能等。

连接电源与负载的是中间环节,它起到传输、分配电能的作用。中间环节包括连接导线、控制电器和保护元件(开关、熔断器)等。

图 1-1-1 是一个供电电路,电源提供的电能转换为光能,其中熔断器 FU 可在发生短路事故时保护电源和负载免受损坏。

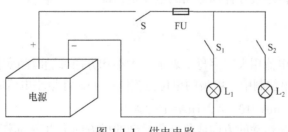

图 1-1-1 供电电路

电路的种类繁多，但构成电路的目的一般而言不外乎是进行电能的传输、分配与转换或进行信号的传递、处理与运算。不管哪类电路，其基本组成部分仍然是电源、负载(用电设备)及其连接。

1.1.2 电路模型

由于组成电路的电气设备和器件种类繁多，即使很简单的部件在工作时往往也会产生很复杂的电磁效应。例如，一个白炽灯在通电后除了会发光发热(电阻性)外，在灯丝两头有电压，故两极之间会有电场(电容性)，通过灯丝的电流还会产生磁场(电感性)。白炽灯工作中同时存在三种物理效应，但是其灯丝的发热效应是主要的，而电容性和电感性很小，可忽略不计，因此可以将白炽灯理想化为一个电阻元件。

为了便于对实际电路进行分析，将电路中的所有实际元器件理想化，即在一定条件下突出其主要的电磁效应，忽略其次要因素，将其看作理想电路元件，由理想电路元件(简称电路元件)所组成的电路，就是实际电路的电路模型。理想电路元件有电阻元件、电感元件、电容元件和理想电压源、理想电流源，这些元件分别由相应的参数来表征。

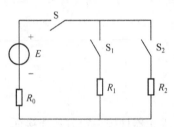

图 1-1-2　图 1-1-1 的电路模型

将图 1-1-1 所示的供电电路中的元器件，均用能表示其电磁效应的理想电路元件代替，并适当连接后得到了图 1-1-2 所示电路，该电路称为实际电路的模型。在图 1-1-2 中，电源用理想电压源 E 与内电阻 R_0 串联来表示，R_0 用于表示电源内部的发热损耗；R_1 和 R_2 分别表示两盏白炽灯；连接导线(包括开关和熔断器)的电阻忽略不计，认为是无电阻的理想导体。

本书所分析的都是电路模型，简称电路，电路分析就是对电路模型的分析。在电路图中，各种电路元件用规定的电路符号表示。

1.2　电路的基本物理量及其参考方向

电路的工作是以电路中的电压、电流等物理量来描述的，在进行电路分析时不仅要求出电压、电流等物理量的数值，还要确定它们的实际方向。电压、电流的实际方向可以通过设定参考方向的方法来确定。

1.2.1 电流及其参考方向

电流是单位时间内通过导体横截面的电荷量，即

$$i = \frac{\mathrm{d}q}{\mathrm{d}t} \tag{1-2-1}$$

恒定电流即直流电流用大写字母 I 表示，大小和方向都随时间变化的交变电流用小写字母 i 表示。在国际单位制中，电流的单位是安[培](A)，计量小电流时，以毫安(mA)或微安(μA)为单位。其中 $1\mathrm{mA}=10^{-3}\,\mathrm{A}$，$1\mu\mathrm{A}=10^{-6}\,\mathrm{A}$。

习惯上规定正电荷运动的方向或负电荷运动的反方向为电流的实际方向。电流的实际

方向是客观存在的。但是在分析和计算较为复杂的电路时，往往很难事先判断某元件中电流的实际方向。为方便分析，常常任意选定一个方向作为电流的参考方向。参考方向又称为正方向。按照所选定的参考方向分析电路，如果得出的电流为正值，表明电流实际方向与选定的参考方向一致；反之，则表明实际方向与参考方向相反。可以通过电流的参考方向和电流值的正、负判断出电流的实际方向。在参考方向选定之后，电流值就有了正负之分。

电流的参考方向一般用箭头表示，也可以用双下标表示。例如，I_{AB} 表示该电流的参考方向是由 A 指向 B，显然 $I_{AB} = -I_{BA}$。

1.2.2 电压及其参考方向

电场力把单位正电荷由 A 点移至 B 点时所做的功，定义为 A、B 两点之间的电压，即

$$u_{AB} = \frac{dW}{dq} \tag{1-2-2}$$

恒定电压即直流电压用大写字母 U 表示，交变电压用小写字母 u 表示。在国际单位制中，电压的单位是伏[特](V)，计量小电压时，以毫伏(mV)或微伏(μV)为单位，计量大电压时，则以千伏(kV)为单位。其中 $1mV=10^{-3}$ V，$1\mu V=10^{-6}$ V，$1kV=10^{3}$ V。

电路中任意两点间的电压就是这两点间的电位之差，即

$$U_{AB} = V_A - V_B \tag{1-2-3}$$

式中，V_A、V_B 分别为 A 点和 B 点的电位。电压的实际方向规定为从高电位端指向低电位端，即电位降低的方向。

在分析电路中某个元件两端的电压时，也要任意选定一个方向作为它的参考方向，即哪端电位高，哪端电位低。按照所选定的参考方向分析电路，如果得出的电压为正值，表明电压的实际方向与参考方向一致；反之，则表明实际方向与参考方向相反。

电压的参考方向可以用极性"+""-"表示，也可以用双下标表示。例如，A、B 两点间的电压 U_{AB} 表示该电压的参考方向是由 A 指向 B，即 A 点的参考极性为"+"，B 点的参考极性为"-"。显然 $U_{AB} = -U_{BA}$。

需要指出的是，尽管一个元件的电流、电压的参考方向可以任意选定，但是参考方向一经确认，在整个分析计算过程中就不能更改，否则会引起混乱而导致错误。

若元件的电压、电流参考方向的选择如图 1-2-1(a)所示，即电压和电流的参考方向一致，则称 U、I 为关联参考方向。相反，若 U、I 参考方向的选择如图 1-2-1(b)所示，则称 U、I 为非关联参考方向。

$$\text{(a) 关联} \qquad\qquad \text{(b) 非关联}$$

图 1-2-1 关联和非关联参考方向

为分析方便起见，常常采用关联参考方向。在关联参考方向下，就不必同时标出电压和电流的参考方向，只标出一个即可。

1.2.3 电位

在电路中任选一点 O 作为参考点，则由某点 A 到参考点的电压 U_{AO} 称为 A 点的电位，记为 V_A，即 $V_A = U_{AO}$。

在计算电位时，必须选定电路中的某一点作为参考点，并规定参考点的电位为零。参考点是任意选择的，所以在电路中某一点的电位会随着参考点的改变而改变，但是任意两点之间的电压是不变的，与参考点的选择无关。在一个连通的系统中，只能选择一个点作为参考点。

在电子电路中，常选择一条特定的公共线作为参考点，这条公共线一般是很多元件的汇集处，而且常常是电源的一个极，这条线虽然不接地，但有时也称为地线。参考点用接地符号"⊥"表示。

电位的单位与电压相同，也是伏[特](V)。

在电子电路中常采用一种习惯画法，当电源有一端与参考点相连时，不再画出电源符号，只需在电源的另一端标出该端相对参考点的电压数值和极性即可，如图 1-2-2 所示，图(b)、(c)都是图(a)的简化画法。

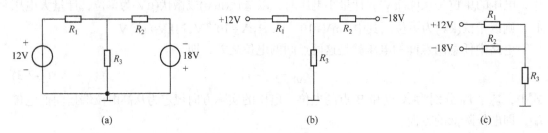

图 1-2-2　电子电路的习惯画法

1.2.4 电功率

电路元件在单位时间内输出或者消耗的电能称为电功率，简称功率，功率 P 的表达式为

$$P = UI \tag{1-2-4}$$

式中，功率 P 的单位是瓦[特](W)。

有两种方法可以确定元件是发出功率还是吸收功率。

(1) 如果元件的电压和电流是关联参考方向，则 $P = UI$；若是非关联参考方向则 $P = -UI$。将按照此参考方向计算出来的电压、电流值代入相应的计算公式中，注意此时的电压、电流有可能是正值，也有可能是负值。如果计算结果为 $P > 0$，表明该元件吸收功率，是负载或者起负载作用。反之，若计算结果为 $P < 0$，表明该元件发出功率，是电源或者起电源作用。

【**例 1.2.1**】　在图 1-2-3 中，N_1 和 N_2 表示两个不同的电路，在图示参考方向下，两个电路的电压 U=20V，电流 I=2A，求这两个电路的功率，并说明其是负载还是电源。

　　解　在图 1-2-3(a)中，电压、电流是非关联参考方向，有

$$P = -UI = -40\text{W} < 0$$

所以电路 N_1 发出功率，是电源。

在图 1-2-3(b)中，电压、电流是关联参考方向，有

$$P = UI = 40\text{W} > 0$$

所以电路 N_2 吸收功率，是负载。

(2) 可以根据 U、I 的实际方向确定某元件是电源还是负载。如果电流是从电压"+"端流出，元件发出功率；如果电流是从电压"+"端流入，元件吸收功率。

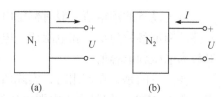

图 1-2-3　例 1.2.1 的电路

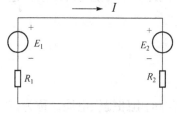

图 1-2-4　例 1.2.2 的电路

【例 1.2.2】 在图 1-2-4 所示电路中，已知 E_1=223V，E_2=217V，$R_1=R_2$=0.6Ω。(1)试求电路中的电流 I；(2)试求各元件的功率，并校验功率平衡。

解 (1) 这是一个简单的串联电路，可得

$$I = \frac{E_1 - E_2}{R_1 + R_2} = \frac{223 - 217}{0.6 + 0.6} = \frac{6}{1.2} = 5(\text{A})$$

(2) 由于 E_1、E_2 和 I 均为正值，表明这三个电量的实际方向与参考方向相同，即图中所标出的方向就是它们的实际方向。

E_1：电流从"+"端流出，发出功率，为电源，$P_{E_1} = E_1 I = 223 \times 5 = 1115(\text{W})$。

E_2：电流从"+"端流入，吸收功率，要注意的是虽然 E_2 形式上为电源，但是它吸收功率，起负载作用，$P_{E_2} = E_2 I = 217 \times 5 = 1085(\text{W})$。

R_1 和 R_2：电阻元件总是吸收功率，消耗能量，则有

$$P_{R_1} + P_{R_2} = I^2 R_1 + I^2 R_2 = 2 \times 5^2 \times 0.6 = 30(\text{W})$$

所以电路

$$P_{发出} = P_{E_1} = 1115\text{W}$$

$$P_{吸收} = P_{E_2} + P_{R_1} + P_{R_2} = 1085 + 30 = 1115(\text{W})$$

$P_{发出} = P_{吸收}$，所以功率平衡。

1.2.5　电气设备的额定值

电气设备都有一个由生产厂家规定的正常使用的工作电压、工作电流或功率值，称为额定值。例如，一盏电灯的电压是 220V，功率是 60W，这就是它的额定值。电气设备按额定值工作时，不会产生过热、绝缘击穿等问题，工作安全可靠、经济合理并可达到规定的使用寿命。

大多数电气设备的使用寿命与其使用的绝缘材料的耐热性能及绝缘强度有关。当电流超过额定值过多时，由于发热过甚，绝缘材料将受到损坏；当所加电压超过额定值过多时，绝缘材料可能被击穿。这些都会降低设备的使用寿命，严重时甚至会造成重大事故。反之，如果设备长期在低于额定值情况下运行，不仅得不到正常合理的工作情况，而且电气设备不能被充分利用，效率降低造成浪费。对于某些电气设备(如异步电动机)，低于额定值运行会出现问题，也是不允许的。因此，掌握设备的额定值，根据给出的额定值正确使用电气设备是非常重要的。

电气设备的额定值一般有额定电压 U_N、额定电流 I_N、额定功率 P_N 等。电路中，电阻元件的额定参数为功率和电阻值，电感元件的额定参数为电流和电感值，电容元件的额定参数为电压和电容值。

要注意的是，在使用时，实际值不一定等于额定值。例如，一个 220V/40W 电灯，额定电压为 220V，但是由于电源电压经常波动，会稍低于或稍高于 220V，这样电灯工作时实际值并不等于额定值。再如，电动机、变压器等设备，由于它们所带的负载是变化的，在使用时，实际输出电流和功率的大小取决于负载的大小，也就是说负载需要多少功率和电流，它们就提供给多少，所以通常也不一定处于额定状态，因此应尽可能合理地选择这类设备，使它们能经常在接近额定值的状态下工作。

1.3 理想电路元件

电路中的元件可分为有源元件和无源元件。电压源、电流源向电路提供电能，称为有源元件；电阻、电感和电容元件为无源元件，其中，电阻元件为耗能元件，电感和电容元件为储能元件。本节只讨论电阻元件和电源，电感和电容元件将在第 3 章中介绍。

1.3.1 电阻元件

当电阻 R 的值不随电压或电流的变化而变化(即 R 为常数)时，该电阻称为线性电阻。它的图形符号如图 1-3-1(a)所示，其伏安特性曲线如图 1-3-1(b)所示。线性电阻元件的伏安特

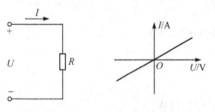

(a) 线性电阻符号　　(b) 伏安特性曲线

图 1-3-1　线性电阻符号及其伏安
特性曲线

性为一条通过坐标原点的直线，该直线的斜率的倒数就是它的电阻值。电阻的单位是欧[姆](Ω)。计量高电阻时，常以千欧(kΩ)或兆欧(MΩ)为单位。其中 $1\text{k}\Omega=10^3\ \Omega$，$1\text{M}\Omega=10^6\ \Omega$。

当电阻元件的电压 U、电流 I 的参考方向如图 1-3-1(a)所示，即取关联参考方向时，其电压 U、电流 I 的欧姆定律关系式为

$$U = IR \tag{1-3-1}$$

若 U、I 取非关联参考方向，则

$$U = -IR \tag{1-3-2}$$

【例 1.3.1】　应用欧姆定律计算图 1-3-2 所示各电路的电压 U，其中 $R=3\Omega$。

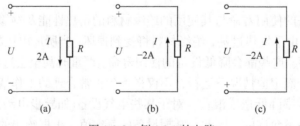

图 1-3-2　例 1.3.1 的电路

解 根据欧姆定律

图(a)中，$U = IR = 2 \times 3 = 6(\text{V})$

图(b)中，$U = -IR = -(-2) \times 3 = 6(\text{V})$

图(c)中，$U = IR = -2 \times 3 = -6(\text{V})$

要注意的是，式中出现了两套正负号，IR 前面的正负号是由欧姆定律决定的，括号里面的正负号表示电流本身数值的正负。

电阻元件是耗能元件，功率为

$$P = UI = I^2 R = \frac{U^2}{R} \tag{1-3-3}$$

电阻元件的额定值，一般有额定功率 P_N(习惯上称为电阻的瓦数)和标称电阻值 R_N(由于制造时存有误差，每个电阻元件的实际电阻值与标称值存在差别)。对线性电阻元件而言，因其 U_N、I_N、P_N、R_N 之间存在一定的关系(式(1-3-3))，所以，当电阻元件给出 P_N 和 R_N 值后，另外两个额定值也就很容易确定。

1.3.2 理想有源元件

理想有源元件是从实际电源元件中抽象出来的。当实际电源本身的功率损耗可以忽略不计，而只起产生电能作用时，这种电源就可以用一个理想有源元件来表示。理想有源元件分理想电压源和理想电流源两种。

1. 理想电压源

理想电压源的电路符号如图 1-3-3 所示，其中图 1-3-3(b)常用于表示干电池。

理想电压源输出电压恒定，与通过它的电流大小无关。理想电压源的输出电流 I 不是定值，与外电路的情况有关。例如，空载时，输出电流 $I = 0$，短路时，电流 $I \to \infty$，输出端接有电阻时，$I = U/R$。但是无论何种情况下，理想电压源两端电压 U 始终不变，等于电压源的电动势 E，即 $U = E$。因此理想电压源又称为恒压源或独立电压源。理想电压源的输出电压与输出电流之间的关系(即伏安特性，也称为外特性)如图 1-3-4 所示。凡是与理想电压源并联的元件，其两端的电压都等于该电压源的电动势。

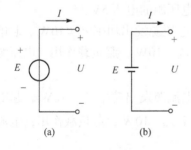

(a)　　　　(b)

图 1-3-3　理想电压源的符号

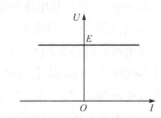

图 1-3-4　理想电压源的外特性曲线

实际的电源，例如，大家熟悉的干电池和蓄电池，在其内部，功率损耗可以忽略不计，即电池的内电阻可以忽略不计时，便可以用理想电压源来代替，其输出电压 U 就等于电池的电动势 E。

2. 理想电流源

理想电流源的电路符号如图 1-3-5(a)所示，它可以提供一个固定的电流 I_S。

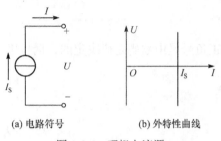

(a) 电路符号   (b) 外特性曲线

图 1-3-5　理想电流源

理想电流源输出电流恒定，与其两端的电压无关。理想电流源的输出电压 U 不是定值，与外电路的情况有关。例如，短路时输出电压 $U=0$，空载时电压 $U \to \infty$，输出端接有电阻时 $U=I_S R$。但是无论何种情况下，理想电流源输出的电流 I 始终不变，就等于电流源的电流 I_S，即 $I=I_S$。因此，理想电流源又称为恒流源或独立电流源。理想电流源的外特性如图 1-3-5(b)所示。凡是与理想电流源串联的元件，其电流都等于该电流源的电流 I_S。

实际的电源，例如，光电池在一定的光线照射下能产生一定的电流，称为电激流。当其内部的功率损耗可以忽略不计时，就可以用理想电流源来代替，其输出电流就等于电池的电激流。

【例 1.3.2】　在图 1-3-6 中，一个理想电压源和一个理想电流源相连，试从功率角度讨论它们的工作状态。

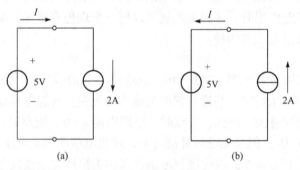

(a)   (b)

图 1-3-6　例 1.3.2 的电路

解　在图 1-3-6 所示电路中，理想电压源中的电流(包括大小和方向)就等于理想电流源发出的电流 2A，理想电流源两端的电压就等于理想电压源的电压 5V。

在图 1-3-6(a)中，电流从电压源的"+"端流出，电压源发出功率 $P_E=10\text{W}$，起电源作用；而电流从电流源"+"端流入，电流源吸收功率 $P_{I_S}=10\text{W}$，起负载作用。电压源发出的功率与电流源吸收的功率相等，电路功率平衡。

在图 1-3-6(b)中，电流从电流源"+"端流出，电流源发出功率 $P_{I_S}=10\text{W}$，起电源作用。而电流从电压源的"+"端流入，电压源吸收功率 $P_E=10\text{W}$，起负载作用；电流源发出的功率与电压源吸收的功率相等，电路功率平衡。

1.4　电路的工作状态

电路工作时，根据电源与负载之间不同的连接方式，电路的工作状态可以分为开路、短路、有载三种状态。

1.4.1 开路

当某一部分电路与电源断开时，这部分电路中没有电流流过，则这部分电路所处的状态称为开路。开路的一般特点如图 1-4-1 所示，开路处的电流等于零，开路处的电压又称为开路电压，常用符号 U_o 表示，其大小应视电路情况而定。

在图 1-4-2 中，当开关 S_1 单独断开时，N_1 所在支路开路；当开关 S_2 单独断开时，N_2 所在支路开路。若开关 S_1 和 S_2 同时断开，即电源与全部负载断开，则电源工作在开路状态，也常称为空载状态。电源开路时，其两端的电压称为开路电压或者空载电压，它等于电源的电动势，即 $U_o=E$。此时电路中电流为零，电源输出功率也为零。

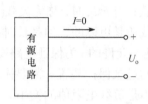

图 1-4-1 开路的一般特点

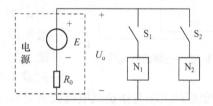

图 1-4-2 电路的开路

1.4.2 短路

当某一部分电路的两端用导线连接起来，使这部分电路的电流全部被导线旁路，这一部分电路所处的状态称为短路或短接。短路的一般特点如图 1-4-3 所示，短路处的电压等于零，短路处的电流视电路情况而定。

在图 1-4-4 中，当开关 S_1 单独闭合时，N_1 被短路；当开关 S_2 单独闭合时，N_2 被短路。当 S_1 和 S_2 全部闭合时，电源所处的状态称为短路(一般不称短接)，此时的电流称为短路电流，用 I_S 表示，即

$$I = I_S = \frac{E}{R_0}$$

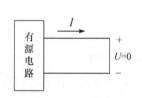

图 1-4-3 短路的一般特点

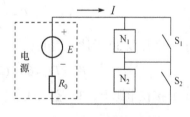

图 1-4-4 电路的短路

短路时，电源的电动势全部降在内阻上。一般情况下，电源的内阻 R_0 都很小，所以电压源短路时其短路电流很大，很容易烧毁电源设备，引起事故。产生短路的原因往往是绝缘损坏或接线不慎。工作中应尽量避免发生这种事故，而且还必须在电路中接入熔断器等短路保护装置，在发生短路时，过大的电流将熔断器烧断，从而迅速将电源与短路部分电路断开，确保电路运行安全。但是有时由于某种需要，可以将电路中的某一段短路(常称为短接)或进行某种短路实验。

1.4.3 有载

在图 1-4-5 中，电源接有负载，电路中有电流流过，此时电路的工作状态称为有载状态，也称负载状态。电路中的电流为

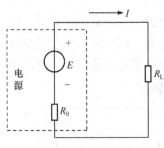

图 1-4-5 电路的有载状态

$$I = \frac{E}{R_0 + R_L}$$

一般来说，电源的电动势和内阻是一定的，所以电流 I 的大小取决于负载电阻 R_L 的大小。当电路中的电流 I 等于电源的额定电流 I_N，即 $I=I_N$ 时，称电路处于满载状态(或额定状态)；当 $I>I_N$ 时，称为过载；当 $I<I_N$ 时，称为欠载(或轻载)。一般来说，短时少量的过载还是可以的，但是长时间的过载可能引起事故的发生，是绝不允许的。为保证电路安全工作，一般需在电路中接入必要的过载保护装置。需要注意的是，所谓负载的大小是指负载电流或者负载功率的大小，而不是负载电阻值的大小。

【例 1.4.1】 标有 220V 60W 字样的白炽灯，试求：(1)其额定电流是多少？(2)若将其接到 110V 的电源上，其实际功率是多少？(3)若接在 220V 电源上，每天用 2h，一个月耗电多少？(4)一台额定功率为 10kW、额定电压为 220V 的直流电源，并接了 30 盏这样的白炽灯，从带载轻重角度考虑，电路处于何种状态？

解 (1) 额定电流

$$I_N = \frac{P_N}{U_N} = \frac{60}{220} = 0.273(A)$$

(2) 灯丝电阻

$$R = \frac{U_N}{I_N} = \frac{220}{0.273} = 806(\Omega)$$

接 110V 电源时的实际功率

$$P = \frac{U^2}{R} = \frac{110^2}{806} = 15(W)$$

(3) 一个月以 30 天计，用电

$$W = Pt = 60 \times (2 \times 30) = 3.6(kW \cdot h) = 3.6(度)$$

(4) 并接在电源上，30 盏灯的总电流为 $I = 30 \times 0.273 = 8.19(A)$，小于电源的额定电流

$$I_N = \frac{P_N}{U_N} = \frac{10 \times 10^3}{220} = 45.5(A)$$

电路处于轻载状态。

或者可以从功率角度来看，每盏灯的功率为 60W，30 盏灯的总功率为 1800W，小于电源的额定功率，电路处于轻载状态。

【例 1.4.2】 若电源的开路电压 U_o=12V，其短路电流 I_S=30A，试问该电源的电动势和内阻各为多少？

解 电源的电动势

$$E=U_0=12\text{V}$$

电源的内阻

$$R_0 = \frac{E}{I_S} = \frac{12}{30} = 0.4(\Omega)$$

这是由电源的开路电压和短路电流计算它的电动势和内阻的一种方法。

1.5 基尔霍夫定律

基尔霍夫定律概括了电路元件间电压、电流关系的约束条件，是分析和计算电路问题的基本依据，它包括电压定律和电流定律。在讨论定律之前，先介绍几个有关的名词术语。

支路：电路中的每一个分支称为支路，一条支路流过同一个电流，称为支路电流。图 1-5-1 中有三条支路，三个支路电流分别为 I_1、I_2、I_3。

节点：三条或者三条以上支路的连接点称为节点。图 1-5-1 电路有两个节点：a 和 b。

回路：由支路所围成的闭合路径称为回路。图 1-5-1 有三个回路：adbca、abca 和 abda。

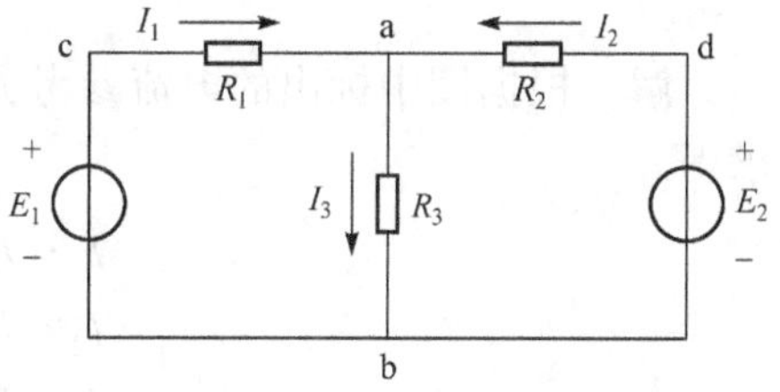

网孔：不包含其他支路的回路称为网孔，网孔

图 1-5-1 支路、节点与回路

是一种特殊的回路，又称为单孔回路，图 1-5-1 有两个网孔：abca 和 abda。

1.5.1 基尔霍夫电流定律

基尔霍夫电流定律(KCL)是用来确定连接在同一节点上的各支路电流间关系的。电流定律指出：由于电流的连续性，在任一瞬间，流入某一节点的电流之和等于流出该节点的电流之和。例如，对图 1-5-1 所示电路的节点 a 来说，该节点与三条支路相连，根据节点电流定律，有

$$I_1 + I_2 = I_3$$

上式也可写成

$$I_1 + I_2 - I_3 = 0$$

也就是说，如果流入节点的电流取正号，流出节点的电流取负号，那么节点 a 上电流的代数和等于零。因此基尔霍夫电流定律还可表述为：在任一瞬间，在任意一个节点上，电流的代数和恒等于零，即

$$\sum I = 0 \tag{1-5-1}$$

基尔霍夫电流定律不仅适用于电路中任一节点，还可以推广应用于包围部分电路的任一假设的封闭面，即在任一瞬间，通过某一闭合面的电流的代数和也恒为零。例如，在图 1-5-2 所示的晶体管中，三个电极的电流代数和为零，即

$$I_B + I_C - I_E = 0$$

由于闭合面具有与节点相同的性质，因此称其为广义节点。

【例 1.5.1】 在图 1-5-3 所示的部分电路中，已知 $I_1 = 3A$，$I_4 = -5A$，$I_5 = 8A$，试求 I_2、I_3 和 I_6。

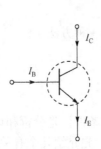

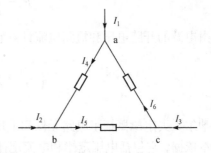

图 1-5-2 广义节点　　　　　　　图 1-5-3 例 1.5.1 的电路

解 根据图中标出的电流参考方向，应用基尔霍夫电流定律，分别由节点 a、b、c 求得

$$I_6 = I_4 - I_1 = -5 - 3 = -8(A)$$
$$I_2 = I_5 - I_4 = 8 - (-5) = 13(A)$$
$$I_3 = I_6 - I_5 = -8 - 8 = -16(A)$$

在求得 I_2 后，I_3 也可以由广义节点求得，即

$$I_3 = -I_1 - I_2 = -3 - 13 = -16(A)$$

1.5.2 基尔霍夫电压定律

基尔霍夫电压定律(KVL)是用来确定回路中各段电压间关系的。电压定律指出：在任一瞬间，从回路中任意一点出发，沿任意循行方向绕行一周，电位降之和等于电位升之和。即

$$\sum U_{电位降} = \sum U_{电位升}$$

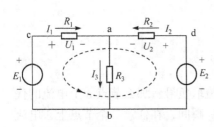

图 1-5-4 基尔霍夫电压定律

也就是说，回到原来的出发点时，该点的电位不会发生变化。基尔霍夫电压定律体现了电位的单值性。

在图 1-5-4 中，对回路 adbca，沿逆时针方向循行一周，可以列出

$$E_1 + U_2 = E_2 + U_1$$

或将上式改写成

$$E_1 - E_2 - U_1 + U_2 = 0 \tag{1-5-2}$$

也就是说，沿回路循行方向，如果电位下降取正，电位上升取负，那么所有电压的代数和为零。因此基尔霍夫电压定律还可表述为：在任一瞬间，沿回路任一循行方向，回路中各段电压的代数和恒为零，即

$$\sum U = 0 \qquad\qquad (1\text{-}5\text{-}3)$$

根据欧姆定律 $U_1 = I_1 R_1$，$U_2 = I_2 R_2$，将其代入式(1-5-2)中得

$$E_1 - E_2 - I_1 R_1 + I_2 R_2 = 0$$

可以看出，在 IR 这一项中，凡是电流的参考方向与回路绕行方向一致者，则该电流在电阻上产生的电压取正号，反之取负号。

基尔霍夫电压定律不仅适用于电路中任一闭合的回路，还可以推广应用于开口回路，即广义的回路。在图 1-5-5 所示的电路中，只有一个真正的回路 abca，对 cdeac 部分，可以把开路电压 U_{ed} 认为是电路的一部分，则可将 cdeac 看作广义回路，沿逆时针方向循行一周，列回路电压方程得

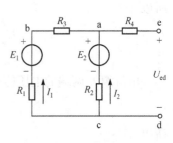

图 1-5-5 电路中的广义回路

$$E_2 - I_2 R_2 - U_{ed} = 0$$

整理上式得

$$U_{ed} = E_2 - I_2 R_2$$

要注意的是，由于 ed 两点开路，因此电阻 R_4 上的电流为零，电压也为零，故上式中没有这一项电压。

U_{ed} 也可以沿另一条计算路径求出。对开口回路 eabcde，仍然沿逆时针方向循行，可列出

$$-I_1 R_3 + E_1 - I_1 R_1 - U_{ed} = 0$$

整理上式得

$$U_{ed} = E_1 - I_1 R_3 - I_1 R_1$$

基尔霍夫电压定律的应用

【例 1.5.2】 电路如图 1-5-6 所示，试求：(1)电流 I_2、I_3；(2)电压 U_{af} 和电流源电压 U_S。

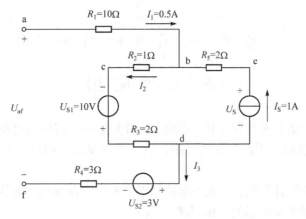

图 1-5-6 例 1.5.2 的电路

解 (1) 根据基尔霍夫电流定律可知

$$I_2 = I_1 + I_S = 0.5 + 1 = 1.5(A)$$

$$I_3 = I_1 = 0.5\text{A}$$

(2) 根据基尔霍夫电压定律，对 abcdfa 回路，沿顺时针方向绕行，有

$$I_1R_1 + I_2R_2 - U_{S1} + I_2R_3 + U_{S2} + I_3R_4 - U_{af} = 0$$

所以

$$\begin{aligned}U_{af} &= I_1R_1 + I_2R_2 - U_{S1} + I_2R_3 + U_{S2} + I_3R_4 \\ &= 5 + 1.5 - 10 + 3 + 3 + 1.5 = 4(\text{V})\end{aligned}$$

电流源 I_S 两端的电压值 U_S，可通过 ebcde 回路求出，即

$$I_SR_5 + I_2R_2 - U_{S1} + I_2R_3 - U_S = 0$$

所以

$$\begin{aligned}U_S &= I_SR_5 + I_2R_2 - U_{S1} + I_2R_3 \\ &= 2 + 1.5 - 10 + 3 = -3.5(\text{V})\end{aligned}$$

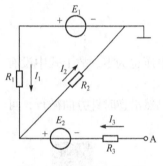

图 1-5-7 例 1.5.3 的电路

使用基尔霍夫电流定律和基尔霍夫电压定律时并没有对构成回路中的元件做出限制，因此基尔霍夫定律只与元件的连接方式有关，而与元件的性质无关，即无论元件是线性的还是非线性的，无论电压、电流是直流还是交流，该定律总是适用的。

【例 1.5.3】 电路如图 1-5-7 所示。已知 $E_1 = 6\text{V}$，$E_2 = 4\text{V}$，$R_1 = 4\Omega$，$R_2 = R_3 = 2\Omega$。求 A 点电位 V_A。

解 $I_1 = I_2 = \dfrac{E_1}{R_1 + R_2} = \dfrac{6}{4+2} = 1(\text{A})$

$$I_3 = 0$$

$$V_A = I_3R_3 - E_2 + I_2R_2 = 0 - 4 + 2 \times 1 = -2(\text{V})$$

或

$$V_A = I_3R_3 - E_2 - I_1R_1 + E_1 = 0 - 4 - 4 \times 1 + 6 = -2(\text{V})$$

1.6 工 程 应 用

电能给人们的生活带来各种便利，但由于人体是导体，在使用电器、操作线路的同时也可能会面临触电事故。因此，在实际中，应高度重视电器用户、工程技术人员的用电安全。

根据触电事故的统计数据，漏电在事故起因的占比约为 50%。本节将结合广义基尔霍夫电流定律，阐述漏电保护器的工作原理。

1.6.1 漏电事故分析

常见的漏电故障有以下几种。

(1) 受潮使电器、供电线路的绝缘性能下降。

(2) 电器及其供电线路绝缘因老化、机械损伤或电压性击穿等原因使一相接地(接触外壳)。

发生漏电故障,如果不及时保护,可能危及人身安全,特别在煤矿井下将导致严重的后果,可能引起瓦斯、煤尘的爆炸。

漏电事故发生率高,隐蔽性强,因此,为保障人员安全,在有条件的场所,应进行漏电保护。

1.6.2 漏电保护器

漏电保护器(residual current device,RCD)也称剩余电流装置,它是在正常工作条件下能接通负载,而当电路的剩余电流(漏电流)在规定的条件下达到其规定值时,能自动动作而断开主电路的一种保护器。

漏电保护器的工作原理图如图 1-6-1 所示。

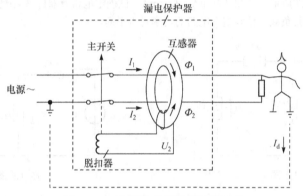

图 1-6-1 单相漏电保护器结构原理

漏电保护器的核心部件是一个电流互感器控制的脱扣器,该互感器感受进出设备的电流之和,根据该电流值的大小控制脱扣器的动作。电路的工作原理简述如下:

(1) 当设备工作正常时,根据广义基尔霍夫电流定律,流过互感器的电流和为零,即 $I_1+I_2=0$,此时互感器产生的磁通抵消,感应电压 $U_2=0$,脱扣器不动作,漏电保护器仅充当开关作用,接通电源和负载;

(2) 当线路由于绝缘损坏、受潮等原因而接触设备外壳,即发生漏电时,人一旦接触设备外壳,将引发触电事故,此时的电流路径见图 1-6-1 中虚线。很明显,由于"漏"走一部分电流,I_1、I_2 之和将不再为零,互感器产生的磁通无法相互抵消,U_2 也不再为零。一旦漏电流超过脱扣器限值,则脱扣器将动作,使主开关断开,切除电源,从而保障人员安全。

考虑到人体安全,以及漏电保护器动作的灵敏性要求,漏电保护器的电流限值通常选择为 30mA。

习　题

1.1　电路是由哪几个基本部分组成的? 构成电路的目的是什么?

1.2　为什么要设电压、电流的参考方向? 电压、电流的参考方向就是它的实际方向吗? 如何根据参考方向判断实际方向?

1.3 求题 1.3 图示电路中开关 S 闭合和断开两种情况下 a、b、c 三点的电位。

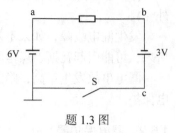

题 1.3 图

1.4 有一台直流发电机,其铭牌上标有 40kW/230V/174A。试问:什么是发电机的空载运行、轻载运行、满载运行和过载运行? 负载的大小,一般指什么而言?

1.5 题 1.5 图示电路中五个元器件代表电源或负载。电流和电压的参考方向如图中所示,通过实验测量得知

$$I_1 = -4A, \quad I_2 = 6A, \quad I_3 = 10A$$

$$U_1 = 140V, \quad U_2 = -90V, \quad U_3 = 60V, \quad U_4 = -80V, \quad U_5 = 30V$$

(1) 试标出各电流的实际方向和各电压的实际极性(可另画一图);

(2) 判断哪些元器件是电源,哪些是负载;

(3) 计算各元器件的功率,电源发出的功率和负载取用的功率是否平衡?

1.6 电路如题 1.6 图所示,已知 I_1=3mA,I_2=1mA。试确定电路元器件 3 中的电流 I_3 和其两端电压 U_3,并说明它是电源还是负载。校验整个电路的功率是否平衡。

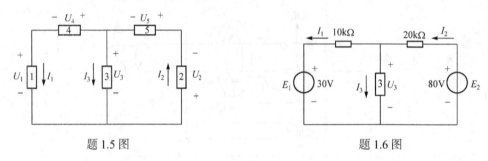

题 1.5 图　　　　　　　　　　题 1.6 图

1.7 有一直流电源,其额定功率 P_N=200W,额定电压 U_N=50V,内阻 R_0=0.5Ω,负载电阻 R_L 可以调节,其电路如图 1-4-5 所示。试求:(1)额定工作状态下的电流及负载电阻;(2)开路状态下的电源端电压;(3)电源短路状态下的电流。

1.8 有一台直流稳压电源,其额定输出电压为 30V,额定输出电流为 2A,从空载到额定负载,其输出电压的变化率为千分之一(即 $\Delta U = \dfrac{U_0 - U_N}{U_N} = 0.1\%$),试求该电源的内阻。

1.9 电路如题 1.9 图所示,求图(a)电路中的电压 U 和电流 I,图(b)电路中的电流 I_1、I_2 及电压 U。

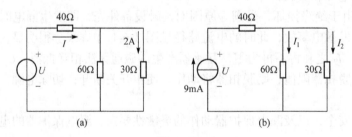

(a)　　　　　　　　　　(b)

题 1.9 图

1.10 电路如题 1.10 图所示,已知 I_1=0.1mA,I_2=0.3mA,I_5=5.2mA,试求电流 I_3、I_4 和 I_6。

1.11 试求题 1.11 图示电路中点 A 和点 B 的电位。如果将 A、B 两点直接连接或者接一个电阻,对电路工作有无影响?

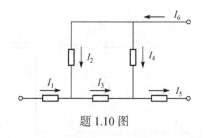

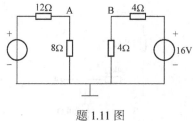

题 1.10 图   题 1.11 图

1.12 在题 1.12 图示电路中，已知 $E_1=10\text{V}$，$E_2=4\text{V}$，$E_3=2\text{V}$，$R_1=4\Omega$，$R_2=2\Omega$，$R_3=5\Omega$，试计算开路电压 U_{ab}。

1.13 电路如题 1.13 图所示，试求 ab 两点间的电压 U。

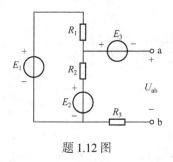

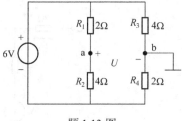

题 1.12 图   题 1.13 图

1.14 电路如题 1.14 图所示，已知 $E=6\text{V}$，$I_S=2\text{A}$，$R_1=2\Omega$，$R_2=1\Omega$。试求开关 S 断开时开关两端的电压 U 和开关 S 闭合时通过开关的电流 I。

1.15 在题 1.15 图示电路中，已知 $E=6\text{V}$，$I_S=2\text{A}$，$R_1=R_2=4\Omega$。试求开关 S 断开时开关两端的电压和开关 S 闭合时通过开关的电流(在图中注明所选定的参考方向)。

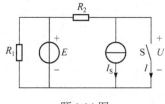

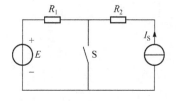

题 1.14 图   题 1.15 图

1.16 电路如题 1.16 图所示，点 a 开路，试计算点 a 的电位。

1.17 电路如题 1.17 图所示，试计算点 a 的电位。

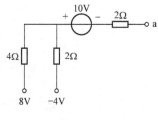

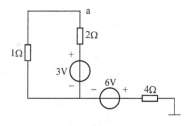

题 1.16 图   题 1.17 图

1.18 电路如题 1.18 图所示，在开关 S 断开和闭合的两种情况下，试求点 a 的电位。

1.19 电路如题 1.19 图所示，求电流 I、电压 U 和电阻 R。

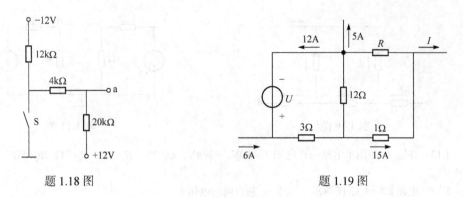

题 1.18 图   题 1.19 图

1.20　试求题 1.20 图示电路中 A、B、C、D 各点的电位。

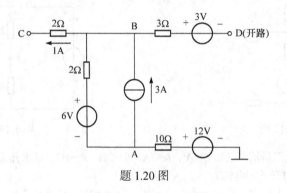

题 1.20 图

第2章 电路的分析方法

内容概要：电阻电路是由电阻和电源(包括受控源)组成的电路。本章从电阻电路入手，介绍了电路的三类分析方法：第一类方法是等效变换法，包括电阻的等效变换和电源的等效变换；第二类方法是应用基尔霍夫定律，列写出必要数量的电压、电流关系式，求解得到所需结果，包括支路电流法和节点电压法；第三类方法是利用电路定律化简求解，包括叠加定理、戴维南定理、诺顿定理、最大功率传输定理。本章的这些分析方法虽然是从电阻电路推导出来的，但也适用于包含电感、电容的交流电路。

重点要求：会用电阻的串并联等效变换、电压源和电流源的等效变换来化简、分析电路；掌握支路电流法和节点电压法的基本原理，对于简单的电网络能熟练地列出相应的方程；熟练掌握叠加定理、戴维南定理和诺顿定理求解电路的方法；了解设计简单电路的思想与方法。

2.1 电阻的等效变换

在分析计算电路的过程中，常常用到等效的概念。电路等效变换是分析电路的重要方法。

2.1.1 等效变换的概念

如果有两个电路 N_1、N_2，它们都是通过两个端钮 a、b 与外部电路相连，这种与外部通过两个端钮相连的电路称为二端电路或二端网络，如图 2-1-1 所示。

图 2-1-1 等效电路的概念

虽然二端网络 N_1、N_2 的内部结构、元件参数不相同，但是从端钮处看，如果它们具有相同的电压、电流关系 $U = f(I)$，则称它们是互相等效的电路，即 N_1 与 N_2 对外电路的影响是相同的。当两者互相替代时，不会改变外电路的工作状态。采用等效变换的方法，就可以用简单电路等效替换结构复杂的电路，使得电路的分析简单便利。需要注意的是，由于 N_1、N_2 的内部结构不同，所以内部的工作状态也并不相同，也就是说这种变换对内部电路是不等效的。

电路等效变换的条件是两电路具有相同的电压、电流特性；等效变换的对象是外电路中的电压、电流。等效变换的目的是化简电路，方便计算。

2.1.2 电阻的串联

如果电路中有两个或更多个电阻一个接一个地顺序相连，各电阻中通过的是同一个电流，这样的连接称为电阻的串联。图 2-1-2 所示是两个电阻串联的电路。

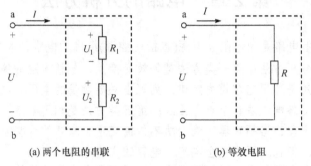

(a) 两个电阻的串联   (b) 等效电阻

图 2-1-2 电阻的串联

在图 2-1-2(a)中，端钮 a、b 处的电压、电流关系为

$$U = U_1 + U_2 = R_1 I + R_2 I = (R_1 + R_2)I$$

而在图 2-1-2(b)中，端钮 a、b 处的电压、电流关系为

$$U = RI$$

若有

$$R = R_1 + R_2 \tag{2-1-1}$$

则两者的电压、电流关系完全相同。两者互相等效，电阻 R 称为该串联电路的等效电阻，当用电阻 R 来替换图 2-1-2(a)中的 R_1、R_2 串联时，虚线框以外部分的电压、电流不会改变。

两个串联电阻上的分压分别为

$$U_1 = R_1 I = \frac{R_1}{R_1 + R_2} U$$

$$\tag{2-1-2}$$

$$U_2 = R_2 I = \frac{R_2}{R_1 + R_2} U$$

即在电阻串联电路中，电阻上所分得的电压大小与电阻的阻值大小成正比。当其中某个电阻较其他电阻小很多时，在它两端的电压也较其他电阻上的电压低很多，此时这个电阻分压作用常可忽略不计。

电阻串联的应用很多。例如，在负载额定电压低于电源电压的情况下，可根据需要与负载串联一个电阻以分压。又如，为了限制负载中通过过大电流，可根据需要与负载串联一个电阻来限制电流，这个电阻也称为限流电阻。

2.1.3 电阻的并联

如果电路中有两个或更多个电阻连接在两个公共的节点之间，各电阻上受到的是同一个电压，这样的连接称为电阻的并联。图 2-1-3 所示是两个电阻并联的电路。

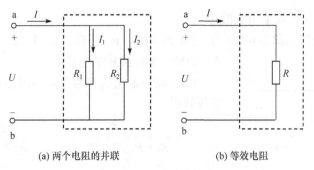

(a) 两个电阻的并联   (b) 等效电阻

图 2-1-3　电阻的并联

在图 2-1-3(a)中，端钮 a、b 处的电压、电流关系为

$$I = I_1 + I_2 = \frac{U}{R_1} + \frac{U}{R_2} = \left(\frac{1}{R_1} + \frac{1}{R_2}\right)U \tag{2-1-3}$$

而在图 2-1-3(b)中，端钮 a、b 处的电压、电流关系为

$$I = \frac{1}{R}U$$

若有

$$\frac{1}{R} = \frac{1}{R_1} + \frac{1}{R_2}$$

或者

$$R = \frac{R_1 R_2}{R_1 + R_2} = R_1 // R_2 \tag{2-1-4}$$

则两者的电压、电流关系完全相同，两者互相等效，电阻 R 称为该并联电路的等效电阻，当用电阻 R 来替换图 2-1-3(a)中的 R_1、R_2 并联时，虚线框以外部分的电压、电流不会改变。两个电阻并联，通常用 $R_1 // R_2$ 表示。

两个并联电阻上的分流分别为

$$\begin{aligned} I_1 &= \frac{U}{R_1} = \frac{R_2}{R_1 + R_2} I \\ I_2 &= \frac{U}{R_2} = \frac{R_1}{R_1 + R_2} I \end{aligned} \tag{2-1-5}$$

即在电阻并联电路中，电阻上所分得的电流大小与电阻值成反比，电阻越大，分得的电流越小。当其中某个电阻较其他电阻大很多时，通过它的电流就较其他电阻上的电流小很多，此时这个电阻分流作用常可忽略不计。

定义电阻的倒数为电导，用 G 表示，则式(2-1-3)可写成

$$I = (G_1 + G_2)U$$

电导的单位是西门子(S)。

工厂里的动力负载、家用电器、照明电路等都是以并联的方式连接在电网上。并联运行时，它们处在同一个电压下，可以保证负载都在额定电压下正常工作，并且任何一个负

载的工作情况不会受到其他负载的影响。

【例 2.1.1】 电路如图 2-1-4 所示,已知 $R_1 = 1\Omega$,$R_2 = 3\Omega$,$R_3 = 12\Omega$,$R_4 = 6\Omega$,$R_5 = 6\Omega$,$E = 21V$,求电路中的电流 I。

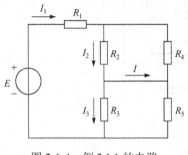

图 2-1-4 例 2.1.1 的电路

解 设各电流的参考方向如图 2-1-4 所示。应用串并联等效得

$$I_1 = \frac{E}{R_1 + R_2//R_4 + R_3//R_5} = \frac{21}{1 + \frac{3\times6}{3+6} + \frac{12\times6}{12+6}} = 3(A)$$

应用分流公式得

$$I_2 = \frac{R_4}{R_2+R_4}I_1 = \frac{6}{3+6}\times3 = 2(A)$$

$$I_3 = \frac{R_5}{R_3+R_5}I_1 = \frac{6}{12+6}\times3 = 1(A)$$

应用基尔霍夫电流定律得

$$I = I_2 - I_3 = 2 - 1 = 1(A)$$

在分析串并联电路时,如果电路中的参数值差别比较大(在直流电路中,如果电阻值相差在 20 倍左右),而计算的准确度要求又不高(如可以有 5%~10% 的误差)时,通常可采用近似计算或者估算方法进行分析。

例如,图 2-1-2(a)中两个电阻串联时,如果 $R_1 \gg R_2$,可以近似地认为 $U_1 \approx U$,$I \approx U/R_1$;在图 2-1-3(a)中两个电阻并联时,如果 $R_1 \gg R_2$,可以近似为 $I \approx I_2 = U/R_2$。

【例 2.1.2】 在图 2-1-5 所示电路中,已知 $U = 10V$,$R_1 = 10k\Omega$,$R_2 = 10k\Omega$,$R_3 = 0.2k\Omega$,用近似计算方法求各支路电流。

解 在分析电路时,先观察电路中各支路参数值的大小及它们对电压、电流分配的影响。

在电路中,电阻 R_2 与 R_3 并联,由于 $R_2 \gg R_3$,R_2 上分得的电流非常小,因此可以忽略 R_2 在电路中的作用,视 R_2 支路为开路,可以得到 $I_1 \approx I_3$。在视 R_2 支路开路后,电路结构变为 R_1 与 R_3 相串联,由于 $R_1 \gg R_3$,R_3 的分压作用可以忽略不计,电路中电流为

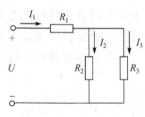

图 2-1-5 例 2.1.2 的电路

$$I_1 \approx \frac{U}{R_1} = \frac{10}{10} = 1(mA)$$

其他两条支路电流为

$$I_3 \approx I_1 = 1mA$$

$$I_2 = \frac{I_3R_3}{R_2} \approx \frac{1\times0.2}{10} = 0.02(mA)$$

近似计算的方法突出了对电路影响大的那些参数的作用,忽略了次要参数对电路的影响,使问题的分析、计算得到简化,在电路分析中有着广泛的应用。

*2.1.4 电阻星形连接与三角形连接的等效变换

有一些结构较复杂的电路，如图 2-1-6 所示，在该电路中电阻之间既非串联也非并联，因此无法用串并联公式进行等效化简。仔细分析这种电路，会发现该电路中具有如图 2-1-7 所示的两种典型连接：图(a)为星形连接(Y 形连接)，三条电阻支路接在一个公共节点上，每一条支路的另一端分别接在三个端钮上；图(b)为三角形连接(△形连接)，三条电阻支路首尾相连，支路的连接点分别接到三个端钮上。

在图 2-1-6 中，如果能将△形连接的三个电阻 R_1、R_2、R_3等效变换成 Y 形连接，如图 2-1-8(a)所示，或者将 Y 形连接的三个电阻 R_1、R_3、R_4等效变换成△形连接，如图 2-1-8(b)所示。进行上述等效变换之后，电路的总等效电阻就可以用电阻串并联的方法求出。

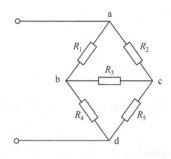

图 2-1-6 电阻星形与三角形连接实例

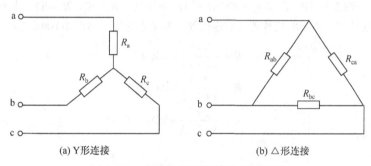

(a) Y形连接　　　　　　　(b) △形连接

图 2-1-7 电阻的 Y 形连接和△形连接

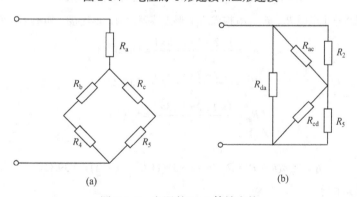

(a)　　　　　　　　　　(b)

图 2-1-8 电阻的 Y-△等效变换

在图 2-1-7 中，Y-△等效变换的条件是：对应端(a、b、c)流入或流出的电流一一相等，对应端之间的电压也一一相等。经过这样的变换后，不影响电路其他部分的电流和电压。

将图 2-1-7(a)所示的 Y 形连接等效变换成△形连接时，各电阻值的计算公式为

$$\begin{cases} R_{ab} = \dfrac{R_a R_b + R_b R_c + R_c R_a}{R_c} \\[2mm] R_{bc} = \dfrac{R_a R_b + R_b R_c + R_c R_a}{R_a} \\[2mm] R_{ca} = \dfrac{R_a R_b + R_b R_c + R_c R_a}{R_b} \end{cases} \tag{2-1-6}$$

将图 2-1-7(b)所示的△形连接等效变换成 Y 形连接时，各电阻值的计算公式为

$$\begin{cases} R_a = \dfrac{R_{ab}R_{ca}}{R_{ab}+R_{bc}+R_{ca}} \\[3mm] R_b = \dfrac{R_{bc}R_{ab}}{R_{ab}+R_{bc}+R_{ca}} \\[3mm] R_c = \dfrac{R_{ca}R_{bc}}{R_{ab}+R_{bc}+R_{ca}} \end{cases} \tag{2-1-7}$$

若 Y 形连接或△形连接的三个电阻值相等，即

$$R_a = R_b = R_c = R_Y, \qquad R_{ab} = R_{bc} = R_{ca} = R_\triangle$$

则可得出

$$R_Y = \frac{1}{3}R_\triangle \quad 或 \quad R_\triangle = 3R_Y \tag{2-1-8}$$

【例 2.1.3】 在图 2-1-6 中，已知 $R_1 = 3\Omega$，$R_2 = 5\Omega$，$R_3 = 2\Omega$，$R_4 = 1\Omega$，$R_5 = 1\Omega$，求电路的等效电阻。

解 将三个电阻 R_1、R_2、R_3 构成的△形连接等效为 Y 形连接，如图 2-1-8(a)所示，其中

$$R_a = \frac{3 \times 5}{3+5+2} = 1.5(\Omega)$$

$$R_b = \frac{2 \times 3}{3+5+2} = 0.6(\Omega)$$

$$R_c = \frac{2 \times 5}{3+5+2} = 1(\Omega)$$

等效电阻为

$$R = R_a + (R_b + R_4)//(R_c + R_5) = 1.5 + 2//1.6 = 2.39(\Omega)$$

此外，也可以将三个电阻 R_1、R_3、R_4 构成的 Y 形连接等效为△形连接，如图 2-1-8(b)所示，其中

$$R_{ac} = \frac{1 \times 2 + 2 \times 3 + 3 \times 1}{1} = 11(\Omega)$$

$$R_{cd} = \frac{1 \times 2 + 2 \times 3 + 3 \times 1}{3} = 3.67(\Omega)$$

$$R_{da} = \frac{1 \times 2 + 2 \times 3 + 3 \times 1}{2} = 5.5(\Omega)$$

等效电阻为

$$R = R_{da}//(R_{ac}//R_2 + R_{cd}//R_5) = 5.5//(11//5 + 3.67//1) = 2.39(\Omega)$$

两种方法求出的结果相等。

2.2 电源的等效变换

2.2.1 理想电压源串并联的等效变换

图 2-2-1(a)为 n 个理想电压源的串联，可以等效为一个理想电压源，如图 2-2-1(b)所示，该等效电压源的电动势为各串联电压源电动势的代数和，即

$$E = E_1 + E_2 + \cdots + E_n = \sum_{k=1}^{n} E_k \tag{2-2-1}$$

在使用式(2-2-1)时，要注意当 E_k 的参考方向与图 2-2-1(b)中等效电压源电动势 E 的参考方向一致时，该项取正，否则取负。

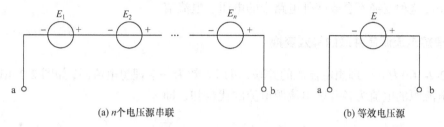

(a) n 个电压源串联   (b) 等效电压源

图 2-2-1   电压源的串联等效

理想电压源只有当电动势数值相等，连接极性相同的情况下才允许并联，否则不能满足基尔霍夫电压定律。

【例 2.2.1】 电路如图 2-2-2(a)所示，已知 $E_1 = 10\text{V}$，$E_2 = 5\text{V}$，$E_3 = 40\text{V}$，$E_4 = 20\text{V}$，$R_1 = R_2 = R_3 = 10\Omega$，试求电流 I。

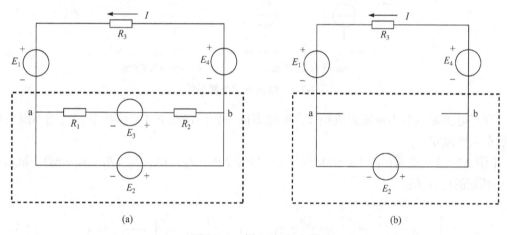

(a)   (b)

图 2-2-2   例 2.2.1 的电路

解 在图 2-2-2(a)虚线框中，一个理想电压源与一条非理想电压源的其他支路并联，此时，a、b 两端之间的电压始终等于理想电压源的电动势，与并联的这条支路无关，因此可将这条支路去掉，将其等效为图 2-2-2(b)，不会影响电路其他部分的电压、电流。对图 2-2-2(b)中的回路列电压方程得

$$IR_3 + E_1 - E_2 - E_4 = 0$$

则

$$I = \frac{-E_1 + E_2 + E_4}{R_3} = \frac{-10 + 5 + 20}{10} = \frac{15}{10} = 1.5(\text{A})$$

要注意的是，这种等效变换是对外电路等效，对内部是不等效的。如果需要计算电压源 E_2 中的电流，不能将该支路去掉，必须回到原图计算。

在图 2-2-3(a)中，当理想电压源与任何二端网络

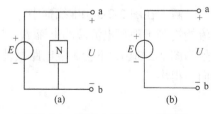

图 2-2-3   理想电压源与二端网络并联的等效电路

N 或任何元件(不同电压值的理想电压源除外)并联时，端口的电压源特性保持不变，对 a、b 端外接电路而言，可等效为一个理想电压源，因此可以将这条支路去掉，如图 2-2-3(b) 所示，经过这种变换不会改变外电路中的电压、电流值。

2.2.2 理想电流源串并联的等效变换

图 2-2-4(a)为 n 个理想电流源的并联，可以等效为一个理想电流源，如图 2-2-4(b)所示，该等效电流源的电流为各并联电流源电流的代数和，即

$$I_S = I_{S1} + I_{S2} + \cdots + I_{Sn} = \sum_{k=1}^{n} I_{Sk} \tag{2-2-2}$$

在使用式(2-2-2)时，要注意当 I_{Sk} 的参考方向与图 2-2-4(b)中等效电流源 I_S 的参考方向一致时，该项取正，否则取负。

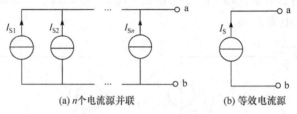

(a) n个电流源并联　　　　(b) 等效电流源

图 2-2-4　电流源的并联等效

理想电流源只有当电流数值相等、电流方向一致的情况下才允许串联，否则不能满足基尔霍夫电流定律。

【例 2.2.2】　电路如图 2-2-5(a)所示，已知 $E = 20\text{V}$，$I_S = 5\text{A}$，$R_1 = R_2 = R_3 = 6\Omega$，试求电阻 R_2 两端的电压 U_2。

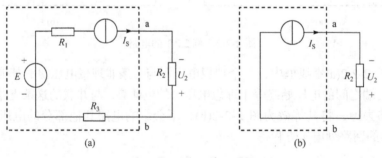

(a)　　　　　　　　　(b)

图 2-2-5　例 2.2.2 的电路

解　在图 2-2-5(a)虚线框中，一个理想电流源与其他元件相串联，此时从 a 端输出的电流始终等于理想电流源的电流 I_S，与其他串联元件无关，因此可将这些元件移除，将其等效为图 2-2-5(b)，不会影响电路其他部分的电压、电流。注意图中 U_2 与 I_S 为非关联参考方向，得出

$$U_2 = -I_S R_2 = -30\text{V}$$

要注意的是，这种等效变换是对外电路等效，对内部是不等效的。如果需要计算电流

源 I_S 两端的电压，不能将这些元件去掉，必须回到原图计算。

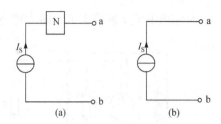

在图 2-2-6(a)中，当理想电流源与任何二端网络 N 或任何元件(不同电流值的理想电流源除外)串联时，端口的电流源特性保持不变，对 a、b 端外接电路而言，可等效为一个理想电流源，因此可以将这些元件移除，如图 2-2-6(b)所示，经过这种变换不会改变外电路中的电压、电流值。

图 2-2-6　理想电流源与二端网络串联的等效电路

2.2.3　实际电源模型

电源是给电路提供能量的元件，理想电源是实际电源的理想化。实际电源与理想电源最大的区别是：实际电源本身既产生电功率，同时内部也有功率损耗。产生电功率可以用理想电源来表征，消耗电功率可以用电阻元件来表征。因此实际电源模型可以用理想电源与电阻组合而成。实际电源模型分为电压源模型和电流源模型。

1. 电压源模型

将理想电压源和内阻 R_0 串联就构成了实际电压源模型(简称电压源)，如图 2-2-7 所示。列回路电压方程，可得

$$U = E - IR_0$$

由上式可见，由于内阻 R_0 的存在，其端电压 U 会小于电动势 E，电流越大，端电压 U 下降得越厉害。电压源的外特性曲线如图 2-2-8 所示，其斜率与内阻 R_0 有关，内阻 R_0 越小，直线越平。当 $R_0=0$ 时，端电压 U 恒等于电动势 E，即为理想电压源。理想电压源可以看作内阻为零的电压源。

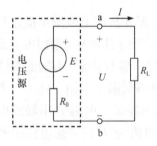

图 2-2-7　实际电压源电路

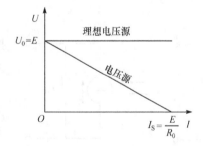

图 2-2-8　电压源的外特性曲线

2. 电流源模型

将理想电流源和内阻 R_0 并联就构成了实际电流源模型(简称电流源)，如图 2-2-9 所示。列节点电流方程，可得

$$I = I_S - \frac{U}{R_0}$$

式中，U/R_0 是电源内阻上的电流。由于内阻 R_0 的存在，其输出电流 I 会小于 I_S。电流源的外特性如图 2-2-10 所示，其斜率与内阻 R_0 有关，内阻 R_0 越大，直线越陡。当 $R_0=\infty$ 时，

电源输出电流 I 恒等于 I_S，即为理想电流源。理想电流源可以看作内阻无穷大的电流源。

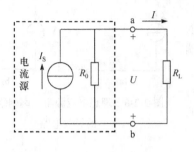

图 2-2-9　实际电流源电路

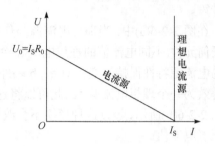

图 2-2-10　电流源的外特性曲线

2.2.4　电压源和电流源的等效变换

比较电压源模型的外特性(图 2-2-8)和电流源模型的外特性(图 2-2-10)，当满足如下条件时

$$E = I_S R_0 \quad 或 \quad I_S = \frac{E}{R_0} \tag{2-2-3}$$

两个外特性完全相同，即电源的这两种电路模型是等效的，可以等效变换，如图 2-2-11 所示。

在进行电源等效变换时，要注意以下几点。

(1) 电压源模型和电流源模型对外电路来讲，相互间是等效的，但对电源内部来讲，是不等效的。例如，在图 2-2-7 中，当电压源开路时，输出电流为零，内阻 R_0 上不损耗功率；在图 2-2-9 中，当电流源开路时，输出电流仍然为零，但是电源内部有电流，内阻 R_0 上有功率损耗。

(2) 在等效变换时，要注意 E 和 I_S 的参考方向，I_S 的参考方向是由 E 的正极流出去的。

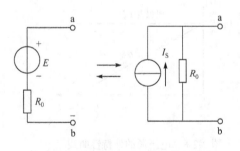

图 2-2-11　电压源和电流源的等效变换

(3) 理想电压源和理想电流源不能进行等效变换，因为理想电压源内阻为零，理想电流源内阻为无穷大，在变换时，都不能得到有限的数值。

(4) 等效变换不只限于内阻，只要一个电动势为 E 的理想电压源和某个电阻 R 串联的电路，都可以等效为一个电流为 I_S 的理想电流源和这个电阻并联的电路。

在对电路进行分析计算时，可首先考虑用电源等效变换的方法将待求支路外的电路化简，以减少计算量。同时根据理想电压源的特点，待求支路外与理想电压源并联的元件或支路均可除去；根据理想电流源的特点，待求支路外与理想电流源串联的元件均可除去。经电源等效变换后，可以使电路得到简化。

【例 2.2.3】　试用电源等效变换的方法计算图 2-2-12(a)中 6Ω 电阻上的电流 I。

解　按照图 2-2-12 的变换次序，最后化简为图 2-2-12(e)，可得

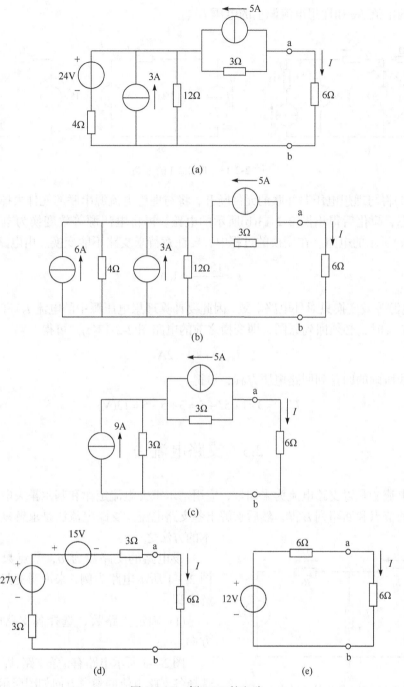

图 2-2-12　例 2.2.3 的电路

$$I = \frac{12}{6+6} = 1(\text{A})$$

　　电源等效变换方法适用于求解某单独支路的电流或电压，经过等效变换后，可以将多电源问题转换成简单的单电源问题。注意，待求支路通常不参与变换。

　　【例 2.2.4】　电路如图 2-2-13(a)所示。(1)试用电源等效变换计算电流 I；(2)计算理想

电压源中的电流 I_{5V} 和理想电流源上的电压 U_{3A}。

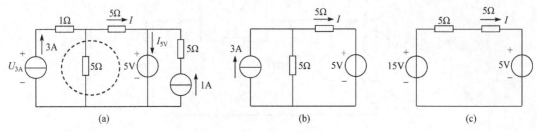

图 2-2-13　例 2.2.4 的电路

解　(1)将与理想电压源并联的元件断开，将与理想电流源串联的元件去掉，不影响外电路的状态，简化后得出图 2-2-13(b)所示的电路。再将电流源等效变换为电压源，得到图 2-2-13(c)所示的电路。在变换的过程中，要注意待求支路不能变换。由电路可得

$$I = \frac{15-5}{5+5} = 1(A)$$

(2) 电源等效变换只对外电路等效，因此要计算理想电压源中的电流 I_{5V} 和理想电流源上的电压 U_{3A} 时，必须回到原图，即变换之前的电路图 2-2-13(a)。可得

$$I_{5V} = I+1 = 2A$$

对图中虚线所画的回路列回路电压方程，可得

$$U_{3A} = 3\times 1 + 5I + 5 = 3+5+5 = 13(V)$$

2.3　支路电流法

支路电流法是以支路电流为未知量，应用基尔霍夫电流定律和基尔霍夫电压定律分别对电路中的节点和回路列方程，然后求解出各支路电流。支路电流法是求解复杂电路最基本的方法之一。

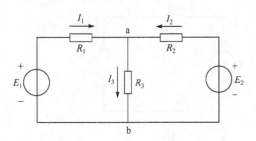

图 2-3-1　说明支路电流法的电路

设电路的支路数为 b，节点数为 n。现以图 2-3-1 所示电路为例，来说明支路电流法的求解步骤。

(1) 确定支路数，选择各支路电流的参考方向。

图 2-3-1 所示电路有 3 条支路,即支路数 $b=3$。选择各支路电流的参考方向如图所示。为求解这三个支路电流，需要列出三个独立的方程。

(2) 确定节点数，列出独立的节点电流方程。

在图 2-3-1 中，有 a、b 两个节点，即节点数 $n=2$。应用基尔霍夫电流定律列出节点电流方程如下。

节点 a：
$$I_1 + I_2 - I_3 = 0$$

节点 b: $\qquad -I_1 - I_2 + I_3 = 0$

这是两个相同的方程,这说明只有一个方程是独立的。因此对于具有两个节点的电路,应用电流定律只能列出 $2-1=1$ 个独立方程。一般来说,对于具有 n 个节点的电路,应用电流定律只能列出 $n-1$ 个独立方程。

(3)确定余下所需方程数,列出独立的回路电压方程。

在列出了一个独立的节点方程后,剩下的两个独立方程可利用基尔霍夫电压定律列出。通常可选择网孔为回路。在图 2-3-1 中,有两个网孔,网孔的回路电压如下。

左网孔: $\qquad R_1 I_1 + R_3 I_3 = E_1$

右网孔: $\qquad R_2 I_2 + R_3 I_3 = E_2$

在支路数为 b,节点数为 n 的电路中,网孔的数目恰好等于 $b-(n-1)$。

(4) 通过(2)、(3)两步,一共可列出 $(n-1)+(b-(n-1))=b$ 个独立方程,联立求解,即可求出各支路电流的数值。

(5) 计算出结果之后,有必要时可以验算。一种常用的方法是选用求解时未用过的回路,如本例中的最外围回路,对其列回路电压方程,如果满足基尔霍夫电压定律,就说明我们的计算结果是正确的。

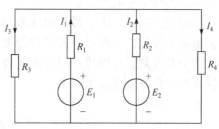

图 2-3-2 例 2.3.1 的电路

【例 2.3.1】 在图 2-3-2 所示电路中,已知 $E_1=12\text{V}$,$E_2=12\text{V}$,$R_1=1\Omega$,$R_2=2\Omega$,$R_3=2\Omega$,$R_4=4\Omega$,求各支路电流。

解 选择各支路电流的参考方向如图 2-3-2 所示。列出节点和网孔方程如下。

上节点: $\qquad I_1 + I_2 - I_3 - I_4 = 0$

左网孔: $\qquad R_1 I_1 + R_3 I_3 - E_1 = 0$

中网孔: $\qquad R_1 I_1 - R_2 I_2 - E_1 + E_2 = 0$

右网孔: $\qquad R_2 I_2 + R_4 I_4 - E_2 = 0$

代入数据得

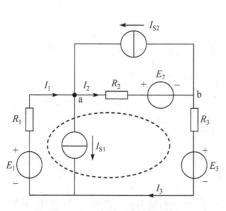

图 2-3-3 例 2.3.2 的电路

$$\begin{cases} I_1 + I_2 - I_3 - I_4 = 0 \\ I_1 + 2I_3 - 12 = 0 \\ I_1 - 2I_2 - 12 + 12 = 0 \\ 2I_2 + 4I_4 - 12 = 0 \end{cases}$$

最后求解得 $I_1 = 4\text{A}$,$I_2 = 2\text{A}$,$I_3 = 4\text{A}$,$I_4 = 2\text{A}$。

可见当支路数较多而只求解一条支路电流时,用支路电流法计算是很烦琐的。我们将在后面讨论其他的分析方法。

【例 2.3.2】 用支路电流法计算图 2-3-3 中各支路电流。

解 在图 2-3-3 所示电路中有五条支路,但是有两条支路是理想电流源,这两条支路的电流是已知的，所以未知量只有三个支路电流，分别设为 I_1、I_2、I_3，参考方向如图 2-3-3 所示。由于有三个未知量，所以需要列三个独立方程。

电路有三个节点，可列两个节点电流方程为

节点 a: $\qquad\qquad\qquad\qquad I_1 + I_{S2} - I_2 - I_{S1} = 0$

节点 b: $\qquad\qquad\qquad\qquad I_2 - I_3 - I_{S2} = 0$

再列一个回路电压方程即可，选图中虚线所示回路，得

$$-E_1 + R_1 I_1 + R_2 I_2 + E_2 + R_3 I_3 - E_3 = 0$$

代入数据得

$$\begin{cases} I_1 - I_2 + 1 = 0 \\ I_2 - I_3 - 3 = 0 \\ 3I_1 + 4I_2 + 6I_3 - 44 = 0 \end{cases}$$

便可求出各个电流的值。

要注意的是，由于理想电流源两端的电压是未知的，若选择网孔列回路电压方程，将会增加未知量，因此可以避开理想电流源所在的网孔。如果理想电流源支路正好是两个网孔的公共支路，可以将这两个网孔合并为一个大的回路。图 2-3-3 电路中虚线所示的回路就是按照此原则选择出来的。

2.4 节点电压法

支路电流法是以支路电流为变量，通过列写 KCL、KVL 方程从而求解出各支路电流。本节将以电压为变量进行类似的分析求解。

需要指出的是，如果以单个元件两端的电压为变量列写 KCL、KVL 方程，则方程数量将可能远比支路电流法多，对电路的分析反而不利。因此，有必要引入节点电压的概念。

2.4.1 节点电压

在图 2-4-1 中，共有 3 个节点 a、b、o，以节点 o 为参考节点，其他节点和 o 之间的电压则称为节点电压，如图中的 U_1、U_2。

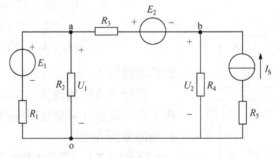

图 2-4-1　电路中的节点电压

很显然，一个再复杂的电路，其中的节点电压数量是十分有限的，如果以节点电压为变量，则电路参数的分析求解将变得非常高效、便捷。

2.4.2　节点电压方程

以图 2-4-1 为例，对 a、b 两个节点列写 KCL 方程，即

$$\begin{cases} \dfrac{E_1-U_1}{R_1}-\dfrac{U_1}{R_2}+\dfrac{E_2-U_1+U_2}{R_3}=0 \\[3mm] I_S-\dfrac{U_2}{R_4}-\dfrac{E_2-U_1+U_2}{R_3}=0 \end{cases} \qquad (2\text{-}4\text{-}1)$$

将式(2-4-1)整理，可得

$$\begin{cases} \left(\dfrac{1}{R_1}+\dfrac{1}{R_2}+\dfrac{1}{R_3}\right)U_1-\dfrac{1}{R_3}U_2=\dfrac{E_1}{R_1}+\dfrac{E_2}{R_3} \\[3mm] -\dfrac{1}{R_3}U_1+\left(\dfrac{1}{R_3}+\dfrac{1}{R_4}\right)U_2=-\dfrac{E_2}{R_3}+I_S \end{cases} \qquad (2\text{-}4\text{-}2)$$

更一般地，式(2-4-2)可写成

$$\begin{cases} \sum\dfrac{1}{R_{ai}}U_1-\dfrac{1}{R_{ab}}U_2=\sum\dfrac{E_i}{R_i}+\sum I_{Si} \\[3mm] -\dfrac{1}{R_{ab}}U_1+\sum\dfrac{1}{R_{bi}}U_2=\sum\dfrac{E_i}{R_i}+\sum I_{Si} \end{cases} \qquad (2\text{-}4\text{-}3)$$

式(2-4-3)中，R_{ai} 为与节点 a 相关的所有支路的电阻；R_{bi} 为与节点 b 相关的所有支路的电阻；R_{ab} 为节点 a 和 b 之间的支路电阻；$\sum\dfrac{E_i}{R_i}$ 为与对应节点相关的所有电压源支路的短路电流代数和；$\sum I_{Si}$ 为与对应节点相关的所有电流源的电流代数和。

上述电流代数和的正负号说明：当电动势的参考方向指向对应的节点时为正，反之为负；当电流源的参考方向指向对应的节点时为正，反之为负。

此外，如果电路中有和理想电压源并联的电阻或者有和理想电流源串联的电阻，这些电阻不会出现在上述方程中。这一点与 2.3 节所述内容是一致的，即将与理想电压源并联的元件断开，或者将与理想电流源串联的元件移除，不影响外电路的工作状态。

由式(2-4-2)求出节点电压后，即可求解出各支路电流。这种方法称为节点电压法。

式(2-4-3)中电阻的倒数也可以写成相应的电导的形式。

在今后的电路分析中，不需要再列写 KCL 方程，可以直接列写式(2-4-3)所示的节点电压方程进行求解即可。

节点电压法应用非常广泛，计算机进行电路网络分析时，采用最多的就是这种方法。

2.4.3　节点电压法在两个节点电路中的应用

在电路分析中，经常遇到只有两个节点的电路，如图 2-4-2 所示电路只有 a、b 两个节点。很显然，根据节点电压的定义，此时只有一个节点电压 U。

为求解 U，同样列写电路的 KCL 方程，即

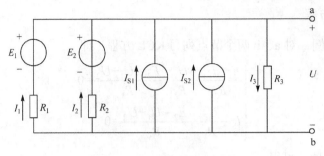

图 2-4-2　含两个节点的电路

$$\frac{E_1-U}{R_1}+\frac{E_2-U}{R_2}+I_{S1}+I_{S2}-\frac{U}{R_3}=0$$

经整理后得到 U 的表达式

$$U=\frac{\dfrac{E_1}{R_1}+\dfrac{E_2}{R_2}+I_{S1}+I_{S2}}{\dfrac{1}{R_1}+\dfrac{1}{R_2}+\dfrac{1}{R_3}}=\frac{\sum\dfrac{E}{R}+\sum I_{S}}{\sum\dfrac{1}{R}} \tag{2-4-4}$$

对于含两个节点的电路，式(2-4-4)可以作为结论直接使用，为电路分析带来极大便利。不难看出，如果令式(2-4-3)中的 $U_2=0$，则式(2-4-4)和式(2-4-3)的本质是一样的。因此，该结论其实也只是节点电压法的一个应用特例而已。

【例 2.4.1】　试求图 2-4-3 所示电路中的 V_a 和 I。

解　图 2-4-3 所示电路是一种简化画法，可将电路恢复成常规的闭合回路的形式，如图 2-4-4 所示。该电路只有两个节点，a 点和参考点 o，V_a 即节点电压。由节点电压法公式可得

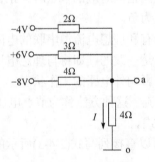

图 2-4-3　例 2.4.1 的电路

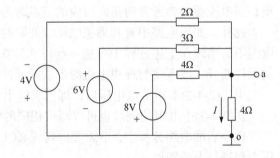

图 2-4-4　图 2-4-3 的等效电路

节点电压法的应用

$$V_a=\frac{-\dfrac{4}{2}+\dfrac{6}{3}-\dfrac{8}{4}}{\dfrac{1}{2}+\dfrac{1}{3}+\dfrac{1}{4}+\dfrac{1}{4}}=\frac{-2}{\dfrac{4}{3}}=-1.5(\text{V})$$

$$I=-\frac{1.5}{4}=-0.375(\text{A})$$

2.5 叠 加 定 理

叠加性是线性电路的一个基本性质。叠加定理指出，在线性电路中，当有两个或者两个以上独立电源作用时，任何一条支路中的电流或电压，都可以看成各电源单独作用时，在此支路中产生的电压或电流的代数和。下面以一个简单的电路来说明这一原理的内容。

图2-5-1(a)是一个含有两个电压源的线性电阻电路。电路中的电流 I 可表示为

$$I = \frac{E_1 + E_2}{R} = \frac{E_1}{R} + \frac{E_2}{R} \tag{2-5-1}$$

图2-5-1(b)为 E_1 单独作用的电路，电阻 R 中的电流为

$$I' = \frac{E_1}{R} \tag{2-5-2}$$

图2-5-1(c)为 E_2 单独作用的电路，电阻 R 中的电流为

$$I'' = \frac{E_2}{R} \tag{2-5-3}$$

从上述结果可以看出，电阻 R 中的电流 I 为 E_1、E_2 分别单独作用时产生的电流的叠加，即

$$I = I' + I'' \tag{2-5-4}$$

叠加定理可以用来分析和计算多电源复杂电路。在使用叠加定理时应注意以下几个问题。

(1) 叠加定理只适用于线性电路，不适用于非线性电路。

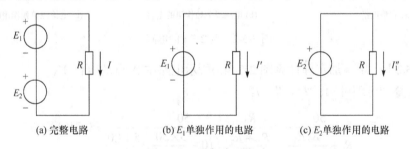

(a) 完整电路　　　　　　(b) E_1 单独作用的电路　　　　　(c) E_2 单独作用的电路

图 2-5-1　叠加定理电路

(2) 电路中只有一个电源单独作用时，就要将其余的电源除去，这又称为除源。对于理想电压源，使其电动势为零，即将其短接处理；对于理想电流源，使其输出电流为零，即将其开路处理。但是这些电源的内阻要保留。电路中其他元件和电路结构保持不变。

(3) 在叠加时，如果各电源单独作用时电压或电流分量的参考方向与原电路中的参考方向一致，该分量取正，反之取负。

(4) 叠加定理只适用于计算线性电路中的电压或电流，不能用于功率计算。如以图2-5-1(a)中电阻 R 的功率为例，显然

$$P_R = RI^2 = R(I' + I'')^2 \neq RI'^2 + RI''^2$$

这是因为功率与电流不是线性关系。

【例 2.5.1】 在图 2-5-2(a)所示电路中，已知 $E=10\text{V}$，$I_S=5\text{A}$，$R_1=2\Omega$，$R_2=3\Omega$，试用叠加定理求电阻 R_1 中的电流 I_1 和电流源两端的电压 U_S。

解 电压源单独作用时，电路如图 2-5-2(b)所示，求得

$$I_1' = \frac{E}{R_1 + R_2} = \frac{10}{2+3} = 2(\text{A})$$

$$U_S' = R_2 I_1' = 3 \times 2 = 6(\text{V})$$

电流源单独作用时，电路如图 2-5-2(c)所示，求得

$$I_1'' = \frac{R_2}{R_1 + R_2} I_S = \frac{3}{3+2} \times 5 = 3(\text{A})$$

$$U_S'' = R_1 I_1'' = 2 \times 3 = 6(\text{V})$$

最后求得

$$I_1 = I_1' - I_1'' = 2 - 3 = -1(\text{A})$$

$$U_S = U_S' + U_S'' = 6 + 6 = 12(\text{V})$$

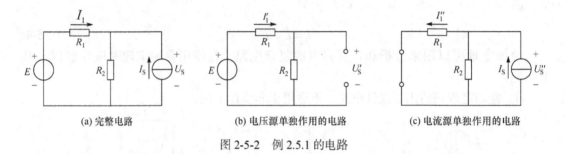

(a) 完整电路　　　　　　　(b) 电压源单独作用的电路　　　　　　(c) 电流源单独作用的电路

图 2-5-2　例 2.5.1 的电路

【例 2.5.2】 用叠加定理计算图 2-5-3(a)所示电路中 A 点的电位 V_A。

解 由叠加定理可知，$I_3 = I_3' + I_3''$

$$I_3' = \frac{50}{R_1 + \dfrac{R_2 R_3}{R_2 + R_3}} \times \frac{R_2}{R_2 + R_3} = \frac{50}{10 + \dfrac{5 \times 20}{5 + 20}} \times \frac{5}{5 + 20} \approx 0.71(\text{A})$$

$$I_3'' = \frac{-50}{R_2 + \dfrac{R_1 R_3}{R_1 + R_3}} \times \frac{R_1}{R_1 + R_3} = \frac{-50}{5 + \dfrac{10 \times 20}{10 + 20}} \times \frac{10}{10 + 20} \approx -1.43(\text{A})$$

$$I_3 = I_3' + I_3'' = -0.72\text{A}$$

于是 A 点电位

$$V_A = R_3 I_3 = -20 \times 0.72 = -14.40(\text{V})$$

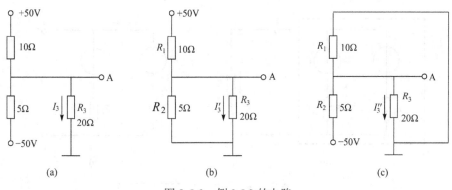

图 2-5-3 例 2.5.2 的电路

2.6 戴维南定理和诺顿定理

在分析一个复杂电路时，有时需要计算某一支路的电流或电压，如果用前面介绍的几种方法来求解，必然会引出一些不必要的电流或电压，增大计算量。我们可以把这条待求支路断开，把电路的其余部分看作一个有源二端网络——含有独立电源并具有两个出线端的电路。有源二端网络无论多么复杂，对所要计算的支路而言，就相当于一个电源。因此，这个有源二端网络一定可以化简为一个等效电源。等效是指用一个电源来代替这个有源二端网络时，外电路的电压和电流保持不变。

由 2.2 节可知，一个实际电源可以用电压源模型表示，也可以用电流源模型表示。如果将线性有源二端网络用电压源模型等效，就是戴维南定理；用电流源模型等效，就是诺顿定理。

2.6.1 戴维南定理

任何一个线性有源二端网络都可以用一个电动势为 E 的理想电压源和内阻 R_0 串联来等效代替，如图 2-6-1 所示。等效电压源的电动势 E 就是有源二端网络的开路电压 U_0，即将负载断开后，a、b 两端之间的电压。等效电压源的内阻 R_0 等于将有源二端网络除源(理想电压源短接，理想电流源开路)转换成无源网络后，从 a、b 两端看进去的等效电阻。这就是戴维南定理。

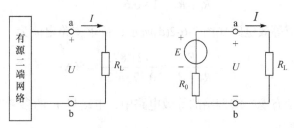

图 2-6-1 戴维南定理

下面通过例题说明戴维南定理及其应用。

【例 2.6.1】 电路如图 2-6-2(a)所示，已知 E_1=130V，E_2=117V，电阻 R_1=1Ω，R_2=0.6Ω，负载电阻 R_L=24Ω，用戴维南定理计算 R_L 支路电流 I_L。

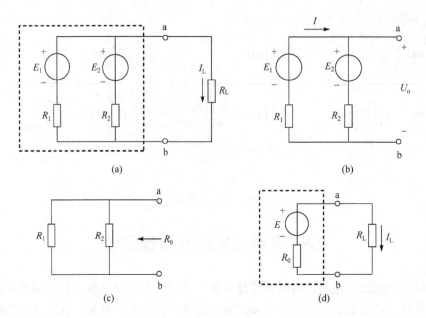

图 2-6-2　例 2.6.1 的电路

解　(1) 运用戴维南定理分析电路时，首先将待求支路断开得到一个有源二端网络，如图 2-6-2(b)所示。

(2) 求该有源二端网络的开路电压 U_o，即等效电压源的电动势 E。按图 2-6-2 所示回路参考方向得

$$I = \frac{E_1 - E_2}{R_1 + R_2} = \frac{130 - 117}{1 + 0.6} = 8.125(\text{A})$$

$$U_o = R_2 I + E_2 = 0.6 \times 8.125 + 117 = 121.875(\text{V})$$

等效电压源的电动势 $E = U_o = 121.875\text{V}$。

(3) 将有源二端网络除源(理想电压源短接，理想电流源开路)，得到无源二端网络，如图 2-6-2(c)所示。等效电阻为

$$R_0 = \frac{R_1 R_2}{R_1 + R_2} = \frac{1 \times 0.6}{1 + 0.6} = 0.375(\Omega)$$

(4) 电路的戴维南等效电路如图 2-6-2(d)所示，待求支路电流为

$$I_L = \frac{E}{R_0 + R_L} = \frac{121.875}{0.375 + 24} = 5(\text{A})$$

在图 2-6-2(d)所示有源二端网络的等效电路中，电动势 E 的参考方向应当根据开路电压 U_o 的参考方向来确定。

【例 2.6.2】　试用戴维南定理计算图 2-6-3(a)所示电路中的电流 I。

解　(1) 将待求电流 I 所在支路断开得到一个有源二端网络，如图 2-6-3(b)所示。

(2) 求有源二端网络的开路电压 U_o。

$$U_o = \frac{8}{4+4} \times 4 - \frac{2}{4+4} \times 4 = 3(\text{V})$$

(3) 求等效电阻 R_0。有源二端网络对应的无源网络如图 2-6-3(c)所示，等效电阻为

$$R_0 = \frac{4 \times 4}{4+4} + \frac{4 \times 4}{4+4} = 4(\Omega)$$

(4) 求电流 I。戴维南等效电路如图 2-6-3(d)所示，因此

$$I = \frac{3-10}{4+3} = -1(\text{A})$$

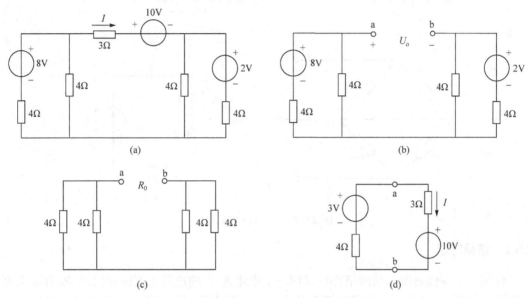

图 2-6-3　例 2.6.2 的电路

【例 2.6.3】　在图 2-6-4 所示的电桥电路中，已知 $E=12\text{V}$，$R_1=R_2=5\Omega$，$R_3=10\Omega$，$R_4=5\Omega$。中间支路是一检流计，其电阻 $R_G=10\Omega$。试用戴维南定理求电流 I_G。

解　(1) 将待求电流 I_G 所在支路断开得到一个有源二端网络，如图 2-6-4(b)所示。

(2) 求有源二端网络的开路电压 U_o。

$$I' = \frac{E}{R_1 + R_2} = \frac{12}{5+5} = 1.2(\text{A})$$

$$I'' = \frac{E}{R_3 + R_4} = \frac{12}{10+5} = 0.8(\text{A})$$

$$U_o = R_3 I'' - R_1 I' = 10 \times 0.8 - 5 \times 1.2 = 2(\text{V})$$

(3) 有源二端网络对应的无源网络如图 2-6-4(c)所示，等效电阻为

$$R_0 = \frac{R_1 R_2}{R_1 + R_2} + \frac{R_3 R_4}{R_3 + R_4} = 2.5 + 3.33 = 5.83(\Omega)$$

(4) 戴维南等效电路如图 2-6-4(d)所示，检流计所在支路的电流为

$$I_G = \frac{E'}{R_0 + R_G} = \frac{2}{5.83 + 10} = 0.13(\text{A})$$

戴维南定理
的应用

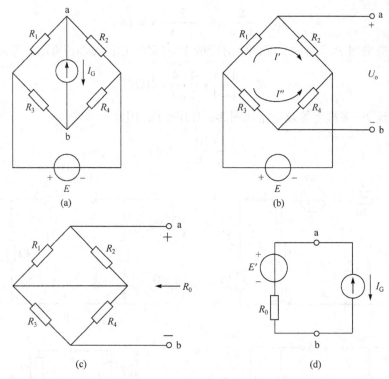

图 2-6-4 例 2.6.3 的电路

2.6.2 诺顿定理

任何一个线性有源二端网络都可以用一个电流为 I_S 的理想电流源和内阻 R_0 并联来等效代替，如图 2-6-5 所示。等效电流源的电流 I_S 就是有源二端网络的短路电流，即将 a、b 两端短接后的电流。等效电流源的内阻 R_0 等于将有源二端网络除源(理想电压源短接，理想电流源开路)转换成无源网络后，从 a、b 两端看进去的等效电阻。这就是诺顿定理。

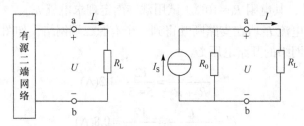

图 2-6-5 诺顿定理

【例 2.6.4】 用诺顿定理计算例 2-6-1 中 R_L 支路的电流 I_L。

解 将 a、b 两端短接后，其中的电流 I_S 可由图 2-6-6 求出

$$I_S = \frac{E_1}{R_1} + \frac{E_2}{R_2} = \frac{130}{1} + \frac{117}{0.6} = 325(A)$$

等效电源的内阻 R_0 同例 2.6.1 一样，可由图 2-6-2(c)求得

$$R_0 = 0.375\Omega$$

电路的诺顿等效电路如图 2-6-6(b)所示，待求支路电流为

$$I_L = \frac{R_0}{R_0 + R_L} I_S = \frac{0.375}{0.375 + 24} \times 325 = 5(A)$$

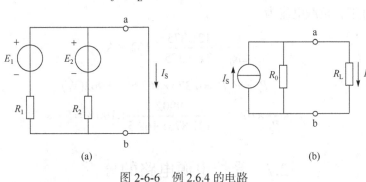

(a)

(b)

图 2-6-6 例 2.6.4 的电路

2.6.3 负载获得最大功率的条件

接在有源二端网络输出端的负载电阻 R_L，其获得的功率可通过图 2-6-7 所示电路求出

$$P_L = \left(\frac{E}{R_0 + R_L}\right)^2 R_L$$

为寻求负载获得最大功率的条件，将上式中 P_L 对 R_L 求导，得

$$\frac{dP_L}{dR_L} = E^2 \frac{(R_0 + R_L)^2 - 2R_L(R_0 + R_L)}{(R_0 + R_L)^4}$$

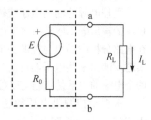

图 2-6-7 最大功率传输

令 $\frac{dP_L}{dR_L} = 0$，可求出获得最大功率的条件，即

$$R_L = R_0$$

常称其为最大功率匹配条件。此时负载电阻 R_L 上获得的最大功率为

$$P_{Lmax} = \frac{E^2}{4R_L}$$

在最大功率匹配条件下，负载获得的功率虽然最大，但是电源输出的功率只有一半供给负载，另一半消耗在二端网络内部，电路的功率传输效率很低，只有 50%。因此匹配条件只适用于小功率信息传递电路，在输送大功率电能的电路中则要尽可能地提高效率。

【例 2.6.5】 在例 2.6.1 中，计算在 $R_L=24\Omega$ 时和在匹配条件时(即 $R_L= R_0$)两种情况下，负载电阻获得的功率及输电效率。

解 求出 R_L 以外电路的戴维南等效电路，如图 2-6-2(d)所示，其中 $E=121.875V$，$R_0 =0.375\Omega$。

当 $R_L=24\Omega$ 时，负载电流为

$$I_L = \frac{E}{R_0 + R_L} = \frac{121.875}{0.375 + 24} = 5(A)$$

功率
$$P_L = R_L I_L^2 = 24 \times 5^2 = 600(\text{W})$$

效率
$$\eta = \frac{P_L}{P_E} \times 100\% = \frac{600}{121.875 \times 5} \times 100\% = 98.5\%$$

在匹配条件下，负载电流为

$$I_L = \frac{E}{2R_0} = \frac{121.875}{2 \times 0.375} = 162.5(\text{A})$$

功率
$$P_L = R_L I_L^2 = 0.375 \times 162.5^2 = 9902(\text{W})$$

效率
$$\eta = \frac{P_L}{P_E} \times 100\% = \frac{9902}{121.875 \times 162.5} \times 100\% = 50\%$$

*2.7 受控电源电路的分析

电路分析中的电源有两类：一类称为独立电源，简称独立源；另一类称为受控电源，简称受控源。

独立电源的输出电压或输出电流不受外电路的控制而独立存在。例如，干电池的电动势大小与外电路的电压、电流无关，它就是一个独立电源。前面介绍的理想电压源和理想电流源都是独立电源。

受控电源的输出电压或输出电流要受到电路中其他部分的电压或电流的控制。当控制量改变时，受控源的输出电压或输出电流也会随之变化，当控制量等于零时，受控源的输出电压或输出电流也将为零。在电路分析中提出受控源的概念是因为随着电子技术的发展，只用独立电源、电阻、电容等模型不能真实地反映出某些电子器件的工作特性，例如，在晶体管中，集电极电流受基极电流的控制，晶体管中这两个电流的关系是控制与受控的关系，只能用受控源来反映。

根据受控源是电压源还是电流源，以及控制量是电压还是电流，受控源可分为电压控制电压源(VCVS)、电流控制电压源(CCVS)、电压控制电流源(VCCS)、电流控制电流源(CCCS)四种类型。四种受控源的模型如图 2-7-1 所示。在电路图中，受控源用菱形表示，以便与独立源的圆形符号相区别。其中 μ、γ、g、β 称为控制系数，当这些系数为常数时，表明受控源的被控量与控制量之间是线性关系，此时的受控源称为线性受控源。本书所涉及的受控源都是线性受控源。

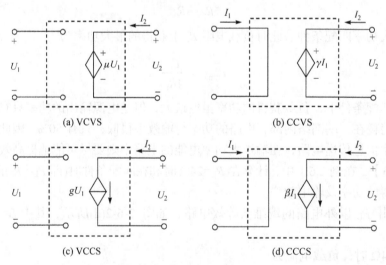

(a) VCVS　　　　　　　　　　(b) CCVS

(c) VCCS　　　　　　　　　　(d) CCCS

图 2-7-1　受控源的四种类型

对含有受控源的线性电路，也可以用前面所讲的电路分析方法进行分析和计算。但是考虑到受控源的特性，在计算时有需要特别注意的地方，将在下列各例题中说明。

【例 2.7.1】 应用叠加定理计算图 2-7-2(a)所示电路中的电压 U 和电流 I_2。

解 由于受控源不是激励源，它不能单独作用，因此在应用叠加定理时，在各独立电源单独作用的电路中，受控源均要保留。电压源和电流源单独作用时的电路如图 2-7-2(b)和图 2-7-2(c)所示。

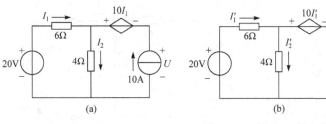

图 2-7-2 例 2.7.1 的电路

在图 2-7-2(b)中，有

$$I_1' = I_2' = \frac{20}{6+4} = 2(\text{A})$$

$$U' = -10I_1' + 4I_2' = -12\text{V}$$

在图 2-7-2(c)中，有

$$I_1'' = \frac{4}{6+4} \times 10 = 4(\text{A})$$

$$I_2'' = \frac{6}{6+4} \times 10 = 6(\text{A})$$

$$U'' = 10I_1'' + 4I_2'' = 64\text{V}$$

所以有

$$U = U' + U'' = -12 + 64 = 52(\text{V})$$

$$I_2 = I_2' + I_2'' = 2 + 6 = 8(\text{A})$$

要注意的是，由于 I_1'' 的参考方向改变，因此受控电压源的参考方向要相应改变。

【例 2.7.2】 已知 $R_1=10\Omega$，$R_2=20\Omega$，$R_3=30\Omega$，$E=20\text{V}$，$I_S=1\text{A}$，用戴维南定理计算图 2-7-3(a)所示电路中的电流 I。

解 (1) 将待求电流 I 所在支路断开得到一个有源二端网络，如图 2-7-3(b)所示。

(2) 求有源二端网络的开路电压 U_o。

由于 a、b 间开路，即 $I=0$，故受控源的输出电流也为零，则开路电压为

$$U_o = I_S \times (R_1 + R_2) + E = 1 \times (10 + 20) + 20 = 50(\text{V})$$

(3) 将二端网络中的独立源全部除去，保留受控源，得到其对应的无源网络。等效电阻 R_0 可以采用外加电压法求解。在端口处外加电压 U_T，在这个电压作用下输入网络中的电流为 I_T，如图 2-7-3(c)所示。

$$U_T = (I_T + 0.5I)R_2 + I_T R_1$$

而 $I = -I_T$，故

$$U_T = (R_1 + 0.5R_2)I_T = 20I_T$$

$$R_0 = \frac{U_T}{I_T} = 20\Omega$$

(4) 戴维南等效电路如图 2-7-3(d)所示，待求电流为

$$I = \frac{50}{20+30} = 1(\text{A})$$

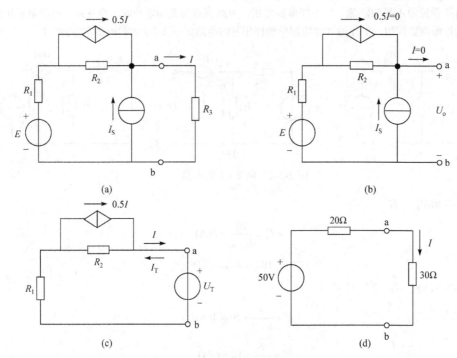

(a)   (b)

(c)   (d)

图 2-7-3   例 2.7.2 的电路

2.8   工 程 应 用

本节以可调电压源的设计为例，说明电路设计的一般方法。

1. 设计要求

设计一个可调电压源。具体要求如下：

(1) 能提供 –5 ～ +5V 之间任意值的电压。

(2) 不考虑负载电流的影响。

(3) 该电压源的输出功率不超过 0.5W。

2. 提供的元件

(1) 电位器(可变电阻)，电阻值分别为 5kΩ、10 kΩ、20 kΩ。

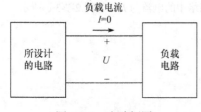

图 2-8-1   电路框图

(2) 数量足够的阻值为 10Ω～1MΩ 的电阻。

(3) 两个电压源，一个输出电压为 +9V，一个输出电压为 –9V，提供的最大电流为 100mA。

3. 电路框图

如图 2-8-1 所示的电路框图，电压 U 即可调电压。因为可以忽略负载电流，所以 $I=0$。

4. 方案设计

考虑到有两个正负电源可以利用，而电位器可以用来调节电压的范围，由此，可以设计如图 2-8-2(a)所示的电路。将电位器模型化可得到如图 2-8-2(b)所示的等效电路。

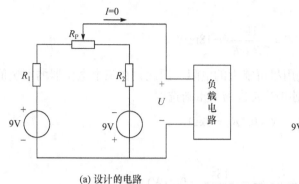

(a) 设计的电路　　　　　　　(b) 电位器模型化后的等效电路

图 2-8-2　可调电压源的电路

有以下几个问题需要解决。

(1)　R_1、R_2 和 R_P 的值。

(2)　电压 U 要调节为 $-5 \sim +5\text{V}$ 的任意值。

(3)　电压源的输出电流要小于 100mA。

(4)　尽量减少电阻吸收的功率。

下面开始设计。

可以取相同值，取 $R_1=R_2=R$，图 2-8-2(b)所示的电路可以重画为图 2-8-3 所示电路。

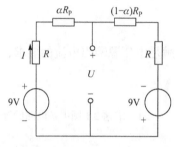

图 2-8-3　取 $R_1=R_2=R$ 之后的电路

对外回路列电压方程得

$$RI + \alpha R_{\mathrm{P}} I + (1-\alpha)R_{\mathrm{P}} I + RI = 18$$

所以

$$I = \frac{18}{2R + R_{\mathrm{P}}}$$

对左边的回路用 KVL 列方程得

$$U = 9 - (R + \alpha R_{\mathrm{P}})I = 9 - (R + \alpha R_{\mathrm{P}})\frac{18}{2R + R_{\mathrm{P}}}$$

当 $\alpha=0$ 时，U 必为 5V，所以

$$5 = 9 - \frac{18R}{2R + R_{\mathrm{P}}}$$

解得

$$R = 0.4 R_{\mathrm{P}}$$

选取中间的一个电位器，即 $R_{\mathrm{P}}=10\ \text{k}\Omega$，则 $R=4\ \text{k}\Omega$。

5. 电路验证

当 $\alpha=1$ 时得

$$U = 9 - \frac{4+10}{8+10} \times 18 = -5(\text{V})$$

可以满足 $-5 \leqslant U \leqslant +5\mathrm{V}$ 的要求。

三个电阻吸收的功率为

$$P = \frac{18^2}{2R + R_\mathrm{P}} = 18\mathrm{mW}$$

从上式可知，要减小电功率可以选用尽可能大的电阻，因此，在三个电位器的可选值中，选取最大的一个，即 $R_\mathrm{P}=20\ \mathrm{k\Omega}$，则电阻 R 也需要重新选取

$$R = 0.4R_\mathrm{P} = 8\mathrm{k\Omega}$$

此时三个电阻吸收的功率为

$$P = \frac{U^2}{2R + R_\mathrm{P}} = \frac{18^2}{16 + 20} = 9(\mathrm{mW})$$

最后计算电源提供的电流为

$$I = \frac{U}{2R + R_\mathrm{P}} = \frac{18}{16 + 20} = 0.5(\mathrm{mA})$$

满足电压源输出电流的要求，设计完成。

习　题

2.1　求题 2.1 图中各电路的等效电阻 R_{ab} 的值。

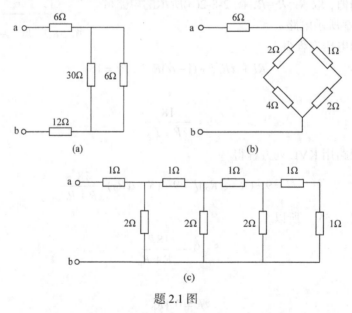

题 2.1 图

2.2　电路如题 2.2 图所示，已知 $R_1=R_2=R_3=R_4=300\Omega$，$R_5=600\Omega$，试求开关 S 断开和闭合时 a 和 b 之间的等效电阻。

2.3　求题 2.3 图示电路中各支路电流，并计算理想电流源的电压 U_1。已知 $I_1=3\mathrm{A}$，$R_2=12\Omega$，$R_3=8\Omega$，$R_4=12\Omega$，$R_5=6\Omega$。电流和电压的参考方向如图中所示。

2.4　在题 2.4 图示电路中，估算电阻 R_{ab} 的值，估算各支路电流。

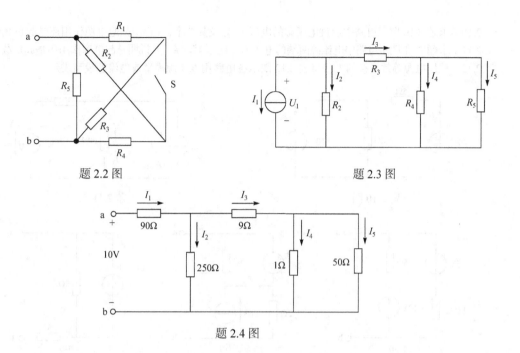

题 2.2 图 题 2.3 图

题 2.4 图

2.5 题 2.5 图示为由电位器组成的分压电路，电位器的电阻 $R_P=270\Omega$，两边的串联电阻 $R_1=350\Omega$，$R_2=550\Omega$。设输入电压 $U_1=12V$，试求输出电压 U_2 的变化范围。

2.6 有两只电阻，其额定值分别为 $40\Omega/10W$ 和 $200\Omega/40W$，试问它们允许通过的电流是多少？如将两者串联起来，其两端最高允许电压可加多大？如果将两者并联起来，允许流入的最大电流为多少？

2.7 求题 2.7 图示电路中的电流 I 和电压 U。

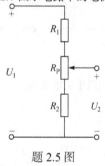

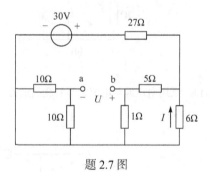

题 2.5 图 题 2.7 图

2.8 在题 2.8 图示电路中，已知 $E=6V$，$R_1=6\Omega$，$R_2=3\Omega$，$R_3=4\Omega$，$R_4=3\Omega$，$R_5=1\Omega$，试求 I_3 和 I_4。

*2.9 电路如题 2.9 图所示，求电路中的电流 I。

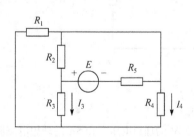

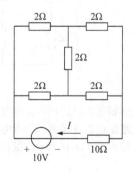

题 2.8 图 题 2.9 图

2.10 求题 2.10 图示电路中通过电压源的电流 I_1、I_2 及其功率，并说明是起电源作用还是起负载作用。

2.11 求题 2.11 图示电路中电流源两端的电压 U_1、U_2 及其功率，并说明是起电源作用还是起负载作用。

2.12 试用电源等效变换的方法将题 2.12 图示各电路用电压源模型或电流源模型表示。

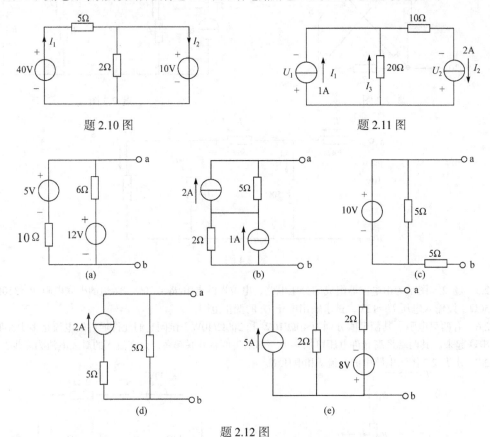

题 2.10 图　　　　　　　　　　　　　题 2.11 图

题 2.12 图

2.13 试用电压源与电流源等效变换的方法计算题 2.13 图中 2Ω 电阻中的电流 I。

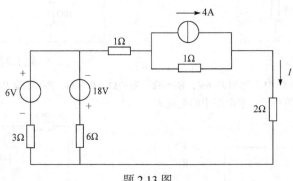

题 2.13 图

2.14 电路如题 2.14 图所示，用电源等效变换法计算电流 I。

2.15 电路如题 2.15 图所示，用电源等效变换法计算电压 U。

2.16 电路如题 2.16 图所示，试计算 I、I_1、U_s，并判断 20V 的理想电压源和 5A 的理想电流源是电源还是负载。

2.17 电路如题 2.17 图所示，试用电源等效变换法计算电流 I。

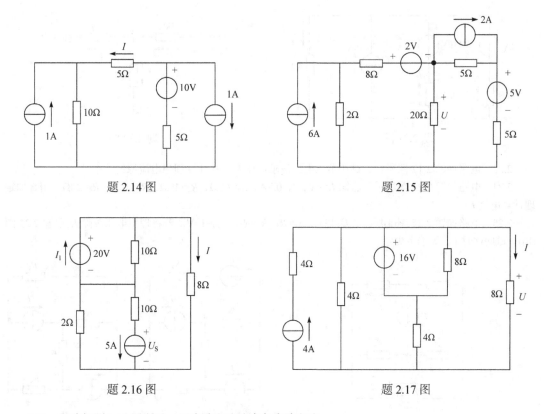

题 2.14 图   题 2.15 图

题 2.16 图   题 2.17 图

2.18   电路如题 2.18 图所示，用支路电流法求各支路电流。

2.19   电路如题 2.19 图所示，用支路电流法计算支路电流 I_1、I_2 和电压 U。

2.20   电路如题 2.20 图所示，求支路电流 I_1、I_2、I_3 和电压 U_1、U_2。

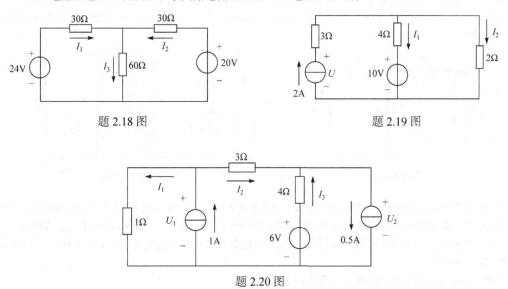

题 2.18 图   题 2.19 图

题 2.20 图

2.21   电路如题 2.21 图所示，试分别用支路电流法和节点电压法计算各支路电流，并求三个电源的输出功率和负载电阻 R_L 取用的功率。0.8Ω 和 0.4Ω 分别为两个电源的内阻。

2.22   电路如题 2.22 图所示，用节点电压法计算点 A 的电位及各支路电流。

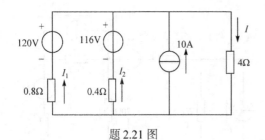

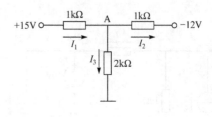

题 2.21 图 　　　　　　　　　　　　　　　　　　题 2.22 图

2.23　电路如题 2.17 图所示，试用节点电压法求电压 U，并计算理想电流源的功率。

2.24　电路如题 2.24 图所示，已知 $E=6V$，$I_S=0.3A$，$R_1=60\Omega$，$R_2=40\Omega$，$R_3=30\Omega$，$R_4=20\Omega$，用叠加定理计算电流 I。

2.25　电路如题 2.25 图(a)所示，$E=12V$，$R_1=R_2=R_3=R_4$，$U_{ab}=10V$。若将理想电压源除去后(题 2.25 图(b))，试问这时 U_{ab} 等于多少？

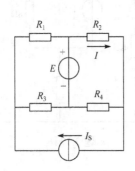

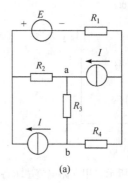

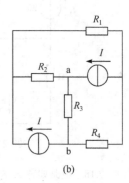

题 2.24 图 　　　　　　　　　　　　　　　(a) 　　　　　(b)
　　　　　　　　　　　　　　　　　　　　　　题 2.25 图

2.26　在题 2.26 图示电路中，当 $E=10V$ 时，$I=1A$。当 $E=-20V$ 时，电流 I 为多少？

2.27　在题 2.27 图示电路中，已知当 $E_1=0$ 时，$I=40mA$，当 $E_1=-4V$ 时，$I=-60mA$，求 $E_1=6V$ 时电流 I 为多少？

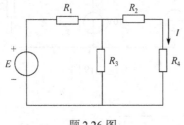

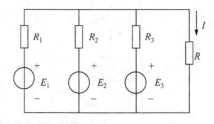

题 2.26 图 　　　　　　　　　　　　　　　　　　题 2.27 图

2.28　电路如题 2.28 图所示，网络 A 的伏安关系为 $U=2I^3$。求：(1)2A 电流源单独作用时的电压 U；(2)3A 电流源单独作用时的电压 U；(3)两电源同时作用时的电压 U；(4)叠加定理是否还可以用于此题？为什么？

2.29　用戴维南定理和诺顿定理分别求题 2.29 图示电路中 R 支路上的电流。已知 $E=100V$，$R_1=1k\Omega$，$R_2=R_3=2k\Omega$，$R=3k\Omega$。

2.30　试用戴维南定理计算题 2.13 图中的电流 I。

2.31　试用戴维南定理计算题 2.14 图中的电流 I。

2.32　在题 2.32 图示电路中，已知 $E_1=15V$，$E_2=13V$，$E_3=4V$，$R_1=R_2=R_3=R_4=1\Omega$，$R_5=10\Omega$。(1)当开关 S 断开时，试求电阻 R_5 上的电压 U_5 和电流 I_5；(2)当开关 S 闭合后，试用戴维南定理计算 I_5。

2.33　用戴维南定理和诺顿定理分别计算题 2.33 图示电路中的电流 I。

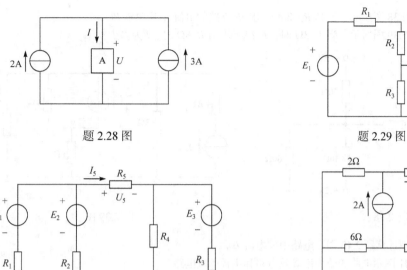

题 2.28 图

题 2.29 图

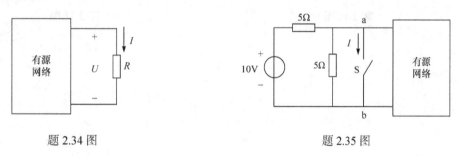

题 2.32 图

题 2.33 图

2.34　在题 2.34 图示电路中，当 $R=2\Omega$ 时，$U=6$V，当 $R=3\Omega$ 时，$U=7.2$V，求 $R=6\Omega$ 时的电流 I。

2.35　电路如题 2.35 图所示，当 S 断开时，电压 $U_{ab}=2.5$V，当 S 闭合时，$I=3$A，求有源二端网络 N 的戴维南等效电路。

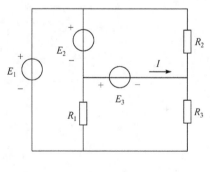

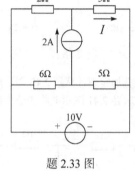

题 2.34 图

题 2.35 图

2.36　电路如题 2.36 图所示，已知 $E_1=18$V，$E_2=8$V，$R_1=2\Omega$，$R_2=4\Omega$，$R_3=1\Omega$，$I=2$A，用戴维南定理求 E_3 的值。

2.37　电路如题 2.37 图所示，R 为何值时可以获得最大功率？并求此最大功率。

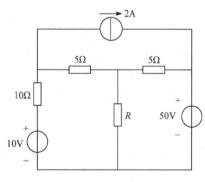

题 2.36 图

题 2.37 图

2.38 电路如题 2.38 图所示，已知 $R_L=20\Omega$，求 R_L 支路的电流 I_L 及功率 P_L。

2.39 电路如题 2.39 图所示，当 $R=3\Omega$ 时，$I=2A$。求当 $R=8\Omega$ 时，I 为多少?

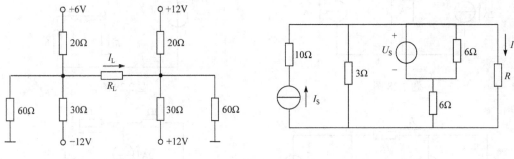

题 2.38 图　　　　　　　　　　　　　　题 2.39 图

2.40 用叠加定理计算题 2.40 图示电路中的电流 I_1。

2.41 试求题 2.41 图示电路的戴维南等效电路和诺顿等效电路。

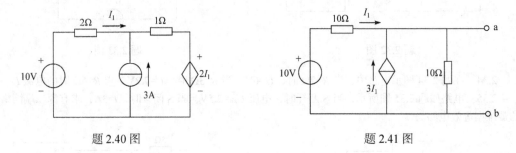

题 2.40 图　　　　　　　　　　　　　　题 2.41 图

第3章 电路的暂态分析

内容概要： 本章主要介绍储能元件以及含有储能元件电路的暂态分析方法，包括电感、电容元件的基本特性，换路及换路定则，电路的响应，以及一阶线性电路分析的三要素法等。本章所有讨论都是基于激励源为直流的情况。

重点要求： 掌握电感、电容元件的基本关系式；理解稳态、暂态、零输入响应、零状态响应、全响应的概念，以及时间常数的物理意义；掌握换路定则及初始值、稳态值的计算方法；掌握一阶线性电路分析的三要素法。

3.1 引　言

自然界一切事物的运动，在特定条件下总是处于一种稳定状态，而当条件改变时，就会过渡到另一种新的稳定状态。电路的暂态分析就是对电路从一个稳定状态变化到另一个稳定状态时中间经历的过渡过程的分析。电路的稳定状态是指，当电路中的激励为恒定量或按周期性规律变化时，电路中的响应也是恒定量或按周期性规律变化，如前两章所讨论的纯电阻电路以及后面的正弦交流电路都处于稳态。但是，在包含电感、电容这类储能元件(又称动态元件)的电路中，开关的通断、电路内部参数值的变化，会导致电路的工作状态发生改变，电路中的电压和电流会从原有的稳定状态值变化到一个新的稳定状态值，这种变化不是瞬间完成的，需要一定的时间，在这段时间内称电路处于过渡过程，因这个过程较短暂，所以也称为暂态过程，简称暂态。

3.2 电感元件与电容元件

前面章节的讨论都局限在仅由电阻和电源构成的电路中，本节将介绍两个重要的理想元件：电感元件和电容元件。电阻元件将电能转换为热能而消耗能量，理想的电感元件和电容元件非但不会消耗能量，反而会将能量储存起来，一定条件下又可以将能量释放到电路中。因此，电感和电容又称为储能元件。当然，电感和电容本身并不能产生能量，因此它们与电阻一样，都是无源元件。

纯电阻电路的应用非常有限，通过学习电感和电容，我们将会讨论更实用且更重要的电路，在第2章中学到的电路分析方法也可以应用到包含电感和电容的电路中。

3.2.1 电感元件

实际的电感器包括磁性或非磁性材料制成的磁芯以及环绕在磁芯上的绕组线圈两部分，如图 3-2-1(a)所示。非磁性材料有空气、木材、铜、塑料和玻璃等，这些材料的磁导率近似等于真空磁导率。磁性材料有铁、镍、钢、钴及合金，其磁导率远高于真空磁导率。

理想情况下线圈电阻为零。

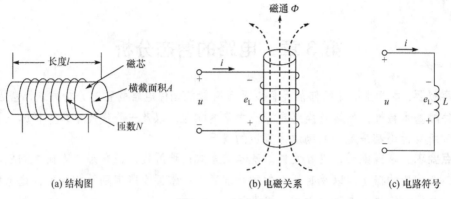

(a) 结构图　　　　　　　(b) 电磁关系　　　　　(c) 电路符号

图 3-2-1　电感元件

当电感线圈中通以电流，在线圈中就会产生磁通，并储存磁场能量。电感 L 是用来表征线圈产生磁通、存储磁场能量的能力的元件参数，单位为亨[利](H)，数值上等于单位电流产生的磁链，电路符号如图 3-2-1(c) 所示。设电感元件的匝数为 N，则磁链 $\psi = N\phi$，电流及其产生的磁链之间的关系为

$$L = \frac{\psi}{i} = \frac{N\phi}{i}$$

若 L 不随电流和磁通的变化而变化，则称为线性电感；若 L 随电流或磁通的变化而变化，则称为非线性电感。本书后续章节若无特别说明，讨论的均为线性电感。

线性电感是一个与电流无关的量，其大小取决于线圈的匝数、磁芯的长度和横截面面积，计算公式为

$$L = \frac{\mu S N^2}{l}$$

式中，N 为线圈的匝数；μ 为磁芯磁导率(H/m)；S 为磁芯截面积(m^2)；l 为磁芯长度(m)。

虽然电感元件是根据 ψ-i 关系来定义的，但是在电路分析中，我们关心的是它的电压和电流关系(VCR)。当电感线圈通以变化的电流 i，将会产生变化的磁通 ϕ，变化的磁通在线圈两端产生感应电动势 e_L。感应电动势的大小与磁通的变化率成正比，其方向与磁通方向符合右手螺旋定则，如图 3-2-1(b) 所示。

$$e_L = -\frac{\mathrm{d}\psi}{\mathrm{d}t} = -N\frac{\mathrm{d}\phi}{\mathrm{d}t} = -L\frac{\mathrm{d}i}{\mathrm{d}t}$$

由基尔霍夫电压定律可得 $u + e_L = 0$，因此，当电感上电压、电流为关联参考方向时

$$u = L\frac{\mathrm{d}i}{\mathrm{d}t} \tag{3-2-1}$$

式(3-2-1)表明，电感 L 两端的电压 u 与电感电流 i 的变化率成正比，而不取决于电流 i 的大小，说明电感是动态元件。当线圈通以恒定电流(即直流)时，电感两端电压为零，电感相当于短路。另外，电感中电流是不能突变的。若电感电流突变，需要外加无穷大的电压，而实际上无穷大的电压是不存在的。

对式(3-2-1)积分可得

$$i = \frac{1}{L}\int_{-\infty}^{t} u\mathrm{d}t = \frac{1}{L}\int_{-\infty}^{0} u\mathrm{d}t + \frac{1}{L}\int_{0}^{t} u\mathrm{d}t = i(0) + \frac{1}{L}\int_{0}^{t} u\mathrm{d}t$$

式中，设 $i(-\infty)=0$，$i(0)$ 是 $t=0$ 时电感中流过的电流，与电感元件的历史状态有关，称为初始电流。上式表明，t 时刻电感元件的电流不仅取决于该时刻的电压值，而且取决于 $-\infty \rightarrow t$ 所有时刻的电压值，所以电感也称为记忆元件。

电感中功率和能量的关系可以直接由电压和电流的关系推导得到。在电压、电流关联参考方向下，电感的瞬时功率为

$$p = ui = Li\frac{\mathrm{d}i}{\mathrm{d}t}$$

假设电感初始电流为 0，则 0 到 t 时间内，对 p 求积分得电感储存的磁场能量为

$$W(t) = \int_{-\infty}^{t} ui\mathrm{d}t = \int_{0}^{i} Li\mathrm{d}i = \frac{1}{2}Li^{2}(t) \tag{3-2-2}$$

可见，电感储存的磁场能量只与该时刻的电流大小有关，而与电流的形式和方向无关。当电流绝对值增加时，电感吸收电功率，能量以磁场的形式储存在电感中；当电流绝对值减小时，电感发出电功率，将储存的磁场能量转化成电能输出返还给电路。因此，电感元件不消耗能量，是储能元件。

3.2.2 电容元件

电容器最简单的结构是由一层较厚的绝缘层(称为电介质)将两层金属导电极板相互隔开，如图 3-2-2(a)所示。导电极板通常由铝箔制成，而电介质可以为空气、陶瓷、纸、云母或其他绝缘材料。理想情况下电容的介质损耗和漏电流为零。

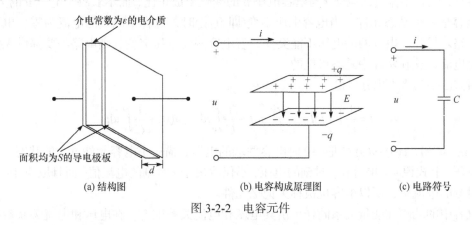

(a) 结构图　　　　　　(b) 电容构成原理图　　　　　(c) 电路符号

图 3-2-2　电容元件

当电容元件与电源相连时，一个导电极板聚集正电荷+q，另一个导电极板则聚集负电荷-q，于是在介质中建立起电场，储存电场能量，如图 3-2-2(b)所示。电容器的两个导电极板在每单位电压作用下所储存的总电荷量就代表电容，用符号 C 表示，单位是法[拉](F)，电路符号如图 3-2-2(c)所示。也就是说电容储存的电荷量 q 与两个极板之间的电压 u 的比值即电容的容量

$$C = \frac{q}{u} \tag{3-2-3}$$

显然，它是电容器储存电荷能力的一种度量。C 越大，意味着单位电压下电容器储存的电荷越多，所形成的电场就越强，电场能也就越大。当 C 为常数时，称为线性电容；C 不是常数时，则为非线性电容。本书后续章节若无特别说明，讨论的均为线性电容。

将式(3-2-3)重新整理可得

$$q = Cu \tag{3-2-4}$$

虽然电容 C 是导电极板带电量 q 和作用于其上的电压 u 的比值，但是它却不依赖于 q 和 u，而是取决于电容器的物理参数。如图 3-2-1(a)所示的平板电容器的电容量的计算公式为

$$C = \frac{\varepsilon S}{d}$$

式中，S 是导电极板的面积(m^2)；d 是两极板之间的距离(m)；ε 是电介质的介电常数(F/m)。

虽然电容是根据 q-u 平面来定义的，但在电路分析中，我们关心的是电容元件电压和电流之间的关系(VAR)。电容是储存电荷的元件，当它两端电压发生变化时，极板上的电荷也相应地发生变化，这时会有电荷在电路中移动，形成电流。在电容上电压和电流关联参考方向下，考虑到

$$i = \frac{\mathrm{d}q}{\mathrm{d}t}$$

对式(3-2-4)左右两边求导，可得

$$i = C\frac{\mathrm{d}u}{\mathrm{d}t} \tag{3-2-5}$$

可见，电容中流过的电流 i 与电容电压 u 的变化率成正比，而不取决于电压 u 的大小，说明电容是一个动态元件。当电容电压不变(即直流)时，电容中流过的电流为零，电容相当于开路。另外，电容两端电压不能突变。若电容两端电压突变，则电路需要提供无穷大的充电电流，这在实际中是不可能的。

对式(3-2-5)两边积分可得

$$u = \frac{1}{C}\int_{-\infty}^{t} i\mathrm{d}t = \frac{1}{C}\int_{-\infty}^{0} i\mathrm{d}t + \frac{1}{C}\int_{0}^{t} i\mathrm{d}t = u(0) + \frac{1}{C}\int_{0}^{t} i\mathrm{d}t$$

式中，$u(-\infty)=0$，$u(0)=q(0)/C$ 是 $t=0$ 时电容两端的电压，描述了电容元件过去的状态，称为初始电压。上式说明，电容在 t 时刻的电压，不仅取决于 t 时刻的电流值，而且取决于 $-\infty \to t$ 所有时刻的电流值，所以电容也被称为记忆元件。

电容中的功率和能量关系同样可由其电压和电流关系推得。在电压和电流关联参考方向下，电容的瞬时功率为

$$p = ui = Cu\frac{\mathrm{d}u}{\mathrm{d}t}$$

假设电容初始电压为 0，则 0 到 t 时间内，对 p 求积分得电容储存的电场能量为

$$W(t) = \int_{-\infty}^{t} ui\mathrm{d}t = \int_{0}^{u} Cu\mathrm{d}u = \frac{1}{2}Cu^2(t) \tag{3-2-6}$$

可见，某一时刻电容中储存的电场能量取决于该时刻电容两端电压的大小，而与电压的形式和方向无关。电容充电时，电压绝对值增大，电场能增加，元件从外电路吸收能量；电容放电时，电压绝对值减小，电场能减少，元件释放能量送回外电路。因此，电容元件不消耗能量，是一种储能元件。

3.3 产生暂态过程的条件和换路定则

3.3.1 暂态过程的产生

如图 3-3-1 所示，RC 电路接入直流电源，开关 S 闭合前电容端电压 $u_C=0$，电路处于稳定状态。当开关 S 闭合后，电容充电，两端电压 u_C 由零增至电源电压 U 并保持不变，此时电路又处于一种新的稳定状态。显然，在两种稳定状态之间存在一个暂态过程，即使电容快速充电，其上电压也不是跳变的，而是从零开始逐渐增加到电源电压。

由此可见，之前的稳定状态被破坏的原因是电路的状态发生了变化。我们把电路的接通、切断、电源电压或电路元件参数的变化等行为，统称为换路。但是，并不是所有电路在换路时都会产生暂态过程，换路只是产生暂态过程的外在原因，其内因是电路中具有储能元件电感或电容。所谓稳定状态的改变，其实是系统中储存的能量关系发生了改变，而储能元件所储存的能量是不能突变的，要完成能量的转换及重新分配需要一段时间，这样就产生了暂态。因此，产生暂态过程的条件总结如下：

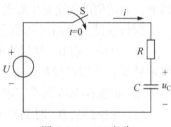

图 3-3-1 RC 电路

(1) 电路发生换路。

(2) 电路中含有储能元件。

(3) 电路中能量关系发生变化。

需要指出的是，电阻不是储能元件，因而纯电阻电路不存在过渡过程。

3.3.2 换路定则

动态电路的暂态过程是由储能元件的能量不能跃变所致。认为换路是瞬间完成的，设 $t=0$ 为换路瞬间，以 $t=0_-$ 表示换路前的终了瞬间，$t=0_+$ 表示换路后的初始瞬间。0_- 和 0_+ 在数值上都等于 0，只是分别从负值和正值两个不同方向趋近于 0。从 $t=0_-$ 到 $t=0_+$ 瞬间，电感元件中存储的磁场能量 W_L 和电容元件中存储的电场能量 W_C 不发生跃变，即

$$\begin{cases} W_L(0_+) = W_L(0_-) \\ W_C(0_+) = W_C(0_-) \end{cases}$$

将式(3-2-2)和式(3-2-6)代入上式，考虑线性电路中 L 和 C 均为常数，由此推得在换路瞬间

$$\begin{cases} i_L(0_+) = i_L(0_-) \\ u_C(0_+) = u_C(0_-) \end{cases}$$

即从 $t=0_-$ 到 $t=0_+$ 瞬间，电感元件中的电流 i_L 和电容元件中的电压 u_C 不能跃变，这就是换路定则。

换路定则仅适用于换路瞬间，可根据它来确定 $t=0_+$ 时电路中各处电压和电流的值，即暂态电路的初始值。

需要指出的是，换路定则的应用是有条件的，即换路时电容电流和电感电压为有限值，一般电路都能满足这个条件。若不满足，换路定则就不成立。例如，将一个换路前电压 $u_C(0_-)=0$ 的电容元件在 $t=0$ 时与理想电压源 U_S 接通，由 KVL 可知 0_+ 时刻电路中 $u_C(0_+)=U_S$。显然，这里换路定则不再成立，原因是此电路换路时电容电流为无穷大，不为有限值。电感元件也存在类似情况。

3.3.3 电路初始值的确定

暂态电路用微分方程来描述电路中的电压和电流关系，通过求解微分方程可以得到电路的动态响应(电压或电流)，而这些响应以电路初始值为起点，开始连续地向新的稳态值变化。因此，初始值的确定是电路暂态分析中要解决的首要问题，它主要应用换路定则来进行。

假设换路前电路已达稳态，确定初始值的方法如下：

(1) 由换路前 0_- 时刻的电路，求出 $u_C(0_-)$ 或 $i_L(0_-)$。由于本章只考虑直流激励，因此将电感元件作短路处理，电容元件作开路处理。

(2) 根据换路定则确定电路的初始值 $u_C(0_+)$ 或 $i_L(0_+)$。

(3) 在换路后 0_+ 时刻的电路中，用大小和方向等于 $u_C(0_+)$ 的理想电压源替代电容，用大小和方向等于 $i_L(0_+)$ 的理想电流源替代电感，再利用直流电路的分析方法求出电路中其他电压和电流的初始值 $u(0_+)$ 或 $i(0_+)$。

3.3.4 电路稳态值的确定

电路稳态值是指暂态过程结束后电路达到新的稳定状态时电路的响应，即此时电路中各支路电流值和各元件端电压值，用 $u(\infty)$ 或 $i(\infty)$ 表示。在直流激励下，电路达到新稳态时，电容元件进行开路处理，电感元件进行短路处理，电路为纯电阻电路，一般来说求解较为简单。

【例 3.3.1】 如图 3-3-2(a)所示电路，电路原来处于稳态，在 $t=0$ 时打开开关 S，求初始值 $u_C(0_+)$、$i_C(0_+)$、$u_L(0_+)$、$i_L(0_+)$、$u_R(0_+)$，以及暂态过程结束后它们的稳态值。

解 (1)首先求出 $u_C(0_-)$ 和 $i_L(0_-)$，因换路前电路已处于稳态，则电容元件视为开路，电感元件视为短路，画出换路前的 0_- 电路如图 3-3-2(b)所示，则可得

$$u_C(0_-) = 12 \times \frac{1}{5+1} = 2(\text{V})$$

$$i_L(0_-) = \frac{12}{5+1} = 2(\text{A})$$

为方便比较，算出电路中其他部分响应为

$$i_C(0_-) = 0\text{A}, \quad u_L(0_-) = 0\text{V}, \quad u_R(0_-) = 0\text{V}$$

(2) 换路后 $t = 0_+$ 时刻，根据换路定则有

$$u_C(0_+) = u_C(0_-) = 2\,\text{V}, \quad i_L(0_+) = i_L(0_-) = 2\,\text{A}$$

画出 $t = 0_+$ 时刻的 0_+ 电路，如图 3-3-2(c)所示，此时开关 S 打开，1Ω 电阻支路断开，则由 KCL 有

$$i_C(0_+) = i_L(0_+) = 2\,\text{A}$$

再由 KVL 有

$$u_R(0_+) = 1 \cdot i_L(0_+) = 2\,\text{V}$$

$$u_L(0_+) = 12 - u_R(0_+) - u_C(0_+) - 5 \cdot i_L(0_+) = -2\,\text{V}$$

(3) 求暂态过程结束后的稳态值。当 $t = \infty$ 时，电路进入新的稳定状态，此时电容元件开路、电感元件短路，$t = \infty$ 时的电路如图 3-3-2(d)所示，可得

$$u_C(\infty) = 12\,\text{V}, \quad i_C(\infty) = 0\,\text{A}, \quad u_L(\infty) = 0\,\text{V}, \quad i_L(\infty) = 0\,\text{A}, \quad u_R(\infty) = 0\,\text{V}$$

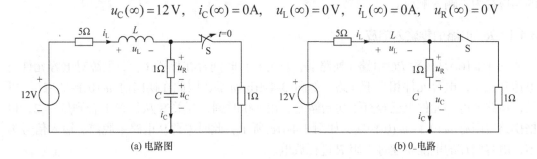

(a) 电路图   (b) 0_-电路

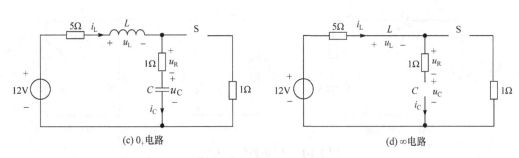

(c) 0_+电路   (d) ∞电路

图 3-3-2 例 3.3.1 的电路

将全部计算结果列于表 3-3-1 中。

表 3-3-1 例 3.3.1 求解结果

电量	u_C /V	i_C /A	u_L /V	i_L /A	u_R /V
$t = 0_-$	2	0	0	2	0
$t = 0_+$	2	2	-2	2	2
$t = \infty$	12	0	0	0	0

由以上分析可见，在换路瞬间电容电压不能跃变，而其电流可跃变；电感电流不能跃变，而其电压可跃变；电阻元件的电压、电流均可跃变。

3.4 一阶电路的零输入响应

如前所述，电感和电容的一个重要特性是它们具有存储能量的能力，本章主要分析的是一个电感或一个电容释放或得到能量时产生的时变电压和电流，它们是由开关的通断导致电路突变后产生的响应。在电路的暂态分析中，仍然可以利用第 2 章学过的电路分析方法列写电路方程。由于储能元件(线性电感或电容)的伏安关系具有微分或积分的形式，并且电路中只含有一个储能元件或可等效为一个储能元件，因此列出的电路方程是一阶线性微分方程，相应的电路称为一阶线性电路。

根据激励，通过求解电路的微分方程得出电路的响应，这就是电路暂态分析的经典法。

动态电路没有外加激励(无独立源)，电路中储能元件有初始储能，该能量释放而引起的响应称为零输入响应。

3.4.1 RC 电路的零输入响应

图 3-4-1(a)是一阶 RC 电路。换路前，开关 S 长时间合在位置 1 上，电源对电容元件充电达到稳态，电容元件相当于开路，如图 3-4-1(b)所示，因此在换路前 $u_C(0_-)=U_S=U_0$，可见，换路前电容元件上已经有了初始储能。在 $t=0$ 时刻，开关 S 从位置 1 合到位置 2，根据换路定则有 $u_C(0_+)=u_C(0_-)=U_0$，如图 3-4-1(c)所示，此时电源从电路中脱离，输入信号为零，电容储存的电能将通过电阻 R 进行放电。

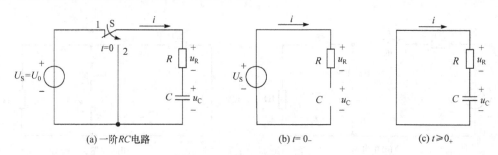

(a) 一阶 RC 电路 (b) $t=0_-$ (c) $t \geqslant 0_+$

图 3-4-1 RC 电路零输入响应

对于换路后($t\geqslant0$)的电路，由基尔霍夫电压定律可得

$$u_R + u_C = 0$$

将电阻、电容的特性方程

$$u_R = iR$$

$$i = i_C = C\frac{du_C}{dt}$$

代入上式可得

$$RC\frac{du_C}{dt} + u_C = 0 \tag{3-4-1}$$

式(3-4-1)是以电容电压 u_C 为变量的一阶齐次线性微分方程，由高等数学可知其通解形式为

$$u_C = Ae^{pt} \tag{3-4-2}$$

代入式(3-4-1)中，可得一阶齐次线性微分方程的特征方程为

$$RCp + 1 = 0$$

其特征根为

$$p = -\frac{1}{RC} = -\frac{1}{\tau}$$

式中，$\tau = RC$，当电阻 R 的单位为 Ω，电容 C 的单位为 F 时，RC 的乘积单位为 s，说明 τ 具有时间的量纲，因此称 τ 为电路的时间常数。

将求得的特征根代入式(3-4-2)可得

$$u_C(t) = Ae^{-\frac{t}{\tau}}$$

式中，A 为积分常数，可由初始条件 $u_C(0_+) = U_0$ 代入求得 $A = U_0$。所以，过渡过程中电容元件的电压为

$$u_C(t) = U_0 e^{-\frac{t}{\tau}}, \quad t \geqslant 0 \tag{3-4-3}$$

确定了电容元件上的电压后，只需根据电路中各元件上的电压和电流关系就可以求出其他相应的电压和电流为

$$i = i_C(t) = C\frac{\mathrm{d}u_C}{\mathrm{d}t} = -\frac{U_0}{R}e^{-\frac{t}{\tau}}, \quad t \geqslant 0 \tag{3-4-4}$$

$$u_R(t) = iR = -U_0 e^{-\frac{t}{\tau}}, \quad t \geqslant 0 \tag{3-4-5}$$

负号表示电压和电流的实际方向与参考方向相反。

从式(3-4-3)~式(3-4-5)看出，RC 电路的零输入响应 u_C、i_C、u_R 都是按同样的指数规律随时间衰减到零，变化曲线如图 3-4-2(a)所示，其衰减快慢取决于 t 的系数，即时间常数 τ 的大小。当 $t = \tau$ 时，代入式(3-4-3)可得

$$u_C(\tau) = U_0 e^{-1} = 36.8\% U_0$$

即经过一个时间常数的时间，电容电压衰减到初始值的 36.8%，如图 3-4-2(b)所示。每经历一个时间常数，电压将降为原来的 $e^{-1} = 0.368$。理论上讲，u_C、i_C、u_R 只有在 $t = \infty$ 时才会等于零，从而电路达到稳态。但是，由表 3-4-1 可见，当 $t = 5\tau$ 时，电压已小于其初始值的 1%，电容两端所剩电压完全可以忽略不计。故在实际中，一般认为经过 5τ 时间，电路中各响应已衰减到接近于零，暂态过程结束，电路达到稳定状态。

表 3-4-1　$e^{-\frac{t}{\tau}}$ 的衰减

τ	2τ	3τ	4τ	5τ	6τ	7τ
e^{-1}	e^{-2}	e^{-3}	e^{-4}	e^{-5}	e^{-6}	e^{-7}
0.3679	0.1353	0.0498	0.0183	0.0067	0.0025	0.0009

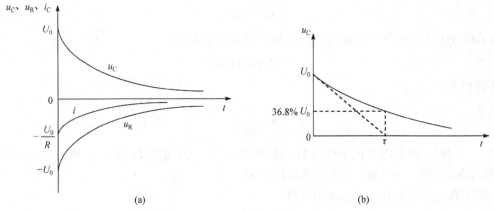

(a)   (b)

图 3-4-2 u_C、u_R、i_C 的变化曲线

　　时间常数 τ 是一阶电路中非常重要的参数，它的大小取决于电路的结构和参数，与初始值的大小无关。在 RC 电路中，设初始电压一定，电阻越大，放电电流减小，则电容器放电时间增加；而电容增加时，电容存储的电荷量增加，放电时间也越长。因此，时间常数 τ 越大，衰减得越慢，暂态过程越长；反之则越短。

3.4.2 RL 电路的零输入响应

　　图 3-4-3(a)是一阶 RL 电路。换路前，开关 S 长时间合在位置 1 上，直流电源激励下，电感元件无感应电压，相当于短路，如图 3-4-3(b)所示，因此在换路前 $i_L(0_-)=U_S/R=I_0$，可见，换路前电感元件上已经有了初始储能 $\frac{1}{2}LI_0^2$。在 $t=0$ 时刻，开关 S 从位置 1 合到位置 2，根据换路定则有 $i_L(0_+)= i_L(0_-)=I_0$，如图 3-4-2(c)所示，此时电源从电路中脱离，输入信号为零，电感储存的磁场能量将通过电阻 R 进行泄放。

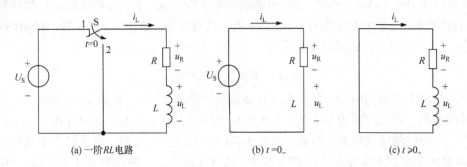

(a) 一阶 RL 电路   (b) $t=0_-$ (c) $t>0_+$

图 3-4-3 RL 电路零输入响应

对于换路后($t \geqslant 0$)的电路，由基尔霍夫电压定律可得

$$u_R + u_L = 0$$

将电阻、电感的特性方程

$$u_R = i_L R$$

$$u_L = L\frac{di_L}{dt}$$

代入上式可得

$$L\frac{di_L}{dt} + i_L R = 0 \tag{3-4-6}$$

式(3-4-6)是以电感电流 i_L 为变量的一阶齐次线性微分方程,参照 RC 电路零输入响应的分析过程,过渡过程中电感元件上的电流为

$$i_L(t) = I_0 e^{-\frac{t}{\tau}}, \quad t \geqslant 0 \tag{3-4-7}$$

式中,$\tau = \dfrac{L}{R}$,也具有时间的量纲,为 RL 电路的时间常数。

确定了电感元件上的电流后,根据电路中各元件上的电压、电流关系可求出其他相应的电压和电流:

$$u_L(t) = L\frac{di_L}{dt} = -RI_0 e^{-\frac{t}{\tau}}, \quad t \geqslant 0 \tag{3-4-8}$$

$$u_R(t) = i_L R = RI_0 e^{-\frac{t}{\tau}}, \quad t \geqslant 0 \tag{3-4-9}$$

式中,负号表示电压和电流的实际方向与参考方向相反。i_L、u_L、u_R 均按照同一时间常数按指数规律衰减到零,其变化曲线如图 3-4-4 所示。在 RL 电路中,时间常数 τ 与电阻 R 成反比,在同样的初始电流下,电阻 R 越大(τ 越小),则电感中的储能被电阻元件消耗得越快,电压、电流衰减得也就越快;τ 与 L 成正比,L 越大(τ 越大),电感中储存的磁场能量越多,则电压、电流衰减得越慢。与 RC 电路一样,无论时间常数 τ 数值大小如何,暂态响应在经过 5τ 时已衰减到小于初始值的 1%,可认为电路达到了稳定状态。

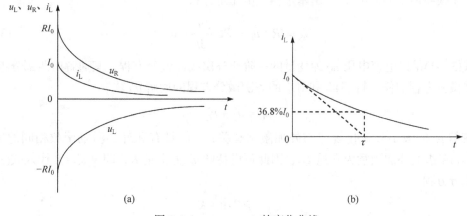

图 3-4-4　u_L、u_R、i_L 的变化曲线

在以上所讨论的 RC、RL 电路中,尽管在换路以后外加电源已不再起激励作用,但电路中仍然会有电压、电流存在,就是因为过去电源曾经起过作用,并在电容元件或电感元件中有能量储存。所以,我们说动态电路是有"记忆"的。零输入响应的实质是储能元件

通过电阻元件的放电过程。

3.5 一阶电路的零状态响应

若电路中储能元件初始状态为零(初始储能为零)，则仅由外加激励(独立源)引起的响应称为零状态响应。

3.5.1 *RC* 电路的零状态响应

图 3-5-1(a)所示 *RC* 串联电路，开关 S 闭合前电容元件没有初始储能，电容电压 $u_C(0_-)$ = 0。在 $t = 0$ 时闭合开关 S，将直流电源 U_S 接入电路，此时加在 *RC* 串联支路上的电压 $u(t)$ 可以建模为一个阶跃函数，即

$$u(t) = \begin{cases} 0, & t < 0 \\ U_S, & t \geqslant 0 \end{cases}$$

因此零状态响应也称为阶跃响应，如图 3-5-1(b)所示。

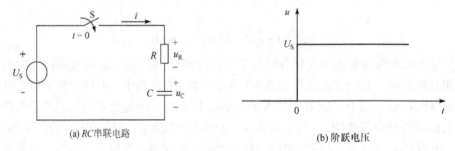

(a) *RC*串联电路　　　　　　　　　　　(b) 阶跃电压

图 3-5-1　*RC* 电路零状态响应

对于换路后($t \geqslant 0$)的电路，由基尔霍夫电压定律得

$$U_S = iR + u_C = RC\frac{\mathrm{d}u_C}{\mathrm{d}t} + u_C \tag{3-5-1}$$

式(3-5-1)是以电容电压 u_C 为变量的一阶非齐次线性微分方程，其通解由两部分组成：非齐次微分方程的任一特解 u_C' 和对应的齐次微分方程的通解 u_C''。

$$u_C = u_C' + u_C''$$

特解 u_C' 的大小和变化规律与外加激励有关，一般具有和外加激励函数相同的形式。式(3-5-1)左边的外加激励为常量 U_S，因此可设特解 u_C' 为常量 K，即将 $u_C' = K$ 代入式(3-5-1)满足微分方程

$$U_S = RC \cdot 0 + K$$

即

$$K = U_S$$

故特解为

$$u'_C = K = U_S$$

通解 u''_C 为对应的齐次微分方程的解，称为补函数，其大小与外加激励有关，而变化规律与外加激励无关，总是按指数规律变化。对应的齐次微分方程

$$RC\frac{\mathrm{d}u''_C}{\mathrm{d}t} + u''_C = 0$$

与 RC 电路零输入响应微分方程相同，因此 u''_C 为

$$u''_C = A\mathrm{e}^{-\frac{t}{RC}}$$

于是，非齐次微分方程的解为

$$u_C = u'_C + u''_C = U_S + A\mathrm{e}^{-\frac{t}{RC}} \tag{3-5-2}$$

由 u_C 的初始条件确定积分常数 A。将换路定则

$$u_C(0_+) = u_C(0_-) = 0$$

代入式(3-5-2)可得，$A = -U_S$。

因而得出 RC 电路零状态微分方程的解为

$$u_C(t) = U_S - U_S\mathrm{e}^{-\frac{t}{\tau}} = U_S(1 - \mathrm{e}^{-\frac{t}{\tau}}), \quad t \geqslant 0 \tag{3-5-3}$$

式中，$\tau = RC$ 为电路的时间常数，其大小由元件参数决定，与外加激励无关。当 $t = \tau$ 时

$$u_C(\tau) = U_S - U_S\mathrm{e}^{-1} = U_S(1 - 0.368) = 63.2\%U_S$$

可见，RC 电路零状态响应时间常数 τ 的物理意义为：电容元件的电压 $u_C(t)$ 从初始值 0 上升到稳态值 U_S 的 63.2% 所需的时间。τ 越大，u_C 增长越慢，电容充电时间越长。大约经历 5τ 的时间，u_C 基本已达终值，电容充电基本完成，电路进入稳态。

在求出电容元件上电压 $u_C(t)$ 后，根据各元件电压和电流关系可得

$$i(t) = C\frac{\mathrm{d}u_C}{\mathrm{d}t} = \frac{U_S}{R}\mathrm{e}^{-\frac{t}{\tau}}, \quad t \geqslant 0 \tag{3-5-4}$$

$$u_R(t) = iR = U_S\mathrm{e}^{-\frac{t}{\tau}}, \quad t \geqslant 0 \tag{3-5-5}$$

u_C、i、u_R 的变化曲线如图 3-5-2 所示。可见：①在整个暂态过程中，电容在充电，电压 u_C 由初始值 0 按指数规律逐渐上升到稳态值 U_S；②电流 i 在换路瞬间有最大值 $\dfrac{U_S}{R}$，随着充电过程的继续，电容上电压 u_C 逐渐增大，电流 $i = \dfrac{U_S - u_C}{R}$ 逐渐减小，最终为 0。

由式(3-5-3)~式(3-5-5)看出，RC 电路的零状态响应与电路的外加激励的大小成正比，如果外加激励增加 N 倍，则零状态响应也相应增加 N 倍，这是因为零状态响应仅由外加激励引起。

再分析零状态响应电路中的能量转换关系。在整个暂态过程中，电源提供的总能量为

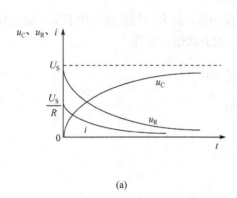

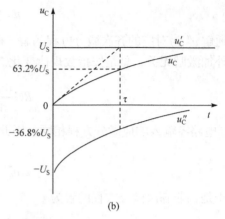

(a)
(b)

图 3-5-2 u_C、u_R、i 的变化曲线

$$W = \int_0^\infty U_S i \mathrm{d}t = \int_0^\infty U_S \frac{U_S}{R} \mathrm{e}^{-\frac{t}{\tau}} \mathrm{d}t = C U_S^2$$

充电过程中，电容储能不断增加，直到 $\frac{1}{2}CU_S^2$。同时电阻在消耗能量，其耗能为

$$W_R = \int_0^\infty i^2 R \mathrm{d}t = \int_0^\infty \left(\frac{U_S}{R} \mathrm{e}^{-\frac{t}{\tau}} \right)^2 R \mathrm{d}t = \frac{1}{2} C U_S^2$$

可见，无论 R、C 取值如何，电源供给的总能量中，有一半转化为电场能量存储在电容元件中，另一半被电阻元件消耗掉。

3.5.2 *RL* 电路的零状态响应

如图 3-5-3 所示的 *RL* 串联电路，电感元件 L 中无初始储能，电流为零。在 $t=0$ 时开关 S 闭合，恒压源 U_S 接入 *RL* 电路。

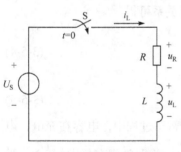

图 3-5-3 *RL* 电路零状态响应

对换路后 $(t \geqslant 0)$ 的电路，在图示参考方向下，根据 KVL 和元件的电压电流关系可得

$$U_S = u_R + u_C = i_L R + L \frac{\mathrm{d}i_L}{\mathrm{d}t}, \quad t \geqslant 0 \qquad (3\text{-}5\text{-}6)$$

由换路定则得初始值为

$$i_L(0_+) = i_L(0_-) = 0 \qquad (3\text{-}5\text{-}7)$$

式(3-5-6)是以 i_L 为变量的一阶非齐次线性微分方程，两边同时除以 R，得

$$\frac{U_S}{R} = \frac{L}{R} \frac{\mathrm{d}i_L}{\mathrm{d}t} + i_L$$

解法同 *RC* 电路的零状态响应，其解也分为两部分，即特解 i_L' 和补函数 i_L''。

$$i_L = i_L' + i_L''$$

特解与外加激励函数形式相同，可推得 $i_L' = U_S/R$，非齐次微分方程所对应的齐次方程通解

$i''_L = A e^{-\frac{t}{\tau}}$，则

$$i_L = i'_L + i''_L = \frac{U_S}{R} + A e^{-\frac{t}{\tau}}$$

由式(3-5-7)可得

$$A = -\frac{U_S}{R}$$

因此

$$i_L(t) = \frac{U_S}{R} - \frac{U_S}{R} e^{-\frac{t}{\tau}} = \frac{U_S}{R}(1 - e^{-\frac{t}{\tau}}), \quad t \geqslant 0 \tag{3-5-8}$$

式中，$\tau = \dfrac{L}{R}$ 为电路的时间常数。

进而可求出

$$u_L(t) = L\frac{\mathrm{d}i_L}{\mathrm{d}t} = U_S e^{-\frac{t}{\tau}}, \quad t \geqslant 0 \tag{3-5-9}$$

$$u_R(t) = i_L R = U_S(1 - e^{-\frac{t}{\tau}}), \quad t \geqslant 0 \tag{3-5-10}$$

i_L、u_L、u_R 随时间变化的曲线如图 3-5-4 所示。换路前 $i_L=0$，换路后电流 i_L 从零逐渐增大到稳态值 U_S/R，电路达到新的稳定状态，此时电感元件相当于短路，电阻元件上电压为电源电压。

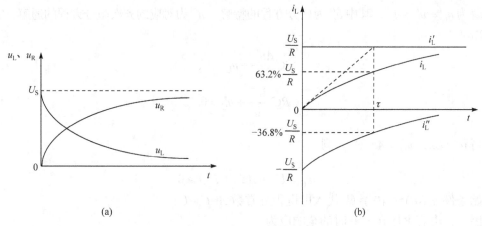

图 3-5-4 u_L、u_R、i_L 的变化曲线

零状态响应的整个过程中，电源供给的能量一半被电阻元件消耗，另一半则转换为磁场能量 $\left(\dfrac{1}{2}Li_L^2\right)$ 存储在电感中。

3.6 一阶电路的全响应

在前两节中，讨论了一阶电路的零输入响应和零状态响应。本节将介绍初始状态不为零的动态电路在外加激励作用下的响应，即一阶电路的全响应。

3.6.1 *RC* 电路的全响应

如图 3-6-1 所示的 *RC* 电路，$t=0$ 之前开关长时间合在位置 1 上，$u_C(0_-)=U_0$。当 $t=0$ 时，开关 S 从位置 1 合到位置 2 上，电源 U_S 接入电路，且电容初始状态不为零，即 $t \geqslant 0$ 时的响应为全响应。

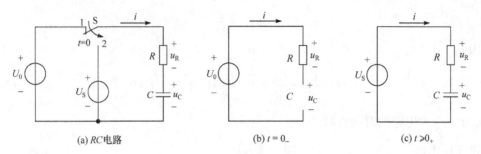

(a) *RC*电路   (b) $t=0_-$ (c) $t \geqslant 0_+$

图 3-6-1   *RC* 电路全响应

根据基尔霍夫电压定律列出电路的微分方程及初始条件：

$$RC\frac{du_C}{dt}+u_C=U_S \tag{3-6-1}$$

$$u_C(0_+)=u_C(0_-)=U_0$$

与零状态响应的微分方程形式相同，式(3-6-1)仍为一阶非齐次线性微分方程，微分方程的解为 $u_C=u_C'+u_C''$，其中 u_C' 为微分方程的特解，u_C'' 为对应的齐次微分方程的通解，它们分别满足

$$RC\frac{du_C'}{dt}+u_C'=U_S$$

$$RC\frac{du_C''}{dt}+u_C''=0$$

可解得 $u_C'=U_S$，$u_C''=Ae^{-\frac{t}{RC}}$，则

$$u_C=U_S+Ae^{-\frac{t}{RC}}, \quad t \geqslant 0$$

将初始条件 $u_C(0_+)=u_C(0_-)=U_0$ 代入可得积分常数 $A=U_0-U_S$。

因而，电容电压在 $t \geqslant 0$ 时的全响应为

$$u_C(t)=U_S+(U_0-U_S)e^{-\frac{t}{\tau}}, \quad t \geqslant 0 \tag{3-6-2}$$

式中，$\tau=RC$ 为 *RC* 电路的时间常数。等号右边第一项 U_S 为稳态分量，是电路达到新稳态时电容元件上的电压，可表示为 $u_C(\infty)$，是响应的永久部分；第二项 $(U_0-U_S)e^{-\frac{t}{\tau}}$ 为暂态分量，是暂时的，会随时间按指数规律衰减至零而消失。其中 U_0 是电容元件上的电压初始值，可表示为 $u_C(0_+)$。因此

$$\underbrace{u_C(t)}_{\text{全响应}} = \underbrace{u_C(\infty)}_{\text{稳态分量}} + \underbrace{[u_C(0_+)-u_C(\infty)]e^{-\frac{t}{\tau}}}_{\text{暂态分量}}, \quad t \geqslant 0$$

由 u_C 可求得电路的全响应电流

$$i(t) = C\frac{\mathrm{d}u_C}{\mathrm{d}t} = \frac{U_S - U_0}{R}\mathrm{e}^{-\frac{t}{\tau}}, \quad t \geqslant 0$$

式(3-6-2)还可改写为

$$\underset{\text{全响应}}{\underline{u_C(t)}} = \underset{\text{零输入响应}}{\underline{U_0\mathrm{e}^{-\frac{t}{\tau}}}} + \underset{\text{零状态响应}}{\underline{U_S(1-\mathrm{e}^{-\frac{t}{\tau}})}}, \quad t \geqslant 0$$

上式等号右边第一项为 RC 电路的零输入响应，源于电容器中的初始储能而不是外加电源，因此又称为自由响应，它强调电路自身的性质，而不是由外部电源的激励决定；第二项为 RC 电路的零状态响应，与外加激励有关，是电路在受到外部激励的影响下产生的，所以又称为强迫响应，它代表了电路被输入激励迫使产生的响应。

将全响应拆分为稳态分量和暂态分量，是着眼于电路的响应与其工作状态的关系；将全响应拆分为零输入响应和零状态响应，是着眼于不同激发电路的方式与响应之间的因果关系，同时体现线性电路的可叠加性。

3.6.2 *RL* 电路的全响应

如图 3-6-2 所示的电路，开关 S 闭合前，电路已处于稳定状态 $i_L(0_-)=I_0=U/(R+R_0)$。当 $t=0$ 时合上开关 S。换路后的微分方程及初始条件为

$$\frac{L}{R}\frac{\mathrm{d}i_L}{\mathrm{d}t} + i_L = \frac{U}{R} \tag{3-6-3}$$

$$i_L(0_+) = i_L(0_-) = I_0$$

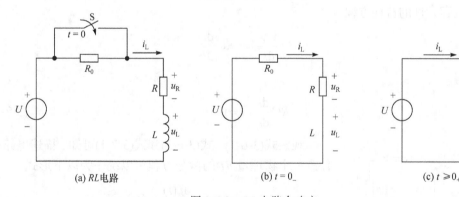

(a) *RL*电路   (b) $t = 0_-$ (c) $t \geqslant 0_+$

图 3-6-2   *RL* 电路全响应

参照 3.6.1 节可解得 *RL* 电路的全响应

$$i_L(t) = \frac{U}{R} + \left(I_0 - \frac{U}{R}\right)\mathrm{e}^{-\frac{t}{\tau}}, \quad t \geqslant 0 \tag{3-6-4}$$

式中，$\tau = \dfrac{L}{R}$ 为 *RL* 电路的时间常数。等号右边第一项为稳态分量，是电路再次达到稳态时电感元件上的电流，可表示为 $i_L(\infty)$；第二项为暂态分量，随时间按指数规律衰减至零而消失，其中 I_0 为电感元件的电流初始值，可表示为 $i_L(0_+)$。因此

$$i_{L}(t) = \underbrace{i_{L}(\infty)}_{\text{稳态分量}} + \underbrace{[i_{L}(0_{+}) - i_{L}(\infty)]e^{-\frac{t}{\tau}}}_{\text{暂态分量}}, \quad t \geqslant 0$$

式(3-6-4)也可改写为如下形式：

$$i_{L}(t) = \underbrace{I_{0}e^{-\frac{t}{\tau}}}_{\text{零输入响应}} + \underbrace{\frac{U}{R}(1 - e^{-\frac{t}{\tau}})}_{\text{零状态响应}}, \quad t \geqslant 0$$

上式表明可应用叠加定理分析电路的暂态过程。

三要素法

3.7　一阶线性电路暂态分析的三要素法

前面对 RC、RL 电路的暂态响应采用经典法进行了分析，观察式(3-6-2)和式(3-6-4)发现，电容电压响应和电感电流响应有相同的形式，因为它们都是对一阶常系数非齐次线性微分方程求解的结果。

进一步讨论电路中其他的电压或电流，以 RC 电路为例，如图 3-7-1 所示，应用经典法分析换路后电路中的电流 i。根据 KVL 及元件伏安特性有

$$u_{C} = U_{S} - u_{R} = U_{S} - iR$$

两边对时间微分得到

$$\frac{\mathrm{d}u_{C}}{\mathrm{d}t} = -R\frac{\mathrm{d}i}{\mathrm{d}t}$$

将其代入电容元件的特性方程

$$i = C\frac{\mathrm{d}u_{C}}{\mathrm{d}t} = -RC\frac{\mathrm{d}i}{\mathrm{d}t}$$

变换后可得

$$RC\frac{\mathrm{d}i}{\mathrm{d}t} + i = 0 \tag{3-7-1}$$

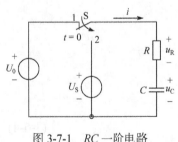

图 3-7-1　RC 一阶电路

观察式(3-6-1)、式(3-6-3)和式(3-7-1)可知，描述电路中任意一个物理量 $f(t)$ 的微分方程可以统一为以下形式：

$$\tau\frac{\mathrm{d}f(t)}{\mathrm{d}t} + f(t) = K$$

式中，K 为常数，可以为零。由于我们所讨论的电路中电源是恒定电压或电流，所以在 $t=\infty$ 时，$f(\infty)$ 必然是常量，其导数为零，因此 $K=f(\infty)$，即待求物理量新的稳态值。

一阶非齐次线性微分方程的解的形式应为

$$f(t) = f'(t) + f''(t) = f(\infty) + Ae^{-\frac{t}{\tau}}$$

若初始值为 $f(0_{+})$，则 $A=f(0_{+})-f(\infty)$。从而可得一阶线性电路中任意响应的一般公式：

$$f(t) = f(\infty) + [f(0_+) - f(\infty)]e^{-\frac{t}{\tau}} \tag{3-7-2}$$

很显然，将暂态响应的经典法进行归纳得到的这一通式，能够迅速地判断出电路中各处的电压和电流的变化趋势，得到直接计算一阶电路全响应的方法。对任意一阶电路，无论其结构如何，只要知道了电路中的初始值 $f(0_+)$、稳态值 $f(\infty)$ 和时间常数 τ 这三个"要素"，就可以根据式(3-7-2)直接求出电路中的电压或电流，该方法称为一阶线性电路暂态分析的三要素法。

初始值和稳态值的确定方法在 3.3.3 节和 3.3.4 节中已介绍，此处不再赘述。同一电路中只有一个时间常数，为 $\tau = R_0 C$ 或 $\tau = L/R_0$，其中 R_0 为等效电阻，是将换路后的电路除源(理想电压源作短路处理，理想电流源作开路处理)，从储能元件两端看进去的无源二端网络的等效电阻。

应该指出，以上三要素法的公式虽然是通过一阶电路全响应的分析推出的，但实际上也适用于一阶电路零输入响应和零状态响应的求解。

下面通过例题来说明应用三要素法分析一阶线性电路暂态过程的步骤。

【例 3.7.1】 电路如图 3-7-2(a)所示。已知 $I_S = 30\text{mA}$，$R_1 = R_2 = 1\text{k}\Omega$，$R_3 = 2\text{k}\Omega$，$C = 0.125\text{mF}$，当 $t = 0$ 时将开关 S 闭合，求 $t \geqslant 0$ 时的 u_C 和 i_1。开关 S 闭合前电路已处于稳态。

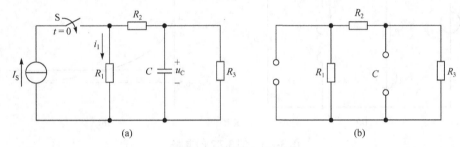

图 3-7-2　例 3.7.1 的电路

解　用三要素法求解。

(1) 求初始值 $u_C(0_+)$、$i_1(0_+)$：

$$u_C(0_+) = u_C(0_-) = 0\,\text{V}$$

$$i_1(0_+) = I_S \cdot \frac{R_2}{R_1 + R_2} = 30 \times \frac{1}{1+1} = 15(\text{mA})$$

(2) 求稳态值 $u_C(\infty)$、$i_1(\infty)$：

$$u_C(\infty) = I_S \cdot \frac{R_1}{R_1 + R_2 + R_3} \cdot R_3 = 15\,\text{V}$$

$$i_1(\infty) = I_S \cdot \frac{R_2 + R_3}{R_1 + R_2 + R_3} = 22.5\,\text{mA}$$

(3) 求时间常数 τ，画出相应电路如图 3-7-2(b)所示。

$$\tau = \frac{(R_1 + R_2)R_3}{R_1 + R_2 + R_3} \cdot C = 1 \times 0.125 = 0.125(\text{s})$$

(4) 由三要素法求 $u_C(t)$、$i_1(t)$:

$$u_C(t) = u_C(\infty) + [u_C(0_+) - u_C(\infty)]e^{-\frac{t}{\tau}}$$

$$= 15 + (0 - 15)e^{-\frac{t}{0.125}}$$

$$= 15 - 15e^{-8t} \quad \text{(V)}, \quad t \geqslant 0$$

$$i_1(t) = i_1(\infty) + [i_1(0_+) - i_1(\infty)]e^{-\frac{t}{\tau}}$$

$$= 22.5 + (15 - 22.5)e^{-\frac{t}{0.125}}$$

$$= 22.5 - 7.5e^{-8t} \quad \text{(mA)}, \quad t \geqslant 0$$

【例 3.7.2】 电路如图 3-7-3(a)所示。已知 $U_{S1}=12\text{V}$，$U_{S2}=4\text{V}$，$R_1=5\Omega$，$R_2=3\Omega$，$R_3=8\Omega$，$L=0.1\text{H}$。开关 S 在位置 1 时已达稳态，当 $t=0$ 时将开关 S 迅速切换到位置 2，求 $t \geqslant 0$ 时的 i_L，并画出 i_L 随时间变化的曲线。

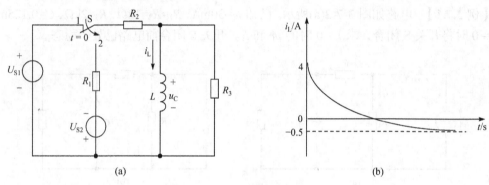

图 3-7-3　例 3.7.2 的电路

解 用三要素法求解。

(1) 求初始值 $i_L(0_+)$:

$$i_L(0_+) = i_L(0_-) = \frac{U_{S1}}{R_2} = \frac{12}{3} = 4(\text{A})$$

(2) 求稳态值 $i_L(\infty)$:

$$i_L(\infty) = -\frac{U_{S2}}{R_1 + R_2} = -\frac{4}{5+3} = -0.5(\text{A})$$

(3) 求时间常数 τ:

$$\tau = \frac{L}{R} = \frac{L}{\dfrac{(R_1 + R_2)R_3}{R_1 + R_2 + R_3}} = \frac{0.1}{4} = \frac{1}{40}(\text{s})$$

(4) 由三要素法求 $i_L(t)$:

$$i_L(t) = i_L(\infty) + [i_L(0_+) - i_L(\infty)]e^{-\frac{t}{\tau}}$$

$$= -0.5 + [4 - (-0.5)]e^{-\frac{t}{\frac{1}{40}}}$$

$$= -0.5 + 4.5e^{-40t} \quad (\text{A}), \quad t \geqslant 0$$

画出其变化曲线, 如图 3-7-3(b)所示。

需要注意的是, 换路并不是局限在 $t=0$ 时刻。如果开关切换的时间为 $t=t_0$ 时刻, 换路定则依然成立, 并且上述三要素法的公式应改写为

$$f(t) = f(\infty) + [f(t_0+) - f(\infty)]e^{-\frac{t-t_0}{\tau}}$$

*3.8 微分电路与积分电路

如图 3-8-1(a)所示的 RC 电路, 当输入信号 u_{in} 为图 3-8-1(b)所示连续的矩形脉冲信号时, 电容的充电和放电就是对输入脉冲的响应。当输入由 0 跳变为 U 时, 相当于 RC 电路接通电源, 输入激励对电容进行充电; 当输入由 U 跳回到 0 时, 相当于 RC 电路被短接, 电容通过电阻放电。每当输入信号 u_{in} 发生一次跃变, 电路即进行一次换路, 电路的过渡过程会重复进行。经过若干周期后, 进入重复的动态稳定工作状态。在这一过程中, 电路的时间响应是非常重要的。电路的时间常数与输入脉冲特性(如脉宽或周期)之间的关系, 将决定电路中的电压波形的形状。

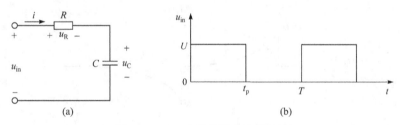

图 3-8-1 RC 电路及输入电压波形

微分电路或积分电路是通过调节电路参数, 使电路的输出电压和输入电压之间近似符合微分或积分的数学关系。

3.8.1 RC 电路对单脉冲的响应

先考虑输入信号 u_{in} 为单个脉冲信号, 设 RC 电路加入输入信号时电容未储能。在暂态电路中, 一般认为电路经过 5τ 以后达到新的稳定状态, 电容器可以完全充电或放电, 因此对单个脉冲输入时的响应考虑以下两种情况:

(1) 输入脉冲宽度 $t_p \geqslant 5\tau$;

(2) 输入脉冲宽度 $t_p < 5\tau$。

当 $t=0$ 输入信号上升沿到来时, u_{in} 由 0 跳变到 U。由于电容器两端电压不能突变, 因此在此瞬间电容上电压保持 $u_C=0$, 相当于短路, 输入电压 U 全部加到电阻上, $u_R=U$, 即电阻上电压瞬间由 0 跳变为 U。

在 $0 < t < t_p$ 期间, $u_{in}=U$, 电容开始充电。若 $t_p \geqslant 5\tau$, 电容可以完成充电。电容两端电压按指数规律增加到 U, 而电阻两端电压 $u_R=U-u_C$, 按指数规律减小至 0。如图 3-8-2(a)~(c)所示的 u_C 和 u_R 的波形。若 $t_p < 5\tau$, 电容没有足够的时间完成充电, 只能部分充电到 $u_C=U'<U$, 最终充电电压 U'取决于时间常数与脉

宽的相对大小。由于电容电压在脉冲结束时未达到 U，那么电阻上电压 $u_R= u_{in}-u_C=U-U'\neq 0$。如图 3-8-2 (d) 和(e)所示波形。

当 $t = t_p$ 输入信号下降沿到来时，u_{in} 由 U 跳变为 0，电容此时开始放电。由于电容两端电压不能突变，若 $t_p\geqslant 5\tau$，在此瞬间电容电压保持换路前电压 $u_C = U$ 不变，则此时电阻电压 $u_R = 0-U = -U$。若 $t_p<5\tau$，在此瞬间电容电压保持换路前电压 $u_C = U'(U'<U)$ 不变，则此时电阻电压 $u_R=0-U'=-U'$。

当 $t > t_p$ 时，电容器开始放电，$u_R=-u_C$，都按指数规律变化到 0，响应结束。

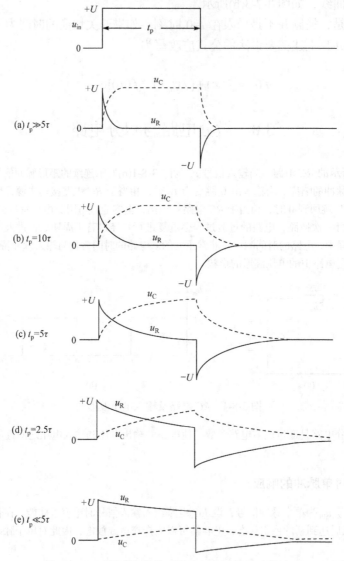

图 3-8-2　不同时间常数下 RC 电路对单脉冲的响应

3.8.2　RC 电路对重复脉冲的响应

在电子系统中，重复脉冲作为输入的情况远远多于单个脉冲作输入的情况。基于前述对单个脉冲响应的分析，很容易得到在输入矩形脉冲信号时电路的响应。设矩形波周期为 T，脉冲宽度 $t_p=T/2$。

设脉冲宽度不变，图 3-8-3 所示为 RC 电路的时间常数由远小于脉宽 $(\tau \ll t_p)$ 变化到远大于脉宽 $(\tau \gg t_p)$ 的几种情况下的响应。当 $t_p\geqslant 5\tau$ 时，电容将完全充电和放电；当 $t_p<5\tau$ 时，电容则不能完全充电和放电。

显然，在不同的时间常数下，从电容或电阻两端会获得不同的波形。

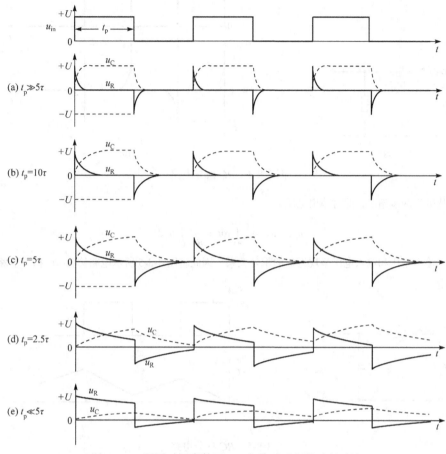

图 3-8-3　不同时间常数下 RC 电路对重复脉冲的响应

3.8.3　微分电路和积分电路

观察图 3-8-3(a)，电阻两端电压 u_R 为非常窄的正向和负向的尖脉冲，τ 越小，尖脉冲宽度越小，电容两端电压 u_C 越接近输入电压 u_{in}，因此可认为 $u_C \approx u_{in}$。若将信号从电阻元件两端输出，如图 3-8-4 所示，则

$$u_{out} = u_R = Ri = RC\frac{du_C}{dt} \approx RC\frac{du_{in}}{dt}$$

可见，输出电压和输入电压呈现近似的微分关系，因此将图 3-8-4 所示电路称为 RC 微分电路。

显然，不是所有的 RC 电路都具有微分电路的特性，RC 微分电路必须具备以下两个条件：

(1) $\tau \ll T$；

(2) 从电阻元件两端输出。

常利用微分电路将矩形脉冲变换为尖脉冲，作为触发信号。

再观察图 3-8-3(e)，由于 $\tau \gg t_p$，电容充放电非常缓慢，在 $0 \sim t_p$ 期间，电容两端电压增加有限；在 $t=t_p$ 时换路，u_C 又开始缓慢地衰减。因此在整个周期中，输入电压主要降落在电阻 R 上，$u_R \approx u_{in}$，则电路中的电流可表示为

$$i = \frac{u_R}{R} \approx \frac{u_{in}}{R}$$

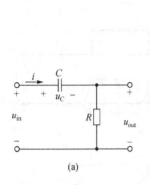
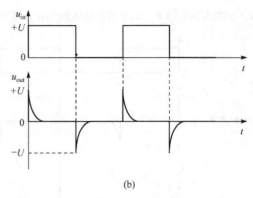

图 3-8-4　RC 微分电路

若将信号从电容两端输出，此时输出电压为

$$u_{out} = u_C = \frac{1}{C}\int_0^t i\,\mathrm{d}t \approx \frac{1}{RC}\int_0^t u_{in}\,\mathrm{d}t$$

可见，输出电压和输入电压呈现近似的积分关系，因此将图 3-8-5 所示电路称为 RC 积分电路。

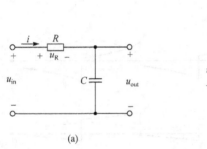
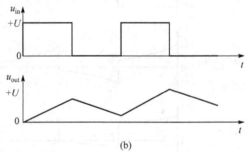

图 3-8-5　RC 积分电路

同样可以总结出 RC 积分电路必须具备的两个条件：

(1) $\tau \gg T$；

(2) 从电容元件两端输出。

实际上，RC 积分电路的输入信号加入后，输出电压会逐渐增加，需要经过若干周期后，充电的初始电压和放电的初始电压才能稳定在一定的数值上，波形最终稳定下来。可应用积分电路将矩形脉冲变换为锯齿波电压。

3.9　工 程 应 用

本节介绍暂态电路在工程中的应用案例。

1. 闪光灯电路

闪光灯电路由直流电源、电阻、电容和一个在临界电压下能进行闪光放电的灯组成，电路如图 3-9-1 所示。灯的导通与断开受电压 u_C 控制，当 u_C 到达 U_{max} 时开始导通，导通期间可等效为一个电阻 R_L。当 u_C 降至 U_{min} 时灯熄灭，此时相当于开路。

在直流电压源作用下，电路按以下过程周而复始地工作：假设在某一时刻，灯为开路不发光，电压源通过电阻 R 给电容充电，当电容元件上的电压 u_C 达到 U_{max} 时，灯导通发光，此时电容元件通过灯电阻 R_L 开始放电，当电容元件上的电压 u_C 降至 U_{min} 时，灯开路，电容元件又开始新的充电过程，灯两端的电压波形如图 3-9-2 所示。

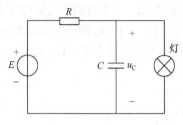

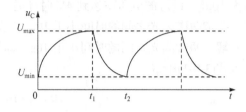

图 3-9-1　闪光灯电路　　　　　　　　　　　图 3-9-2　u_C 的波形

设 $t=0$ 时刻为电容开始充电瞬间，t_1 为灯导通瞬间，t_2 为灯断开瞬间。下面分 $0\sim t_1$ 和 $t_1\sim t_2$ 两个阶段对电路进行分析。

1) $0\sim t_1$ 电容充电阶段

当 $t=0$ 时，灯不导通，处于开路状态，电路如图 3-9-3 所示，可知

$$u_C(0_+)=U_{min}, \quad u_C(\infty)=E, \quad \tau=RC$$

代入三要素法公式得

$$u_C(t)=E+(U_{min}-E)\mathrm{e}^{-\frac{t}{\tau}}$$

当 $t=t_1$ 时，$u_C(t_1)=U_{max}$，灯开始导通，此时间为

$$t_1=RC\ln\frac{U_{min}-E}{U_{max}-E} \tag{3-9-1}$$

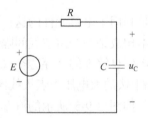

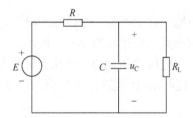

图 3-9-3　灯断开时的等效电路　　　　　　　图 3-9-4　灯导通时的等效电路

2) $t_1\sim t_2$ 电容放电阶段

当 $t=t_1$ 时，灯开始导通，电路如图 3-9-4 所示，可知在此阶段

$$u_C(t_{1+})=U_{max}, \quad u_C(\infty)=\frac{R_L}{R+R_L}E=U_{Th}, \quad \tau=(R/\!/R_L)C$$

代入三要素法公式得

$$u_C(t)=U_{Th}+(U_{max}-U_{Th})\mathrm{e}^{-\frac{(t-t_1)}{\tau}}$$

当 $t=t_2$ 时，$u_C(t_2)=U_{min}$，灯断开，可求出灯导通时间为

$$t_2 - t_1 = (R /\!/ R_L) C \ln \frac{U_{min} - U_{Th}}{U_{max} - U_{Th}} \tag{3-9-2}$$

【例 3.9.1】 假设图 3-9-1 中的电路为一便携闪光灯电路，电源为 4 节 1.5V 电池，电容为 10μF。设灯的电压在达到 4V 时导通，导通电阻为 20kΩ，当电压降到 1V 以下时，关断。要求两次闪光之间的时间小于 10s，电阻 R 应如何取值？闪光灯能持续多长时间？

解 两次闪光之间的时间小于 10s，即灯在不导通状态的时间小于 10s，设定 t_1=10s，代入式(3-9-1)中得

$$10 = R \times 10 \times 10^{-6} \times \ln \frac{1-6}{4-6}$$

解得

$$R = 1.09 \text{M}\Omega$$

若选择 R=1MΩ，则 t_1=9.16s。

闪光灯持续时间即灯导通时间，根据式(3-9-2)得

$$t_2 - t_1 = (R /\!/ R_L) C \ln \frac{U_{min} - U_{Th}}{U_{max} - U_{Th}} = 0.45 \text{s}$$

其中

$$U_{Th} = \frac{R_L}{R + R_L} E = 0.11765 \text{V}$$

因此闪光持续时间为 0.45s。

2. 汽车点火电路

当流过电感元件上的电流在较短时间内出现较大变化时，由于

$$u_L = L \frac{di_L}{dt}$$

将在电感元件上产生一个较高的电压，汽车点火系统就是利用了电感元件的这一特点。

汽车点火电路如图 3-9-5 所示，其中，火花塞的基本构成是一个由空气间隔隔开的电极对。在电极之间施加一个几千伏的大电压，使火花塞产生足够强的、穿透空气间隙的电火花，就可以点燃燃料。其中汽车电池电压 E 为 12V，几千伏的大电压由点火线圈 L 产生。

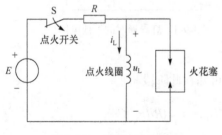

图 3-9-5 汽车点火电路

【例 3.9.2】 如图 3-9-5 所示的汽车点火电路中，E=12V，R=12Ω，L=20mH。当 t=0 时，开关 S 打开。试计算开关 S 打开前，通过点火线圈的电流；开关 S 打开时，火花塞两端的电压。假设开关打开需要 1μs。

解 开关 S 打开前，通过点火线圈的电流为

$$I_L = \frac{E}{R} = \frac{12}{12} = 1 (\text{A})$$

开关 S 打开时，火花塞两端的电压

$$U_L = L \frac{\Delta i_L}{\Delta t} = 20 \times 10^{-3} \times \frac{1}{1 \times 10^{-6}} = 20 (\text{kV})$$

习 题

3.1 电路如题 3.1 图所示，换路前电路已处于稳态，求换路后的电压 $u_R(0_+)$、$u_C(0_+)$ 和电流 $i_C(0_+)$。

3.2 电路如题 3.2 图所示，换路前电路已处于稳态，已知 $R=100\Omega$，$R_L=20\Omega$，$R_V=10\text{k}\Omega$ 是量程为 10V 的电压表。求换路后的 $U_{AB}(0_+)$。

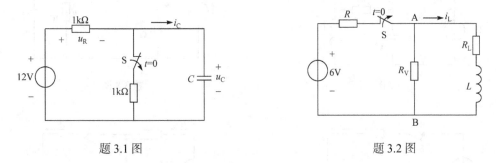

题 3.1 图   题 3.2 图

3.3 电路如题 3.3 图所示，换路前电路已处于稳态，试求换路后的电流 $i_1(0_+)$、$i_C(0_+)$ 和电压 $u_C(0_+)$。

3.4 电路如题 3.4 图所示，换路前电路已处于稳态，试求换路后的电流 $i_1(0_+)$、$i_L(0_+)$ 和 $u_L(0_+)$。

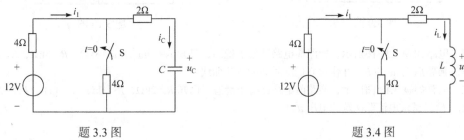

题 3.3 图   题 3.4 图

3.5 电路如题 3.5 图所示，换路前电路已处于稳态，已知 $I_S=10\text{mA}$，$R=2\text{k}\Omega$，$R_C=1\text{k}\Omega$，$R_L=2\text{k}\Omega$。求换路后各支路电流的初始值($t=0_+$)。

3.6 电路如题 3.6 图所示，换路前电路已处于稳态，已知 $U=12\text{V}$，$R_1=R_2=50\Omega$，$u_C(0_-)=0$，求换路后各支路电流初始值及电压 $u_L(0_+)$ 和 $u_C(0_+)$。

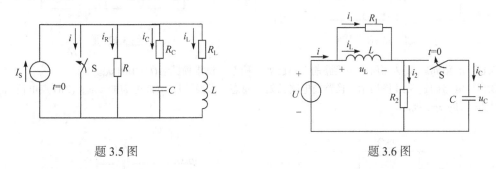

题 3.5 图   题 3.6 图

3.7 电路如题 3.7 图所示，已知 $R_1=2\Omega$，$R_2=8\Omega$，求在开关 S 闭合瞬间($t=0_+$)各元件中的电流及其两端电压；当电路达到稳态时又各等于多少？设在 $t=0_-$ 时，电路中的储能元件均未储能。

3.8 电路如题 3.8 图所示，换路前电路已处于稳态，试求：(1)开关 S 闭合瞬间的 $i_1(0_+)$、$i_L(0_+)$、$u(0_+)$；(2)电路稳定后的 $i_1(\infty)$、$i_L(\infty)$、$u(\infty)$。

3.9 电路如题 3.9 图所示，已知 $U=12\text{V}$，$R=2\text{k}\Omega$，$C=1\mu\text{F}$，$u_C(0_-)=0$。求换路后电容电压 $u_C(t)$、电流 $i_C(t)$ 及其随时间的变化曲线。

3.10 电路如题 3.10 图所示，已知 $I_S=10\text{mA}$，$R_1=20\Omega$，$R_2=30\Omega$，$C=2\mu\text{F}$，$u_C(0_-)=0$。求换路后电压

u_C 和电流 i_1、i_2、i_C，并画出它们随时间的变化曲线。

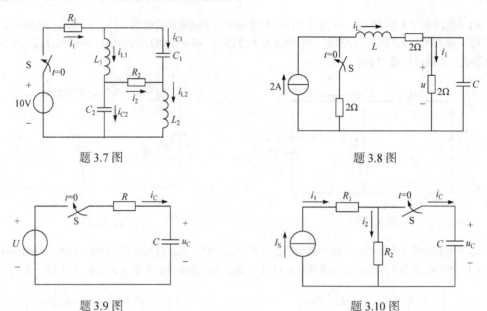

题 3.7 图   题 3.8 图

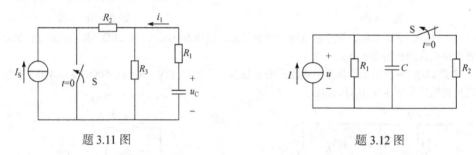

题 3.9 图   题 3.10 图

3.11　电路如题 3.11 图所示，换路前电路已处于稳态，已知 I_S=10mA，R_1=3kΩ，R_2=3kΩ，R_3=6kΩ，C=2μF。求换路后的 u_C 和 i_1，并作出它们随时间的变化曲线。

3.12　电路如题 3.12 图所示，换路前电路已处于稳态，已知 R_1=2kΩ，R_2=1kΩ，C=3μF，I=1mA。当将开关断开后，试求电流源两端的电压 u。

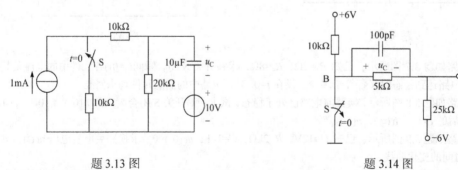

题 3.11 图   题 3.12 图

3.13　电路如题 3.13 图所示，换路前电路已处于稳态，试求换路后($t \geqslant 0$)的 u_C。

3.14　电路如题 3.14 图所示，换路前电路已处于稳态，求换路后：(1)电容电压 u_C；(2)B 点电位 v_B 和 A 点电位 v_A 的变化规律。

题 3.13 图   题 3.14 图

3.15 电路如题 3.9 图所示，已知 U=24V，电容电压 $u_C(0_-)$=0，开关 S 闭合后要求：

(1) 开关闭合 0.5s 后，u_C 值达到输入电压 U 幅值的 50%；

(2) 电路在整个工作过程中从电源取的电流最大值不应超过 1mA。

求满足上述条件时，电路的参数 R、C 应当为多大?

3.16 电路如题 3.16 图所示，换路前电路已处于稳态，U=100V，R_1=10kΩ。开关打开后经过 0.5s 时，电容两端电压为 48.5V，经过 1s 后降至 29.4V，求 R 和 C。

3.17 电路如题 3.17 图所示，已知 I_S=10mA，R_1=10Ω，R_2=30Ω，R_3=20Ω，L=0.1H，$i_L(0_-)$=0。求换路后的电压 u_L、u_{R2}，电流 i_L，并画出它们随时间的变化曲线。

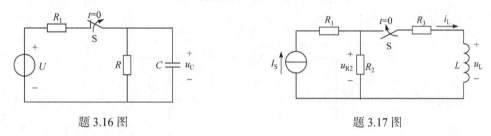

题 3.16 图　　　　　　　　　　　　题 3.17 图

3.18 电路如题 3.18 图所示，已知 I_S=10mA，L=0.1H，R=100Ω，R_L=50Ω，$i_L(0_-)$=0。求换路后的电压 u_L 和 u_{AB}，电流 i 和 i_L，并画出它们随时间的变化曲线。

3.19 电路如题 3.19 图所示，当具有电阻 R=1Ω 及电感 L=0.2H 的电磁继电器线圈中的电流 i=30A 时，继电器立即动作而将电源切断。设负载电阻和线路电阻分别为 R_L=20Ω 和 R_l=1Ω，直流电源电压 U=220V，试问当负载被短路后，需要经过多少时间继电器才能将电源切断?

3.20 电路如题 3.20 图所示，已知 R_1=2Ω，R_2=1Ω，L_1=0.01H，L_2=0.02H，U=6V。(1)试求 S_1 闭合后电路中的电流 i_1 和 i_2 的变化规律；(2)当 S_1 闭合后电路达到稳定状态时再闭合 S_2，试求 i_1 和 i_2 的变化规律。

3.21 电路如题 3.21 图所示，在换路前已处于稳态。当将开关从位置 1 合到位置 2 后，试求 i 和 i_L，并作出它们的变化曲线。

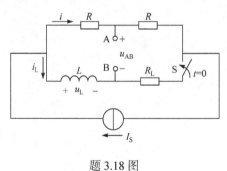

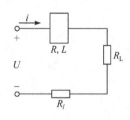

题 3.18 图　　　　　　　　　　　　题 3.19 图

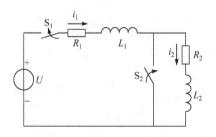

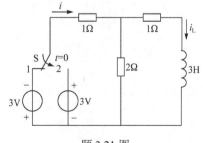

题 3.20 图　　　　　　　　　　　　题 3.21 图

3.22 在题 3.22 图示电路中，u 的波形如图所示，开关闭合前 $u_C(0_-)=0$，$R_S=1k\Omega$，$R=4k\Omega$，$C=0.1\mu F$，$T=10ms$。试求换路后的电压 u_C 和 u_0，并画出曲线图。

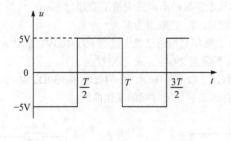

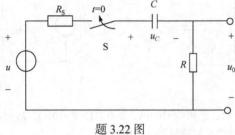

题 3.22 图

第二篇 交流电路

第4章 正弦交流电路

内容概要：本章将学习正弦交流电的基本概念和分析方法，包括正弦交流电的三要素、正弦交流电的相量表示法、电路拓扑约束和元件约束的相量形式、阻抗及其串并联、正弦电路的相量分析法、交流电路的频率特性、功率因数及其提高。

重点要求：理解正弦交流电的三要素及相量表示形式，理解正弦交流电路的有功功率、无功功率、视在功率的概念；理解电路基本定律的相量形式和相量图；掌握用相量分析法分析正弦交流电路的方法；了解滤波电路和谐振电路；理解功率因数的概念，了解提高功率因数的方法及意义。

4.1 引 言

到目前为止，之前所讨论的电路都是由恒定信号源激励的电路，这一章开始将介绍电源电压或电流的大小和方向随时间按一定规律作周期性变化的电路，即交流电路。正弦交流电路分析讨论按正弦规律变化的电压源或电流源激励下的电路。

之所以要讨论正弦交流电主要出于以下原因：首先，正弦信号易于产生和传输，建立在电磁感应定律基础上的交流发电机发出的就是正弦交流电，并且交流电在长距离传输方面更高效经济；其次，任何实际的周期信号都可以通过傅里叶分解表示为直流信号与正弦信号之和，因此对于正弦信号的理解掌握是分析非正弦信号的前提；最后，正弦信号在数学上易于处理且变化平滑，不易产生瞬时过压而破坏电气设备。

4.2 正弦交流电的基本概念

正弦交流电路中，所有电压和电流都按照正弦规律变化，图 4-2-1(a)给出了电压随时间变化的波形。正弦波在其零值改变极性，从而在正值和负值之间交替变换。正弦电压作用于电阻电路，会产生交变电流。当电压变换极性时，电流方向也随之发生变化。图 4-2-1(b)和(c)中实线为正弦电压和电流的参考方向，虚线为实际方向。当交流电处于正半周时，其实际方向和参考方向一致；当交流电处于负半周时，其实际方向和参考方向相反。

正弦电动势 e、正弦电压 u 和正弦电流 i 都称为正弦电量(简称正弦量)，常用正弦函数式表示为

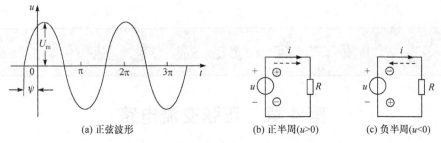

(a) 正弦波形   (b) 正半周(u>0)   (c) 负半周(u<0)

图 4-2-1　正弦交流电及其参考方向

$$\begin{cases} e = E_{\mathrm{m}} \sin(\omega t + \psi_{\mathrm{e}}) \\ u = U_{\mathrm{m}} \sin(\omega t + \psi_{\mathrm{u}}) \\ i = I_{\mathrm{m}} \sin(\omega t + \psi_{\mathrm{i}}) \end{cases} \tag{4-2-1}$$

式中，e、u、i 称为正弦量的瞬时值；E_{m}、U_{m}、I_{m} 称为正弦量的幅值；ω 称为正弦量的角频率；ψ_{e}、ψ_{u}、ψ_{i} 称为正弦量的初相位。由式(4-2-1)并结合图 4-2-1(a)可见，任一正弦量变化的大小、变化的快慢、初始值都由其幅值、角频率和初相位确定。因此，将幅值(或有效值)、频率(或周期)和初相位称为正弦量的三要素。

4.2.1　幅值或有效值

正弦交流电每个瞬间所对应的值为正弦量的瞬时值，用小写字母表示(e、u、i)。最大的瞬时值称为幅值，用大写字母加下标 m 表示(E_{m}、U_{m}、I_{m})。而在实际应用中，正弦量的大小常用有效值来衡量，用大写字母表示(E、U、I)。

有效值这一概念的提出源于对交流电压源或电流源传递给电阻性负载的有效功率的测量需求，因此是从热效应等效的角度来定义的。

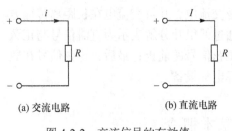

(a) 交流电路   (b) 直流电路

图 4-2-2　交流信号的有效值

图 4-2-2 所示电路中，(a)为交流电路，(b)为直流电路，两电路中电阻相同，若在相同的时间内对电阻 R 产生的热量相同，那么就将交流电流 i 的有效值定义为直流电流 I 的大小。按这一定义，分别求出同一电阻 R 上，交流电源激励下在一个周期 T 内产生的热效应 W_{AC} 和直流电源激励下在时间 T 内的热效应 W_{DC} 分别为

$$W_{\mathrm{AC}} = \int_0^T i^2 R \mathrm{d}t$$

$$W_{\mathrm{DC}} = I^2 R T$$

由于 $W_{\mathrm{AC}} = W_{\mathrm{DC}}$，即 $\int_0^T i^2 R \mathrm{d}t = I^2 R T$，从而可求得交流电流有效值

$$I = \sqrt{\frac{1}{T} \int_0^T i^2 \mathrm{d}t} \tag{4-2-2}$$

同样，根据 $\int_0^T \frac{u^2}{R}dt = \frac{U^2}{R}T$ ，可求得交流电压有效值

$$U = \sqrt{\frac{1}{T}\int_0^T u^2 dt} \tag{4-2-3}$$

式(4-2-2)、式(4-2-3)表明，有效值即周期信号的均方根值，适用于计算任意周期性交流信号的有效值。

当电流信号是正弦信号时，将 $i = I_m \sin \omega t$ 代入式(4-2-2)可得

$$I = \sqrt{\frac{1}{T}\int_0^T i^2 dt} = \sqrt{\frac{1}{T}\int_0^T I_m^2 \sin^2 \omega t dt} = \frac{I_m}{\sqrt{2}}$$

同样可得正弦电动势和正弦电压的有效值

$$E = \frac{E_m}{\sqrt{2}}, \quad U = \frac{U_m}{\sqrt{2}}$$

工程中一般用有效值而不是峰值来标称电压和电流的大小，如民用电压 220V，指的就是有效值；各种电气设备上标出的额定电压和电流，以及电工仪表的读数，也都是有效值。只有在涉及绝缘、电击穿等情形下，才会考虑峰值电压，如电容的耐压值等。

4.2.2　周期或频率

交流电变化的快慢用周期、频率或角频率来表征。正弦波完成一个完整循环所需要的时间就称为周期(T)，单位是秒(s)。一秒内完成循环的次数称为频率(f)，单位是赫兹(Hz)。显然 T 和 f 满足

$$f = \frac{1}{T}$$

我国和大多数国家供电网提供的正弦交流电频率为 50Hz，美国和日本的部分地区及受美国、日本技术影响的少数国家采用 60Hz，这种频率称为工频。另外，不同的设备、不同的领域可能会采用不同的频率。

正弦量变化的快慢还可以用角频率来表征，正弦量的相位随时间变化的角速度即角频率(ω)，单位是弧度每秒(rad/s)。当角度变化 2π 弧度时，正弦量完成一次循环，因此 $\omega T = 2\pi$，则

$$\omega = \frac{2\pi}{T} = 2\pi f$$

4.2.3　初相位

式(4-2-1)中，$(\omega t + \psi_e)$、$(\omega t + \psi_u)$、$(\omega t + \psi_i)$ 都是随时间变化的电角度，称为正弦量的相位或相位角，它反映了交流电变化的进程。当相位随时间变化时，正弦量的瞬时值也随之变化。将 $t = 0$ 时的相位称为初相位，用 ψ 表示，单位是弧度(rad)或度(°)，它决定了零时刻正弦量的初始值。在波形图中，ψ 是坐标原点与零值点(正弦波增长过零点)之间的电角度，可正可负，通常在主值范围内取值，规定 $|\psi| \leqslant \pi$。显然，初相位与所选的计时起点有关。

设 u、i 为同一个正弦交流电路中的电压、电流，它们的频率是相同的，但初相不一定

相同，如图 4-2-3 所示，图中所示正弦量表达式为

$$u = U_m \sin(\omega t + \psi_u)$$
$$i = I_m \sin(\omega t + \psi_i)$$

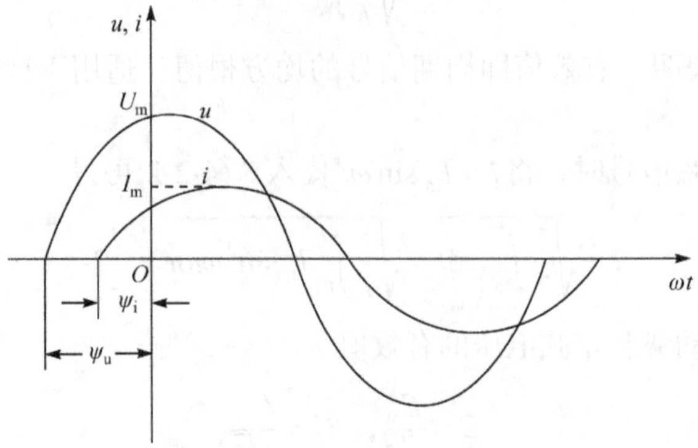

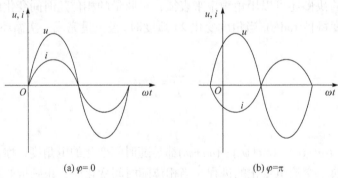

图 4-2-3　正弦量的初相位

两个同频率正弦量的相位之差即初相位之差，称为相位差，用 φ 表示。为规范同频率正弦量之间的先后关系，规定|φ|≤π。例如，图 4-2-3 中电压 u 和电流 i 的相位差为

$$\varphi = (\omega t + \psi_u) - (\omega t + \psi_i) = \psi_u - \psi_i \tag{4-2-4}$$

式(4-2-4)表明，相位差是一个与时间无关的常数，它反映了两个同频率正弦量步调上的先后关系，具体有下列几种情况。

(1) 超前与滞后：如图 4-2-3 所示，$\varphi = \psi_u - \psi_i > 0$，称电压超前电流 φ 角，或电流滞后电压 φ 角，因为沿着时间轴往右，时间是增加的，正弦波 i 的零值点出现在正弦波 u 的零值点之后。

(2) 同相：若 u 和 i 的初相 $\psi_u = \psi_i$，则它们的相位差 $\varphi = \psi_u - \psi_i = 0$，称电压和电流同相，如图 4-2-4(a)所示。

(3) 反相：若 u 和 i 的初相 $\psi_u = \psi_i \pm \pi$，则它们的相位差 $\varphi = \psi_u - \psi_i = \pm \pi$，称电压和电流反相，如图 4-2-4(b)所示。

| (a) $\varphi = 0$ | (b) $\varphi = \pi$ |

图 4-2-4　u 和 i 的相位关系

应当指出的是，只有同频率的正弦量才能进行相位比较。

【例 4.2.1】　已知 $u = 311\sin(314t - 10°)$ V，$i = -10\sqrt{2}\sin(314t + 60°)$ A。求电压 u 的幅

值、有效值、角频率、频率、初相位，并求 u 和 i 的相位差。

解 u 的幅值 $\qquad\qquad\qquad U_m = 311\text{V}$

u 的有效值 $\qquad\qquad\qquad U = \dfrac{311}{\sqrt{2}} = 220\ (\text{V})$

u 的角频率 $\qquad\qquad\qquad \omega = 314\ \text{rad/s}$

u 的频率 $\qquad\qquad\qquad f = \dfrac{\omega}{2\pi} = \dfrac{314}{2\pi} = 50\ (\text{Hz})$

u 的初相位 $\qquad\qquad\qquad \psi_u = -10°$

由 $i = -10\sqrt{2}\sin(314t + 60°) = 10\sqrt{2}\sin(314t - 120°)\,(\text{A})$ 可知，电流 i 的初相位 $\psi_i = -120°$，则 u 和 i 的相位差 $\varphi = \psi_u - \psi_i = -10° - (-120°) = 110° > 0$，因此电压超前电流 $110°$。

4.3 正弦量的相量表示

如前所述，正弦量可采用三角函数式和波形图来表示。这两种表示方法都直观地反映了正弦量的特征，但进行正弦量的运算时，无论采用函数式还是波形图都十分烦琐。为了简化交流电路的分析和计算，正弦量通常采用相量表示法。相量其实就是包含正弦量幅值和相位的复数。

4.3.1 相量的定义

相量的概念可以追溯到欧拉公式，欧拉公式描述了指数函数与三角函数的关系：

$$e^{\pm j\theta} = \cos\theta \pm j\sin\theta$$

它给出了正弦函数的另一种表示方法：

$$\sin\theta = \text{Im}\left[e^{j\theta}\right] \qquad\qquad (4\text{-}3\text{-}1)$$

式中，Im[*]表示对指数函数取虚部。

利用式(4-3-1)可以将式(4-2-1)中正弦量函数式进行变换，以电压 u 为例：

$$u = U_m\sin(\omega t + \psi_u) = U_m \cdot \text{Im}\left[e^{j(\omega t + \psi_u)}\right] = U_m \cdot \text{Im}\left[e^{j\omega t} \cdot e^{j\psi_u}\right]$$

将上式中 U_m 移到括号内并将两个指数函数位置互换，结果不变，可得

$$u = \text{Im}\left[U_m e^{j\psi_u} \cdot e^{j\omega t}\right] \qquad\qquad (4\text{-}3\text{-}2)$$

同理可得正弦电流为

$$i = \text{Im}\left[I_m e^{j\psi_i} \cdot e^{j\omega t}\right] \qquad\qquad (4\text{-}3\text{-}3)$$

式(4-3-2)中的 $U_m e^{j\psi_u}$ 是一个以正弦电压 u 的幅值 U_m 为模、以正弦电压 u 的初相位 ψ_u 为幅角的复数，为了与一般的复数相区别，将其称为幅值相量，在幅值的字母符号上加"·"表示

$$\dot{U}_m = U_m e^{j\psi_u} \qquad\qquad (4\text{-}3\text{-}4)$$

也可以将正弦量的有效值作为相量的模，称为有效值相量，它与幅值相量相差 $\sqrt{2}$ 倍，即

$$\dot{U} = U\mathrm{e}^{\mathrm{j}\psi_\mathrm{u}} \tag{4-3-5}$$

式(4-3-4)和式(4-3-5)是电压 u 的相量形式。需要注意的是，相量只是表示正弦量，并不等于正弦量，用相量表示正弦量实质上是一种数学变换。由式(4-3-4)和式(4-3-5)可以看出，相量只反映了正弦量的两个要素——幅值(或有效值)和初相位。由于在线性正弦交流电路中，激励和响应都是同一频率的正弦量，因而频率是确定的，故不必考虑。

相量作为一个复数，除了上述的指数形式，还可采用复数的其他表示形式：

$$\dot{U} = U\cos\psi_\mathrm{u} + \mathrm{j}U\sin\psi_\mathrm{u} \text{ (代数形式)}$$

$$\dot{U} = U\angle\psi_\mathrm{u} \text{ (极坐标形式)}$$

既然相量在形式上是复数，就可以在复平面上用几何相量表示出来，称为相量图。如图 4-3-1 所示为电压 u 和电流 i 的有效值相量。

可见，用相量图来表示相量非常直观，各正弦量之间的数值和相位关系一目了然，因此在很多情况下相量图成为正弦电路分析的有力工具。

【例 **4.3.1**】 写出正弦量 $u_\mathrm{A} = 220\sqrt{2}\sin 314t$ V，$u_\mathrm{B} = 220\sqrt{2}\sin(314t - 120°)$ V，$u_\mathrm{C} = 220\sqrt{2}\sin(314t + 120°)$ V 对应的相量，并画出相量图。

解 u_A、u_B、u_C 的有效值相量分别为 $\dot{U}_\mathrm{A}$、$\dot{U}_\mathrm{B}$、$\dot{U}_\mathrm{C}$

$$\dot{U}_\mathrm{A} = 220\angle 0°，\quad \dot{U}_\mathrm{B} = 220\angle -120°，\quad \dot{U}_\mathrm{C} = 220\angle 120°$$

相量图如图 4-3-2 所示。

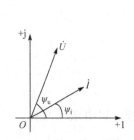

图 4-3-1　正弦量 u 和 i 的相量图

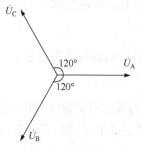

图 4-3-2　例 4.3.1 图

4.3.2　旋转矢量

为了更清楚地理解正弦量和相量之间的对应关系，在复平面上画出旋转矢量。如图 4-3-3 所示，构建复平面上的矢量 $\overline{OA}$，$\overline{OA}$ 的长度为 U_m、与横轴的夹角为 ψ_u，它代表复数 z：

$$z = U_\mathrm{m}\mathrm{e}^{\mathrm{j}\psi_\mathrm{u}}$$

由上式可见，z 即电压相量 $\dot{U}_\mathrm{m}$。当 $\overline{OA}$ 以正弦量的角频率 ω 为角速度逆时针旋转时，由图 4-3-3 可推得，该旋转矢量 $\overline{OA}$ 于任一时刻 t 在纵轴上的投影就是此时正弦量的瞬时值 $u(t) = U_\mathrm{m}\sin(\omega t + \psi_\mathrm{u})$。可见，置于复平面上的旋转矢量 $\overline{OA}$ 与正弦量 u 一一对应。另外，在正弦电路中同频率的正弦量的运算只需考虑大小和初相位两个因素，因此可省去频率因素，而简单地用复数 z，即 $\dot{U}_m$ 去表示正弦量 u。换句话说，相量是省去了时间依赖关系的正弦信号的等效数学表达。注意，相量形式中虽没有频率，但电路的响应仍然取决于频率。

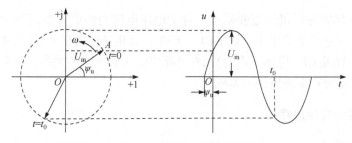

图 4-3-3　正弦量 u 与旋转矢量

4.3.3　正弦量的相量运算

将正弦量表示为相量形式后，正弦电路中同频率正弦量的加、减运算可变换为复数的加、减运算，正弦量的微分、积分运算可变换为复数的乘、除运算，从而在较大程度上简化了电路的分析和计算。

以同频率正弦电流的加减为例，如图 4-3-4 所示电路中，设

$$i_1 = \sqrt{2}I_1 \sin(\omega t + \psi_1), \quad i_2 = \sqrt{2}I_2 \sin(\omega t + \psi_2), \quad i_3 = \sqrt{2}I_3 \sin(\omega t + \psi_3)$$

由基尔霍夫电流定律 $i = i_1 + i_2 - i_3$，若由和差化积、积化和差直接求 i 会相当麻烦，而由相量表示法可知，分别用相量法和相量图法来求解则相对简单。

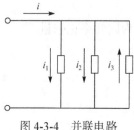

图 4-3-4　并联电路

1. 相量法

由基尔霍夫电流定律，并结合式(4-3-3)可得

$$i = i_1 + i_2 - i_3 = \mathrm{Im}\left[\sqrt{2}\dot{I}_1 e^{j\omega t}\right] + \mathrm{Im}\left[\sqrt{2}\dot{I}_2 e^{j\omega t}\right] - \mathrm{Im}\left[\sqrt{2}\dot{I}_3 e^{j\omega t}\right]$$

$$= \mathrm{Im}\left[\sqrt{2}(\dot{I}_1 + \dot{I}_2 - \dot{I}_3) e^{j\omega t}\right]$$

即

$$\dot{I} = \dot{I}_1 + \dot{I}_2 - \dot{I}_3 \tag{4-3-6}$$

式(4-3-6)即基尔霍夫电流定律的相量形式，同理可得基尔霍夫电压定律的相量形式。

2. 相量图法

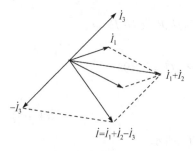

图 4-3-5　相量图法

图 4-3-5 中的正弦矢量 $\dot{I}_1$、$\dot{I}_2$、$\dot{I}_3$ 分别表示了图 4-3-4 中的三个同频率的电流 i_1、i_2、i_3。利用平行四边形法则，可得到三个电流矢量的代数和即电流 $\dot{I}$，如图 4-3-5 所示。为简便起见，画相量图时复平面的坐标轴往往省略。

当求两个正弦量的和或差时，相量用复数代数形式较为方便，求乘除则用复数指数形式或极坐标形式较为方便。需要注意的是，只有同频率的正弦量才可以进行相量运算，也只有同频率的相量才能画在同一张相量图中。

4.4 单一元件的交流电路

正弦交流电路的分析仍然需要基于元件上电压电流的约束关系以及元件连接的约束关系。描述元件连接关系的定律，如 KCL、KVL，其相量形式在 4.3.3 节中已探讨，本节主要讨论单一参数(电阻、电感、电容)元件电路中电压和电流的关系，了解这些元件在交流电路中的特性是分析交流电路的基础。

4.4.1 电阻元件的交流电路

1. 电压电流关系

图 4-4-1(a)是一个线性电阻元件的交流电路，设电流为参考正弦量(初相位为零)：

$$i = I_m \sin \omega t \qquad (4\text{-}4\text{-}1)$$

当电压和电流为关联参考方向时，根据欧姆定律

$$u = iR = I_m R \sin \omega t = U_m \sin \omega t \qquad (4\text{-}4\text{-}2)$$

为同频率正弦量。

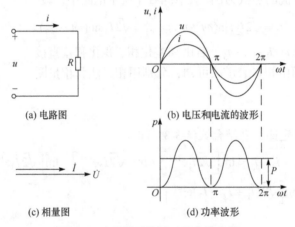

(a) 电路图   (b) 电压和电流的波形

(c) 相量图   (d) 功率波形

图 4-4-1 电阻元件的正弦交流电路

比较式(4-4-1)和式(4-4-2)可知，正弦交流电路中，在电阻元件上：

(1) 电压和电流的频率相同。

(2) 电压和电流的初相位相同，即 $\psi_u = \psi_i$。

(3) 电压和电流的幅值或有效值仍遵循欧姆定律，即 $U_m = I_m R$ 或 $U = IR$。

(4) 若电压 u 和电流 i 均以相量表示

$$i = I_m \sin \omega t \leftrightarrow \dot{I} = I \angle 0°, \qquad u = U_m \sin \omega t \leftrightarrow \dot{U} = U \angle 0°$$

则可得欧姆定律的相量形式

$$\dot{U} = \dot{I}R \quad 或 \quad \dot{U}_m = \dot{I}_m R \qquad (4\text{-}4\text{-}3)$$

上述特性可以用波形和相量图来描述，如图 4-4-1(b)和(c)所示。

2. 功率计算

由于交流电压和交流电流是变化的，所以电阻上消耗的功率也是变化的。电阻在任意瞬间消耗的功率称为瞬时功率，用 p 表示，定义为

$$p = ui = U_m I_m \sin^2 \omega t = 2UI \sin^2 \omega t = UI - UI \cos 2\omega t$$

由上式可见，虽然瞬时功率随时间变化，但 p 始终大于等于 0，说明电阻元件一直在消耗功率，波形如图 4-4-1(d)所示。

一个周期内电路消耗电能的平均速度，即瞬时功率的平均值，称为平均功率，也称为有功功率，用 P 表示。根据定义，电阻元件电路中，平均功率为

$$P = \frac{1}{T} \int_0^T p\mathrm{d}t = \frac{1}{2\pi} \int_0^{2\pi} (UI - UI \cos 2\omega t)\mathrm{d}\omega t = UI = I^2 R = \frac{U^2}{R}$$

有功功率描述了电路将电能转变为其他形式能量的功率。

4.4.2　电感元件的交流电路

1. 电压和电流关系

图 4-4-2(a)是一个线性电感元件的交流电路，设电流为参考正弦量：

$$i = I_m \sin \omega t \tag{4-4-4}$$

当电压和电流为关联参考方向时，由式(3-2-1)得

$$u = L\frac{\mathrm{d}i}{\mathrm{d}t} = \omega L I_m \sin(\omega t + 90°) = U_m \sin(\omega t + 90°) \tag{4-4-5}$$

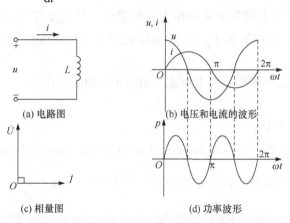

(a) 电路图　　　　　(b) 电压和电流的波形

(c) 相量图　　　　　(d) 功率波形

图 4-4-2　电感元件的正弦交流电路

比较式(4-4-4)和式(4-4-5)可知，正弦交流电路中，在电感元件上：

(1) 电压和电流的频率相同。

(2) 在相位上，电压超前电流 90°，或电流滞后电压 90°，即 $\psi_u = \psi_i + 90°$。

(3) 电压和电流的大小关系为

$$U_m = \omega L I_m = X_L I_m \quad 或 \quad U = \omega L I = X_L I \tag{4-4-6}$$

式中

$$X_L = \omega L = 2\pi f L \qquad\qquad (4\text{-}4\text{-}7)$$

可将式(4-4-6)变换为

$$X_L = \frac{U_m}{I_m} = \frac{U}{I}$$

显然，当电压不变时，X_L 越大，电流越小，这表明了 X_L 对电流的阻碍作用，因此将 X_L 称为感抗(Ω)。

由式(4-4-7)可知，感抗 X_L 与电感 L、频率 f 成正比。在高频电路中，电感元件对电流的阻碍作用很大，而在直流电路中，$X_L=0$，电感元件可视为短路。

(4) 若电压 u 和电流 i 均以相量表示：

$$i = I_m \sin\omega t \leftrightarrow \dot{I} = I\angle 0° , \qquad u = U_m \sin(\omega t + 90°) \leftrightarrow \dot{U} = U\angle 90°$$

将式(4-4-5)用相量形式变换为

$$U_m \sin(\omega t + 90°) = X_L I_m \sin(\omega t + 90°)$$

$$\leftrightarrow U\angle 90° = X_L I\angle 90° = X_L I\angle 0° \cdot 1\angle 90° = X_L I\angle 0° \cdot \mathrm{j}$$

则可得电感元件上电压和电流关系的相量形式为

$$\dot{U} = \mathrm{j}X_L \dot{I} \quad 或 \quad \dot{U}_m = \mathrm{j}X_L \dot{I}_m \qquad\qquad (4\text{-}4\text{-}8)$$

将式(4-4-8)变换为

$$\frac{\dot{U}}{\dot{I}} = \mathrm{j}X_L$$

复数 $\mathrm{e}^{\mathrm{j}\theta} = 1\angle\theta$ 是一个模为 1 而幅角为 θ 的复数，任意复数 $\dot{I}$ 乘以 $\mathrm{e}^{\mathrm{j}\theta}$ 等于将复数 $\dot{I}$ 逆时针旋转一个角度 θ，而模值不变，称 $\mathrm{e}^{\mathrm{j}\theta}$ 为旋转因子。若 $\theta=90°$，$\mathrm{e}^{\mathrm{j}90°} = \mathrm{j}$，则将 j 称为旋转 90°的因子。

上述特性可以用波形和相量图来描述，如图 4-4-2(b)和(c)所示。

2. 功率计算

电感的瞬时功率 p 为

$$p = ui = U_m I_m \sin\omega t \sin(\omega t + 90°) = 2UI \sin\omega t \cos\omega t = UI \sin 2\omega t$$

瞬时功率波形如图 4-4-2(d)所示。在电流的 $0\sim\dfrac{\pi}{2}$ 和 $\pi\sim\dfrac{3\pi}{2}$ 内，$p>0$，表明电感元件从电源吸收功率，在这两个区间电流的绝对值增加，电感储存的磁场能量增加；在电流的 $\dfrac{\pi}{2}\sim\pi$ 和 $\dfrac{3\pi}{2}\sim 2\pi$ 内，$p<0$，表明电感元件发出功率，将电能返还电源，在这两个区间电流的绝对值减小，电感储存的磁场能量减少。可见，交流电变化一周，电感并没有消耗电能，因此电感元件的平均功率为 0。

$$P = \frac{1}{T}\int_0^T p\,\mathrm{d}t = \frac{1}{2\pi}\int_0^{2\pi} UI \sin 2\omega t\,\mathrm{d}\omega t = 0$$

综上，电感元件在交流电路中没有消耗电能，只是与电源之间进行能量的互换，为了表征能量互换的规模，引入无功功率的概念。一般规定瞬时功率的最大值为无功功率，用 Q 表示，单位是乏(var)，因此电感电路的无功功率为

$$Q_{\mathrm{L}} = UI = \frac{U^2}{X_{\mathrm{L}}} = I^2 X_{\mathrm{L}} \tag{4-4-9}$$

4.4.3 电容元件的交流电路

1. 电压和电流关系

图 4-4-3(a)是一个线性电容元件的交流电路，设电压为参考正弦量(初相位为零):

$$u = U_{\mathrm{m}} \sin \omega t \tag{4-4-10}$$

当电压和电流为关联参考方向时，由式(3-2-5)得

$$i = C\frac{\mathrm{d}u}{\mathrm{d}t} = \omega C U_{\mathrm{m}} \sin(\omega t + 90°) = I_{\mathrm{m}} \sin(\omega t + 90°) \tag{4-4-11}$$

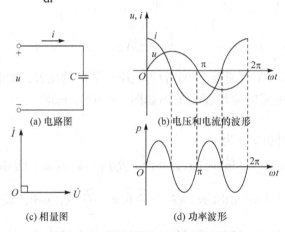

(a) 电路图　　　　(b)电压和电流的波形

(c) 相量图　　　　(d) 功率波形

图 4-4-3　电容元件的正弦交流电路

比较式(4-4-10)和式(4-4-11)可知，正弦交流电路中，在电容元件上:

(1) 电压和电流的频率相同。

(2) 在相位上，电流超前电压 90°，或电压滞后电流 90°，即 $\psi_{\mathrm{u}} = \psi_{\mathrm{i}} - 90°$。

(3) 电压和电流的大小关系为

$$I_{\mathrm{m}} = \omega C U_{\mathrm{m}} = \frac{U_{\mathrm{m}}}{X_{\mathrm{C}}} \quad \text{或} \quad I = \omega C U = \frac{U}{X_{\mathrm{C}}} \tag{4-4-12}$$

式中

$$X_{\mathrm{C}} = \frac{1}{\omega C} = \frac{1}{2\pi f C} \tag{4-4-13}$$

可将式(4-4-12)变换为

$$X_{\mathrm{C}} = \frac{U_{\mathrm{m}}}{I_{\mathrm{m}}} = \frac{U}{I}$$

显然，当电压不变时，X_{C} 越大，电流越小，这表明了 X_{C} 对电流的阻碍作用，因此将 X_{C} 称为容抗(Ω)。

由式(4-4-13)可知，容抗 X_C 与电容 C、频率 f 成反比。在高频电路中，电容元件对电流的阻碍作用很小，近似于短路；而在直流电路中， $X_C=\infty$，电容元件可视为开路。

(4) 若电压 u 和电流 i 均以相量表示：

$$u = U_m \sin \omega t \leftrightarrow \dot{U} = U\angle 0^\circ, \qquad i = I_m \sin(\omega t + 90^\circ) \leftrightarrow \dot{I} = I\angle 90^\circ$$

将式(4-4-11)用相量形式变换为

$$I_m \sin(\omega t + 90^\circ) = \frac{1}{X_C} U_m \sin(\omega t + 90^\circ)$$

$$\leftrightarrow I\angle 90^\circ = \frac{1}{X_C} U\angle 90^\circ = \frac{1}{X_C} U\angle 0^\circ \cdot 1\angle 90^\circ = \frac{1}{X_C} U\angle 0^\circ \cdot j$$

则可得电容元件上电压和电流关系的相量形式：

$$\dot{U} = -jX_C\dot{I} \quad 或 \quad \dot{U}_m = -jX_C\dot{I}_m \tag{4-4-14}$$

将式(4-4-14)变换为

$$\frac{\dot{U}}{\dot{I}} = -jX_C$$

式中，$-j$ 表示电流相量 $\dot{I}$ 顺时针旋转 90° 后为电压相量 $\dot{U}$ 的位置，即电压滞后电流 90°。

电容元件电压、电流的波形和相量图如图 4-4-3(b)、(c)所示。

2. 功率计算

电容元件上的瞬时功率 p 为

$$p = ui = U_m I_m \sin \omega t \sin(\omega t + 90^\circ) = 2UI \sin \omega t \cos \omega t = UI \sin 2\omega t$$

瞬时功率波形如图 4-4-3(d)所示。在 $0 \sim \frac{\pi}{2}$ 和 $\pi \sim \frac{3\pi}{2}$ 内，$p>0$，表明电容元件从电源吸收功率，在这两个区间电压的绝对值增加，电容储存的电场能量增加；在 $\frac{\pi}{2} \sim \pi$ 和 $\frac{3\pi}{2} \sim 2\pi$ 内，$p<0$，表明电容元件发出功率，将电能返还电源，在这两个区间电压的绝对值减小，电容储存的电场能量减少。可见，类似于电感，当交流电变化一周，电容不消耗电能，其平均功率为 0，即

$$P = \frac{1}{T}\int_0^T p\,dt = \frac{1}{2\pi}\int_0^{2\pi}(UI\sin 2\omega t)\,d\omega t = 0$$

综上，电容元件在交流电路中不会消耗电能，只是与电源之间进行能量的互换，能量互换的规模也用无功功率来衡量。

为了和电感元件进行比较，设 $i = I_m \sin \omega t$，则 $u = U_m \sin(\omega t - 90^\circ)$，电容元件上的瞬时功率 p 为

$$p = ui = U_m I_m \sin \omega t \sin(\omega t - 90^\circ) = -2UI \sin \omega t \cos \omega t = -UI \sin 2\omega t$$

因此电容的无功功率

$$Q_C = -UI = -\frac{U^2}{X_C} = -I^2 X_C \tag{4-4-15}$$

式中，"$-$"表明了电容元件无功功率和电感元件无功功率的区别，即 Q_L 取正值，Q_C 取负值。

【例 4.4.1】 将电压 $u = 100\sin(200t - 30°)$ 加在 0.25H 的电感两端，(1)试求电感上的电压相量、电流相量；(2)若保持电压值不变，而电源角频率改变为 2000rad/s，再求电流相量。

解 (1) 电压相量 $\qquad \dot{U} = \dfrac{100}{\sqrt{2}} \angle -30° = 50\sqrt{2} \angle -30°$

感抗 $\qquad\qquad\qquad X_L = \omega L = 0.25 \times 200 = 50(\Omega)$

电流相量 $\qquad\qquad \dot{I} = \dfrac{\dot{U}}{jX_L} = \dfrac{50\sqrt{2}\angle -30°}{50\angle 90°} = \sqrt{2}\angle -120°$

(2) 电压相量不变。

感抗 $\qquad\qquad\qquad X_L = \omega L = 0.25 \times 2000 = 500(\Omega)$

电流相量 $\qquad\qquad \dot{I} = \dfrac{\dot{U}}{jX_L} = \dfrac{50\sqrt{2}\angle -30°}{500\angle 90°} = \dfrac{\sqrt{2}}{10}\angle -120°$

可见，电压一定时，频率越高，电感的感抗越大，通过电感的电流则越小。

4.5 电阻、电感与电容串联的交流电路

正弦电压作用下的电路，分析的依据仍然是基尔霍夫定律。在对正弦电路进行分析时，仍从比较简单的串联电路开始，通过对串联电路的分析掌握正弦电路的计算方法。

4.5.1 电压、电流相量的关系式

RLC 串联的交流电路如图 4-5-1 所示，在给定的电流、电压的参考方向下，根据基尔霍夫电压定律可列出

$$u = u_R + u_L + u_C = Ri + L\frac{di}{dt} + \frac{1}{C}\int i\,dt$$

如用相量表示，则

$$\dot{U} = \dot{U}_R + \dot{U}_L + \dot{U}_C = R\dot{I} + jX_L\dot{I} - jX_C\dot{I}$$
$$= [R + j(X_L - X_C)]\dot{I} = (R + jX)\dot{I} \qquad (4\text{-}5\text{-}1)$$

式中，$X = X_L - X_C$ 称为电抗，令

$$Z = \frac{\dot{U}}{\dot{I}} = R + j(X_L - X_C) = R + jX \qquad (4\text{-}5\text{-}2)$$

称为此串联电路的复数阻抗，简称阻抗，通过阻抗将电路的电压相量和电流相量联系起来。要注意的是，阻抗只是一般意义的复数计算量，不是相量，在它的顶部不加小圆点。

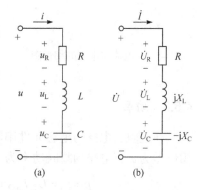

图 4-5-1 RLC 串联的交流电路

4.5.2 阻抗

$$Z = R + j(X_L - X_C) = |Z|e^{j\varphi} \tag{4-5-3}$$

式中，$|Z|$ 称为阻抗模

$$|Z| = \sqrt{R^2 + (X_L - X_C)^2} \tag{4-5-4}$$

φ 称为阻抗的辐角

$$\varphi = \arctan\frac{X_L - X_C}{R} \tag{4-5-5}$$

而阻抗的实数部分和虚数部分，分别为

$$R = |Z|\cos\varphi, \qquad X = X_L - X_C = |Z|\sin\varphi \tag{4-5-6}$$

可见 R、$X_L - X_C$、$|Z|$ 三者之间的关系可以用一个直角三角形表示，称为阻抗三角形。

由式(4-5-2)可知，阻抗可以由电压相量和电流相量求出，即

$$Z = \frac{\dot{U}}{\dot{I}} = \frac{U\angle\psi_u}{I\angle\psi_i} = \frac{U}{I}\angle(\psi_u - \psi_i) = |Z|\angle\varphi \tag{4-5-7}$$

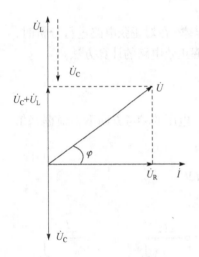

图 4-5-2　电流与电压的相量图

可以看出，阻抗的模 $|Z| = U/I$，即电压与电流的有效值之比；阻抗的辐角 $\varphi = \psi_u - \psi_i$，即电压与电流的相位差。

在频率一定的情况下，阻抗 Z 由电路参数决定，与电路中作用的电压、电流值无关。阻抗的单位也是欧[姆]，也对电流起阻碍作用。

由式(4-5-5)可知，当 $X_L > X_C$，$\varphi > 0$ 时，电压超前于电流，这种电路称为电感性电路；当 $X_L < X_C$，$\varphi < 0$ 时，电压滞后于电流，这种电路称为电容性电路；当 $X_L = X_C$，$\varphi = 0$ 时，电路中虽然有电感、电容元件，但是电压与电流同相，没有相位差，这种电路称为电阻性电路。

设电路为电感性电路，以电流为参考正弦量，画出电流与各个电压的相量图，如图 4-5-2 所示。

由图可见 $\dot{U}$、$\dot{U}_R$、$\dot{U}_L + \dot{U}_C$ 三者之间的关系可以用直角三角形表示，称为电压三角形。

4.5.3 功率

在电阻、电感与电容元件串联的交流电路中，以电流为参考正弦量，设电压、电流的相位差为 φ，电路的瞬时功率为

$$p = ui = U_m I_m \sin(\omega t + \varphi)\sin\omega t = UI\cos\varphi - UI\cos(2\omega t + \varphi) \tag{4-5-8}$$

平均功率为

$$P = \frac{1}{T}\int_0^T p\,\mathrm{d}t = \frac{1}{T}\int_0^T [UI\cos\varphi - UI\cos(2\omega t + \varphi)]\mathrm{d}t = UI\cos\varphi \tag{4-5-9}$$

在交流电路中，平均功率 P 不仅与电压有效值 U、电流有效值 I 的大小有关，还与电压和电流的相位差 φ 的余弦有关。当电路具有的参数不同时，电压与电流间的相位差 φ 不同，在同样的电压 U 和电流 I 下，电路的有功功率也就不同。$\cos\varphi$ 称为电路的功率因数。

当电路只含电阻元件时，$\varphi=0$，功率因数 $\cos\varphi=1$，$P=UI=I^2R$；当电路只含电感元件时，$\varphi=90°$，$\cos\varphi=0$，$P=0$；当电路只含电容元件时，$\varphi=-90°$，$\cos\varphi=0$，$P=0$。一般情况下，$-90°\leqslant\varphi\leqslant+90°$，功率因数 $0\leqslant\cos\varphi\leqslant1$，因此 $P\geqslant0$。

可以看出，电路中只有电阻元件消耗有功功率，电感元件和电容元件不消耗有功功率。当电路中有若干电阻元件时，求总的有功功率时，可将各电阻元件的有功功率相加获得。而电感元件与电容元件要与电源之间进行能量互换，相应的无功功率为

$$Q=U_{L}I-U_{C}I=(U_{L}-U_{C})I$$

参考图 4-5-2，可以用电路的总电压 U 来表示 $U_{L}-U_{C}$，可得

$$Q=(U_{L}-U_{C})I=UI\sin\varphi \tag{4-5-10}$$

当电路为电阻性电路时，$\varphi=0$，$Q=0$；当电路为电感性电路时，$\varphi>0$，$Q>0$；当电路为电容性电路时，$\varphi<0$，$Q<0$。

无功功率的正负与电路的性质有关。当电路中有若干电感、电容元件时，求总的无功功率时，可将各元件的无功功率相加获得。注意：电容元件的无功功率为负数。

在交流电路中，平均功率一般不等于电压与电流有效值的乘积，如将两者的有效值相乘，则得出视在功率 S，即

$$S=UI \tag{4-5-11}$$

交流电路中的视在功率和平均功率不同，它仅反映出该电路的用电(或供电)的规模，即电路所能提供(或需要)的电压和电流的有效值。视在功率的单位是伏安（$V\cdot A$）或千伏安（$kV\cdot A$），以便与有功功率相区别。

根据式(4-5-9)～式(4-5-11)可知：

$$P=S\cos\varphi，\quad Q=S\sin\varphi，\quad S=\sqrt{P^2+Q^2} \tag{4-5-12}$$

显然，三者之间组成了一个三角形，称为功率三角形。

阻抗、电压和功率三角形的形状是相似的，现在把它们同时表示在图 4-5-3 中。

【例 4.5.1】 在电阻、电感与电容元件串联的交流电路中，已知 $R=30\Omega$，$L=127\text{ mH}$，$C=40\mu\text{F}$，电源电压 $u=220\sqrt{2}\sin(314t+20°)\text{ V}$。(1)求电流 i 及各部分电压 u_{R}、u_{L} 和 u_{C}；(2)求功率 P、Q 和 S。

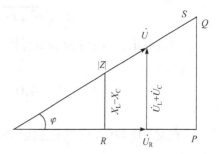

图 4-5-3 功率、电压、阻抗三角形

解 (1) $X_{L}=\omega L=314\times127\times10^{-3}=40(\Omega)$

$$X_{C}=\frac{1}{\omega C}=\frac{1}{314\times40\times10^{-6}}=80(\Omega)$$

$$Z=R+\text{j}(X_{L}-X_{C})=30+\text{j}(40-80)$$

$$=30-\text{j}40=50\angle-53°(\Omega)$$

$$\dot{U} = 220\angle 20°\text{V}$$

于是得

$$\dot{I} = \frac{\dot{U}}{Z} = \frac{220\angle 20°}{50\angle -53°} = 4.4\angle 73°(\text{A})$$

$$i = 4.4\sqrt{2}\sin(314t + 73°)\text{A}$$

$$\dot{U}_{\text{R}} = R\dot{I} = 30\times 4.4\angle 73° = 132\angle 73°(\text{V})$$

$$u_{\text{R}} = 132\sqrt{2}\sin(314t + 73°)\text{V}$$

$$\dot{U}_{\text{L}} = \text{j}X_{\text{L}}\dot{I} = \text{j}40\times 4.4\angle 73° = 176\angle 163°(\text{V})$$

$$u_{\text{L}} = 176\sqrt{2}\sin(314t + 163°)\text{V}$$

$$\dot{U}_{\text{C}} = -\text{j}X_{\text{C}}\dot{I} = -\text{j}80\times 4.4\angle 73° = 352\angle -17°(\text{V})$$

$$u_{\text{C}} = 352\sqrt{2}\sin(314t - 17°)\text{V}$$

注意：

$$\dot{U} = \dot{U}_{\text{R}} + \dot{U}_{\text{L}} + \dot{U}_{\text{C}}$$

$$U \neq U_{\text{R}} + U_{\text{L}} + U_{\text{C}}$$

(2) 解法 1　由总电压、总电流求功率：

$$P = UI\cos\varphi = 220\times 4.4\times \cos(-53°) = 580.8(\text{W})$$

$$Q = UI\sin\varphi = 220\times 4.4\times \sin(-53°) = -774.4(\text{var})$$

$$S = 220\times 4.4 = 968(\text{V}\cdot\text{A})$$

解法 2　由元件功率求总功率：

$$P = P_{\text{R}} = I^2 R = 4.4^2\times 30 = 580.8(\text{W})$$

$$Q = I^2 X_{\text{L}} - I^2 X_{\text{C}} = 4.4^2\times(40 - 80) = -774.4(\text{var})$$

$$S = \sqrt{P^2 + Q^2} = \sqrt{580.8^2 + (-774.4)^2} = 968(\text{V}\cdot\text{A})$$

可以看出，由于电路为电容性，因此无功功率为负值。

4.6　阻抗的串联与并联

在交流电路中，阻抗的连接形式是多种多样的，其中最简单和最常用的是串联与并联。

4.6.1　阻抗的串联

图 4-6-1(a)所示是两个阻抗串联的电路。根据基尔霍夫电压定律可写出它的相量表示式：

$$\dot{U} = \dot{U}_1 + \dot{U}_2 = Z_1\dot{I} + Z_2\dot{I} = (Z_1 + Z_2)\dot{I}$$

可见，两个阻抗的串联可以用一个等效阻抗来代替（图 4-6-1(b)），其值为

$$Z = Z_1 + Z_2 \qquad (4\text{-}6\text{-}1)$$

要注意的是

$$|Z| \neq |Z_1| + |Z_2|$$

各阻抗上的电压分配公式为

$$\dot{U}_1 = Z_1 \dot{I} = \frac{Z_1}{Z_1 + Z_2} \dot{U}$$

$$\dot{U}_2 = Z_2 \dot{I} = \frac{Z_2}{Z_1 + Z_2} \dot{U} \qquad (4\text{-}6\text{-}2)$$

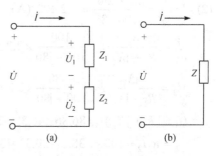

图 4-6-1　阻抗串联电路

4.6.2　阻抗的并联

图 4-6-2(a)所示是两个阻抗并联的电路。根据基尔霍夫电流定律可写出它的相量表示形式：

$$\dot{I} = \dot{I}_1 + \dot{I}_2 = \frac{\dot{U}}{Z_1} + \frac{\dot{U}}{Z_2} = \left(\frac{1}{Z_1} + \frac{1}{Z_2}\right)\dot{U}$$

可见两个并联的阻抗也可用一个等效阻抗来代替(图 4-6-2(b))，其值为

$$\frac{1}{Z} = \frac{1}{Z_1} + \frac{1}{Z_2} \qquad (4\text{-}6\text{-}3)$$

或

$$Z = \frac{Z_1 Z_2}{Z_1 + Z_2} \qquad (4\text{-}6\text{-}4)$$

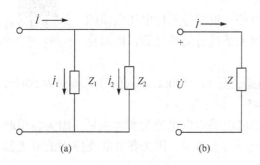

图 4-6-2　阻抗并联电路

要注意的是

$$\frac{1}{|Z|} \neq \frac{1}{|Z_1|} + \frac{1}{|Z_2|}$$

各阻抗上的电流分配公式为

$$\dot{I}_1 = \frac{\dot{U}}{Z_1} = \frac{Z_2}{Z_1 + Z_2}\dot{I}, \quad \dot{I}_2 = \frac{\dot{U}}{Z_2} = \frac{Z_1}{Z_1 + Z_2}\dot{I} \quad (4\text{-}6\text{-}5)$$

【例 4.6.1】　在图 4-6-3 中，电压 $\dot{U} = 220\angle 30° \text{V}$ ，R_1=60Ω，R_2=100Ω，X_L=62.8Ω，X_C=80Ω。试求：(1)等效阻抗 Z ；(2)电流 $\dot{I}$ 、$\dot{I}_1$ 、$\dot{I}_2$ ；(3)电压 $\dot{U}_1$ 和 $\dot{U}_2$ 。

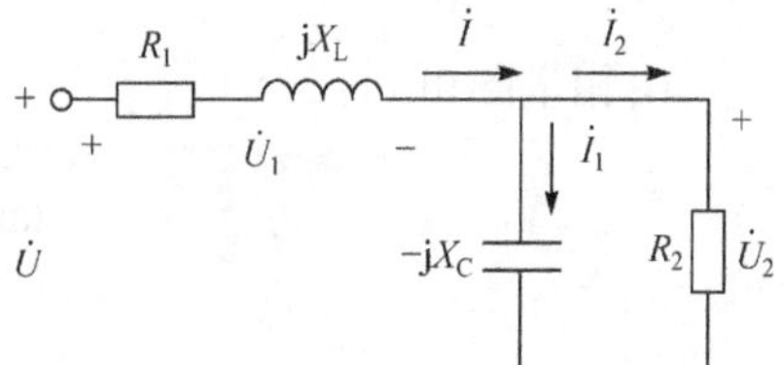

图 4-6-3　例 4.6.1 的电路

解　(1)　$Z = R_1 + jX_L + R_2//(-jX_C)$

$$= 60 + j62.8 + \frac{100 \times (-j80)}{100 - j80} = 100\angle 8°$$

(2) $\dot{I} = \dfrac{\dot{U}}{Z} = \dfrac{220\angle 30°}{100\angle 8°} = 2.2\angle 22°(\text{A})$

$\dot{I}_1 = \dfrac{R_2}{R_2 - jX_C}\dot{I} = \dfrac{100}{100 - j80} \times 2.2\angle 22 = 1.72\angle 60.7°(\text{A})$

$\dot{I}_2 = \dfrac{-jX_C}{R_2 - jX_C}\dot{I} = \dfrac{-j80}{100 - j80} \times 2.2\angle 22 = 1.38\angle -29.3°(\text{A})$

(3) $\dot{U}_1 = (R_1 + jX_L)\dot{I} = 86.86\angle 46.3° \times 2.2\angle 22° = 191.1\angle 68.3°(\text{V})$

$\dot{U}_2 = R_2\dot{I}_2 = 100 \times 1.38\angle -29.3° = 138\angle -29.3°(\text{V})$

上例所用的方法称为相量式法,与直流电路的分析方法相同,但是所有的方程均为相量方程,所有的运算均为复数运算。

分析计算正弦交流电路还可以采用相量图方法,根据各元件电压电流的相位关系画出电路的相量图,根据各相量的几何关系进行简单运算,以简化电路的求解过程。

正弦交流电路的相量分析法

【例 4.6.2】 图 4-6-4 所示为一种 *RC* 移相电路,已知 $R=100\Omega$,输入信号的频率为 50Hz,如要求输出电压 U_2 与输入电压 U_1 的相位差为 45°,试求电容 *C*。

解 首先选定参考正弦量。选取的原则是串联电路常以电流为参考相量,因为各串联元件上的电压都与此电流有关;并联电路常以电压为参考量,因为各并联支路中的电流都与此电压有关。

以电流为参考相量,画出相量图如图 4-6-5 所示。

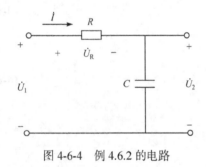

图 4-6-4 例 4.6.2 的电路　　　　　　　图 4-6-5　例 4.6.2 电路的相量图

由相量图可知:

$$\tan 45° = \frac{U_R}{U_2} = \frac{IR}{IX_C} = \frac{R}{X_C} = 1$$

$$X_C = R = 100\Omega$$

$$X_C = \frac{1}{2\pi f C} \rightarrow C = \frac{1}{2\pi f X_C} = \frac{1}{2\pi \times 50 \times 100} = 31.8(\mu\text{F})$$

【例 4.6.3】 电路如图 4-6-6 所示,已知 $R=X_L$,$X_C=10\Omega$,$I_C=10\text{A}$,$\dot{U}$ 与 $\dot{I}$ 同相。求 I、I_{RL}、U、R、X_L。

解 因为是并联电路,以电压为参考正弦量,画出相量图如图 4-6-7 所示。因为 $R=X_L$,所以 $\dot{I}_{RL}$ 比 $\dot{U}$ 滞后 45°。

由相量图可知:

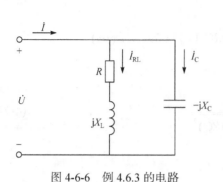

图 4-6-6　例 4.6.3 的电路

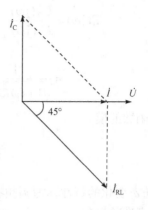

图 4-6-7　例 4.6.3 电路的相量图

$$I = I_C = 10\text{A} , \quad I_{RL} = 10\sqrt{2}\text{A}$$

$$U = X_C I_C = 100\text{V}$$

$$\frac{U}{I_{RL}} = \sqrt{R^2 + X_L^2} = \frac{100}{10\sqrt{2}} = 5\sqrt{2}(\Omega)$$

$$R = X_L = 5\Omega$$

4.7　交流电路的频率特性

前面讨论的正弦交流电路，激励的频率都是确定的，电路响应为与激励同频率的正弦量。如果改变激励的频率，感抗 X_L 与容抗 X_C 将改变，即使激励的大小不变，电路的响应也将随之改变。电路响应随激励频率变化的性能称为电路的频率特性。

本章前面几节所讨论的电压和电流都是时间函数，在时间领域内对电路进行分析，所以常称为时域分析。本节是在频率领域内对电路进行分析，称为频域分析。

4.7.1　滤波电路

滤波就是利用容抗或感抗随频率而改变的特性，对不同频率的输入信号产生不同的响应，让需要的某一频带的信号顺利通过，而抑制不需要的其他频率的信号。

滤波电路通常可分为低通、高通和带通等多种。除 RC 电路外，其他电路也可组成各种滤波电路。

1. 低通滤波电路

图 4-7-1 所示是 RC 低通滤波电路，$U_1(j\omega)$ 是输入信号电压，$U_2(j\omega)$ 是输出信号电压，两者都是频率的函数。电路输出电压与输入电压的比值称为电路的传递函数或转移函数，用 $T(j\omega)$ 表示，它是一个复数。

由图 4-7-1 可得

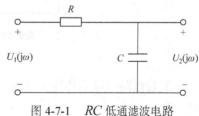

图 4-7-1　RC 低通滤波电路

$$T(\mathrm{j}\omega) = \frac{U_2(\mathrm{j}\omega)}{U_1(\mathrm{j}\omega)} = \frac{\dfrac{1}{\mathrm{j}\omega C}}{R + \dfrac{1}{\mathrm{j}\omega C}} = \frac{1}{1 + \mathrm{j}\omega RC} \tag{4-7-1}$$

$$= \frac{1}{\sqrt{1 + (\omega RC)^2}} \angle [-\arctan(\omega RC)] = |T(\mathrm{j}\omega)| \angle \varphi(\mathrm{j}\omega)$$

传递函数的模

$$|T(\mathrm{j}\omega)| = \frac{1}{\sqrt{1 + (\omega RC)^2}} \tag{4-7-2}$$

$|T(\mathrm{j}\omega)|$ 随 ω 变化的特性称为幅频特性。

传递函数的幅角

$$\varphi(\mathrm{j}\omega) = -\arctan(\omega RC) \tag{4-7-3}$$

$\varphi(\mathrm{j}\omega)$ 随 ω 变化的特性称为相频特性。

幅频特性与相频特性统称为频率特性。

设

$$\omega_0 = \frac{1}{RC}$$

由式(4-7-2)可知，当 $\omega = 0$ 时，$|T(\mathrm{j}\omega)| = 1$；当 $\omega = \omega_0$ 时，$|T(\mathrm{j}\omega)| = 1/\sqrt{2} = 0.707$；随着 ω 的增加，$|T(\mathrm{j}\omega)|$ 一直下降，当 $\omega \to \infty$ 时，$|T(\mathrm{j}\omega)| = 0$。图 4-7-1 电路的幅频特性如图 4-7-2(a) 所示，可以看出如果电路的输入信号包含许多频率不同的正弦信号分量，那么频率低的信号容易通过，而频率高的信号被抑制不易通过，因此这种电路称为低通滤波电路。

在实际应用上，输出电压不能下降过多。通常规定：当输出电压下降到输入电压的 70.7%，即 $|T(\mathrm{j}\omega)|$ 下降到 0.707 时为最低限。此时，$\omega = \omega_0$，而将频率范围 $0 < \omega \leqslant \omega_0$ 称为通频带，ω_0 称为截止频率。

由式(4-7-3)可知，当 $\omega = 0$ 时，$\varphi(\mathrm{j}\omega) = 0$；当 $\omega = \omega_0$ 时，$\varphi(\mathrm{j}\omega) = -45°$；当 $\omega \to \infty$ 时，$\varphi(\mathrm{j}\omega) = -90°$。图 4-7-1 电路的相频特性如图 4-7-2(b)所示。

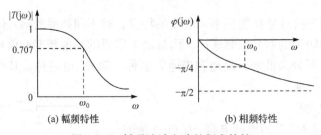

图 4-7-2　低通滤波电路的频率特性

通过电路的频率特性，可以了解该电路对不同频率信号的响应，判断信号通过该电路的情况。

2. 高通滤波电路

图 4-7-3(a)是一个高通滤波电路，图 4-7-3(b)、图 4-7-3(c)分别为该滤波电路的幅频和相频特性。该电路的通频带为 $\omega_0 \to \infty$，由于其具有通高频信号阻低频信号的作用，故称其为高通滤波电路。

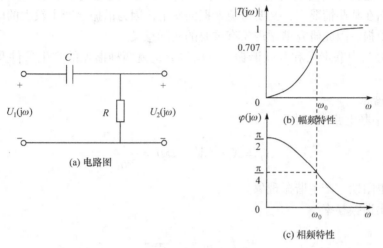

图 4-7-3　高通滤波电路

3. 带通滤波电路

图 4-7-4(a)是一个带通滤波电路，图 4-7-4(b)、图 4-7-4(c)分别为该滤波电路的幅频和相频特性。由图可见，当 $\omega = \omega_0 = \dfrac{1}{RC}$ 时，输入电压与输出电压同相，且 $\dfrac{U_2}{U_1} = \dfrac{1}{3}$。规定 $|T(\mathrm{j}\omega)|$ 等于最大值(即 $\dfrac{1}{3}$)的 70.7%处频率的上下限之间宽度 $\omega_1 \sim \omega_2$ 为通频带。这种滤波器抑制频率低于 ω_1 和频率高于 ω_2 的信号，而 $\omega_1 \sim \omega_2$ 之间频率的信号可以畅通传递，故称其为带通滤波电路。

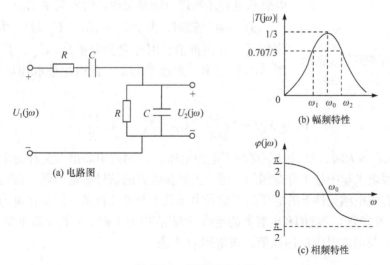

图 4-7-4　带通滤波电路

4.7.2 谐振电路

在交流电路中，若电路中含有电感和电容元件，当电源的频率和参数符合一定条件时，将会出现电路总电流和总电压的相位相同，整个电路呈电阻性，该现象称为谐振。谐振现象是正弦稳态电路中一种特殊的工作状况。它一方面广泛地应用于电工技术和无线电技术；另一方面在某些情况下，又要避免谐振的发生，因为谐振会产生较大的电压或电流，使电路元件受损。因此研究谐振现象有重要的实际意义。

谐振可分为串联谐振和并联谐振。下面将分别就两种谐振的产生条件及其特征进行讨论。

1. 串联谐振

在 RLC 串联电路中，当

$$X_L = X_C \quad 即 \quad 2\pi f L = \frac{1}{2\pi f C} \tag{4-7-4}$$

时，电路呈电阻性，产生谐振现象。

由此得出谐振频率

$$f = f_0 = \frac{1}{2\pi\sqrt{LC}} \tag{4-7-5}$$

可见，谐振频率 f_0 只取决于电路结构和参数，而与外加电源无关。调节 L、C 或电源频率 f 都可以使电路发生谐振。

串联谐振具有下列特征。

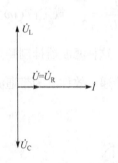

图 4-7-5　串联谐振时的相量图

(1) 电路的阻抗模 $|Z| = \sqrt{R^2 + (X_L - X_C)^2}$ 最小，电路中的电流将在谐振时达到最大值，即 $I = I_0 = \dfrac{U}{R}$。

(2) 由于 $\varphi = 0$，电路总无功功率 $Q = 0$。电源供给电路的能量全被电阻所消耗，电源与电路之间不发生能量的互换。电感和电容之间进行能量交换，两者完全抵消。

(3) 串联谐振时，由于 $X_L = X_C$，$\dot{U}_L$ 与 $\dot{U}_C$ 大小相等，相位相反，互相抵消，因此电源电压 $\dot{U} = \dot{U}_R$，其相量关系如图 4-7-5 所示。要注意的是，此时电感和电容上是有电压的，即

$$U_L = X_L I = X_L \frac{U}{R}, \quad U_C = X_C I = X_C \frac{U}{R}$$

当 $X_L = X_C > R$ 时，U_L 和 U_C 都高于电源电压 U，因此串联谐振又称为电压谐振。串联谐振在无线电工程中是十分有用的，因为天线接收到的信号非常微弱，而通过串联谐振则可以使电容或电感元件上的电压高于信号电压几十乃至几百倍。但是在电力系统中，如果电压过高，可能会击穿线圈和电容器的绝缘，因此在电力工程中一般应避免发生串联谐振。

U_C 或 U_L 与电源电压 U 的比值，通常用 Q 来表示

$$Q = \frac{U_C}{U} = \frac{U_L}{U} = \frac{\omega_0 L}{R} = \frac{1}{\omega_0 CR} \tag{4-7-6}$$

称为电路的品质因数或简称 Q 值，它表示在谐振时电容或电感元件上的电压是电源电压的 Q 倍。例如，$Q=100$，$U = 6\text{V}$，那么在谐振时电容或电感元件上的电压就高达 600V。

(4) 串联谐振电路具有选择性。

RLC 串联电路中电流为

$$I = \frac{U}{\sqrt{R^2 + \left(\omega L - \dfrac{1}{\omega C}\right)^2}}$$

如果 R、L、C 及 U 都确定而电源频率改变时，电流 I 将随之发生变化，由此可作出电流随频率变化的曲线，称为电流谐振曲线，如图 4-7-6 所示。

从谐振曲线可以看出，当电源频率刚好等于谐振频率时，电流最大。当电源频率偏离谐振频率 f_0 时，电流 I 明显下降。这种情况称为电路对频率为 f_0 的信号具有选择性。

谐振电路的选频特性常用通频带 Δf 来衡量。按照规定，当电流 I 下降到谐振电流 I_0 的 $1/\sqrt{2}$ (即 0.707)时，所覆盖的频率范围称为谐振电路的通频带，如图 4-7-6 所示。即

$$\Delta f = f_2 - f_1 \tag{4-7-7}$$

通频带宽度越小，则谐振曲线越尖锐，电路的选择性就越强。而谐振曲线的尖锐程度与品质因数 Q 有关，如图 4-7-7 所示，Q 值越大，曲线越尖锐，则电路的选频特性越强。但应指出，谐振电路的通频带宽度并不一定越小越好，而是应符合所需要的信号对通频带宽度的要求。

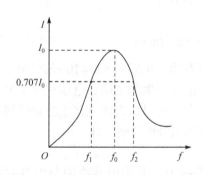

图 4-7-6　电流谐振曲线

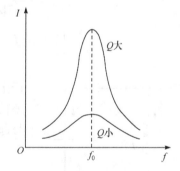

图 4-7-7　Q 与谐振曲线的关系

串联谐振在无线电工程中的应用较多，例如，在接收机电路中，天线会收到不同电台发出的各种频率不同的信号。收音机选台时就是调节电容 C，使电路对某一频率的信号达到谐振，该频率信号产生的电流最大，在输出端的电压也就较高。其他各种不同频率的信号虽然也在接收机里出现，但由于它们没有达到谐振，引起的电流很小。这样就起到了选择信号和抑制干扰的作用。

【例 4.7.1】 RLC 串联电路中，已知 $u = U_{1\text{m}} \sin(820 \times 10^3 t) + U_{2\text{m}} \sin(1200 \times 10^3 t)\text{mV}$，$L = 250\mu\text{H}$，$R = 10\Omega$。求：(1)电容 C 调节到多少可对频率为 $820 \times 10^3 \text{rad/s}$ 的信号产生谐

振？(2)若 $U_{1m}=U_{2m}=1mV$ ，当调节 C 对 820×10^3 rad/s 频率信号发生谐振时，各频率信号在电路中的电流是多大？各频率信号在电容上的电压是多大？

解 (1) 由式(4-7-5)得

$$C=\frac{1}{\omega_0^2 L}=\frac{1}{(820\times10^3)^2\times250\times10^{-6}}=6\times10^{-3}(\mu F)$$

(2) 调节 C 对 820×10^3 rad/s 频率信号发生谐振，对于该频率的信号，有

$$X_L=\omega_0 L=820\times10^3\times250\times10^{-6}\approx205(\Omega)$$

$$X_C=\frac{1}{\omega_0 C}=\frac{1}{820\times10^3\times6\times10^{-9}}\approx205(\Omega)$$

$$I=\frac{U_{1m}}{\sqrt{2}R}=\frac{1\times10^{-3}}{\sqrt{2}\times10}\approx70.7(\mu A)$$

$$U_C=IX_C=70.7\times10^{-6}\times205=14.5(mV)$$

对于频率 $\omega=1200\times10^3$ rad/s 的信号，有

$$X_L=1200\times10^3\times250\times10^{-6}\approx300(\Omega)$$

$$X_C=\frac{1}{1200\times10^3\times6\times10^{-9}}\approx139(\Omega)$$

$$|Z|=\sqrt{10^2+(300-139)^2}\approx161(\Omega)$$

$$I=\frac{U_{2m}}{\sqrt{2}|Z|}=\frac{1\times10^{-3}}{\sqrt{2}\times161}=4.4(\mu A)$$

$$U_C=X_C I=139\times4.4\times10^{-6}=0.612(mV)$$

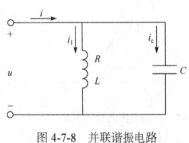

图 4-7-8 并联谐振电路

从计算结果可看出，电路对 820×10^3 rad/s 频率信号产生谐振，该频率信号产生的电流、电压相对于另一频率信号来说要大得多，可以认为该电路主要是此频率信号起作用，另一频率信号可忽略不计。

2. 并联谐振

实际的并联谐振电路是由电感线圈与电容并联组成的，电路如图 4-7-8 所示。电阻 R 表示线圈的等效电阻，实际电路中该电阻阻值很小。由图可求出电路等效阻抗为

$$Z=\frac{(R+j\omega L)\left(-j\dfrac{1}{\omega C}\right)}{R+j\omega L-j\dfrac{1}{\omega C}}\approx\frac{j\omega L\left(-j\dfrac{1}{\omega C}\right)}{R+j\omega L-j\dfrac{1}{\omega C}}=\frac{\dfrac{L}{C}}{R+j\left(\omega L-\dfrac{1}{\omega C}\right)} \qquad (4-7-8)$$

由于谐振时 $R\ll\omega L$ ，则得到上式的近似结果。当 $\omega L=\dfrac{1}{\omega C}$ 时，电路发生谐振，由此

得出并联谐振频率为

$$\omega=\omega_0=\frac{1}{\sqrt{LC}}, \quad f=f_0=\frac{1}{2\pi\sqrt{LC}} \tag{4-7-9}$$

并联谐振具有下列特征。

(1)谐振时阻抗的模为

$$|Z_0|=\frac{L}{RC} \tag{4-7-10}$$

其值最大，图 4-7-9 为阻抗模与频率的关系曲线，称为阻抗谐振曲线。如果电路采用电流源供电，在电流源电流一定的情况下，谐振时，电路的端电压达到最大值。

(2) 在电源电压一定的情况下，电流 I 在谐振时达到最小值，即 $I=I_0=\dfrac{U}{|Z_0|}$。

(3) 谐振时各并联支路的电流为

$$I_1=\frac{U}{\sqrt{R^2+(\omega_0 L)^2}}\approx\frac{U}{\omega_0 L}, \quad I_C=\frac{U}{\dfrac{1}{\omega_0 C}}$$

因为 $\omega_0 L\approx\dfrac{1}{\omega_0 C}$，$\omega_0 L\gg R$，即 $\varphi_1\approx90°$，所以由上列各式和图 4-7-10 的相量图可知

$$I_1\approx I_C\gg I_0$$

即在谐振时并联支路的电流接近相等，而比总电流大许多倍，因此并联谐振又称为电流谐振。

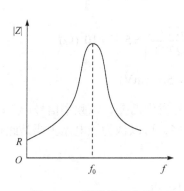

图 4-7-9　阻抗谐振曲线

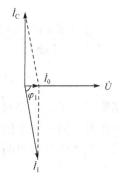

图 4-7-10　并联谐振相量图

I_C 或 I_1 与总电流 I_0 的比值为电路的品质因数

$$Q=\frac{I_1}{I_0}=\frac{1}{\omega_0 CR}=\frac{\omega_0 L}{R} \tag{4-7-11}$$

即在谐振时，支路电流 I_C 或 I_1 是总电流 I_0 的 Q 倍，也就是谐振时电路的阻抗模为支路阻抗模的 Q 倍。

一种特殊情况是，如果电阻 R 为 0，发生谐振时 $\dot{I}=0$，谐振电路的阻抗为 ∞。要注意的是，此时虽然总电流为零，但是电感、电容支路电流不为零。

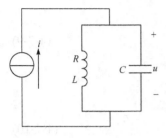

图 4-7-11 例 4.7.2 的电路

并联谐振在无线电工程和工业电子技术中也常应用。例如，利用并联谐振时阻抗模高的特点来选择信号或消除干扰。

【例 4.7.2】 选频网络如图 4-7-11 所示，输入电流 $i = \sqrt{2}\sin(820\times10^3 t) + \sqrt{2}\sin(1200\times10^3 t)\mu\text{A}$，如果该并联电路对电流 i 中某一频率的信号发生并联谐振，这时并联电路呈电阻性且阻值最大。已知 $R=10\Omega$，$L=5\text{mH}$，$C=300\text{pF}$。求：(1) 产生谐振的电流分量频率；(2) 不同频率的电流单独作用时，该电路的阻抗模和输出电压的大小。

解 (1) 由式(4-7-9)可知

$$\omega = \omega_0 = \frac{1}{\sqrt{LC}} = \frac{1}{\sqrt{5\times10^{-3}\times300\times10^{-12}}} = 820\times10^3(\text{rad/s})$$

(2) 电路对 $\sqrt{2}\sin(820\times10^3 t)$ 信号产生谐振，对于此频率信号，由式(4-7-10)可知，阻抗模为

$$|Z_0| = \frac{L}{RC} = \frac{5\times10^{-3}}{10\times300\times10^{-12}} = 1.67\times10^6(\Omega)$$

$$U = I|Z_0| = 1\times10^{-6}\times1.67\times10^6 = 1.67(\text{V})$$

对于频率 $\omega = 1200\times10^3$ rad/s 的信号，不发生谐振，电路的阻抗要通过两支路并联求出：

$$X_L = 1200\times10^3\times5\times10^{-3} = 6000(\Omega)$$

$$X_C = \frac{1}{1200\times10^3\times300\times10^{-12}} = 2778(\Omega)$$

$$|Z| = \left|\frac{(R+\text{j}X_L)(-\text{j}X_C)}{R+\text{j}X_L - \text{j}X_C}\right| = \left|\frac{(10+\text{j}6000)(-\text{j}2778)}{10+\text{j}6000 - \text{j}2778}\right| \approx 5.17\times10^3(\Omega)$$

$$U = I|Z| = 1\times10^{-6}\times5.17\times10^3 = 5.17(\text{mV})$$

从计算结果可看出，电路对 820×10^3 rad/s 频率信号发生谐振，该频率信号产生的阻抗模、输出电压相对于另一频率信号产生的来说要大得多，可以认为该电路主要是此频率信号起作用，另一频率信号可忽略不计。

4.8 功率因数的提高

4.8.1 功率因数提高的意义

只有当负载为电阻性时，电路的电压与电流才是同相位的，功率因数 $\cos\varphi$ 为 1；而对非电阻性负载，其功率因数均介于 0 与 1 之间。在 U、I 一定的情况下，功率因数越低，无功功率越大，对电力系统越不利。

1. 降低了电源设备容量的利用率

电源设备的额定容量是额定电压与额定电流的乘积，也称为额定视在功率，它表示电

源能够输出的最大功率，但是它所带的负载能否消耗这样大的有功功率，将取决于负载的功率因数。例如，容量为 $1000kV \cdot A$ 的变压器，当它所带的负载的功率因数 $\cos\varphi=0.9$ 时，变压器输出的有功功率为 $P=U_N I_N \cos\varphi = S_N \cos\varphi = 900kW$；当 $\cos\varphi=0.6$ 时，变压器输出的有功功率为 $600kW$。可见负载的功率因数降低，电源发出的有功功率就减小，电源设备的容量得不到充分利用。

2. 增加了输电线路和电源设备的功率损耗

负载上的电流为

$$I = \frac{P}{U\cos\varphi}$$

在 P、U 一定的情况下，功率因数 $\cos\varphi$ 越低，I 就越大。而功率损耗为

$$\Delta P = I^2 r = \left(\frac{P}{U\cos\varphi}\right)^2 r = \left(\frac{P^2}{U^2}r\right)\frac{1}{\cos^2\varphi}$$

式中，r 代表传输线路电阻和电源内阻之和。由上式可知，功率损耗和功率因数 $\cos\varphi$ 的平方成反比，即功率因数越低，电路损耗就越大。

总之，提高功率因数既能使电源设备得到充分利用，又能减少线路上的电能损耗，具有重要的经济意义。

4.8.2 提高功率因数的方法

功率因数不高，根本原因就是电感性负载的存在。例如，生产中最常用的异步电动机在额定负载时的功率因数为 0.7～0.9，如果在轻载时，其功率因数就更低。其他如工频炉、电焊变压器以及日光灯等负载的功率因数也都是较低的。电感性负载的功率因数之所以小于 1，是由于负载本身需要一定的无功功率。从技术经济观点出发，如何解决这个矛盾，也就是如何才能减少电源与负载之间能量的互换，而又使电感性负载能取得所需的无功功率，这就是我们所提出的要提高功率因数的实际意义。

按照供用电标准，高压供电的工业企业的平均功率因数不低于 0.95，其他单位不低于 0.9。

提高功率因数常用的方法就是在电感性负载两端并联电容器。从能量交换的角度看，这时电感性负载所需的无功功率，大部分或全部由电容器供给，也就是说能量的互换现在主要或完全发生在电感性负载与电容之间，从而减少了电源与整个负载的能量交换，提高了功率因数。其电路图和相量图如图 4-8-1 所示。

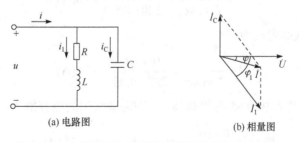

(a) 电路图　　(b) 相量图

图 4-8-1　电容器与电感性负载并联以提高功率因数

并联电容器以后,电感性负载两端的电压仍为电源电压 u,因此它的电流 $I_1 = \dfrac{U}{\sqrt{R^2 + X_L^2}}$ 和功率因数 $\cos\varphi_1 = \dfrac{R}{\sqrt{R^2 + X_L^2}}$ 均未改变。但从相量图可以看出,并联电容后,总电压和电流的相位差变小,即 $\cos\varphi$ 变大。这里所讲的提高功率因数,是指提高电源或电网的功率因数,而不是提高某个电感性负载的功率因数。同时减小了总电流,降低了线路的损耗。

应该注意,并联电容器以后有功功率并未改变,因为电容器是不消耗电能的。

并联电容大小的选择应恰当,即在保证提高功率因数的前提下,尽可能采用容量小的电容。下面推导计算并联电容值的公式。由图 4-8-1 可得

$$I_C = I_1 \sin\varphi_1 - I \sin\varphi \qquad (4\text{-}8\text{-}1)$$

由于

$$I_1 = \frac{P}{U\cos\varphi_1}, \qquad I = \frac{P}{U\cos\varphi}, \qquad I_C = \frac{U}{X_C} = U\omega C$$

代入式(4-8-1),得出

$$U\omega C = \left(\frac{P}{U\cos\varphi_1}\right)\sin\varphi_1 - \left(\frac{P}{U\cos\varphi}\right)\sin\varphi = \frac{P}{U}(\tan\varphi_1 - \tan\varphi)$$

$$C = \frac{P}{\omega U^2}(\tan\varphi_1 - \tan\varphi)$$

【例 4.8.1】 有一电感性负载,其功率 $P = 10\text{kW}$,功率因数 $\cos\varphi_1 = 0.6$,接在电压 $U = 220\text{V}$ 的电源上,电源频率 $f = 50\text{Hz}$。(1)如果将功率因数提高到 $\cos\varphi = 0.95$,试求与负载并联的电容器的电容值和电容器并联前后的线路电流;(2)如果将功率因数从 0.95 提高到 1,试问并联电容器的电容值还需增加多少?(3)如果此时电容继续增大,功率因数会怎样变化?

解 (1) $\cos\varphi_1 = 0.6$,即 $\varphi_1 = 53°$; $\cos\varphi = 0.95$,即 $\varphi = 18°$,因此所需电容值为

$$C = \frac{10\times10^3}{2\pi\times50\times220^2}(\tan53° - \tan18°) = 656(\mu F)$$

电容并联前的线路电流(即负载电流)为

$$I_1 = \frac{P}{U\cos\varphi_1} = \frac{10\times10^3}{220\times0.6} = 75.8(\text{A})$$

电容并联后的线路电流为

$$I = \frac{P}{U\cos\varphi} = \frac{10\times10^3}{220\times0.95} = 47.8(\text{A})$$

(2) 如要将功率因数由 0.95 再提高到 1,则需要增加的电容值为

$$C = \frac{10\times10^3}{2\pi\times50\times220^2}(\tan18° - \tan0°) = 213.6(\mu F)$$

(3) 如果功率因数提高到 1，此时电容继续增大，电路呈现容性，随着电容的增加，功率因数会下降，因此一般不必提高到 1。

4.9 工程应用

在我们的日常生活中，日光灯是一个典型的交流电用电设备，本节介绍日光灯电路中镇流器的工作原理。

日光灯镇流器主要有电感镇流器和电子镇流器两种。

1. 电感镇流器

图 4-9-1 为采用电感镇流器的日光灯电路，由灯管、电感镇流器、启辉器组成，其输入为 220V 工频交流电。

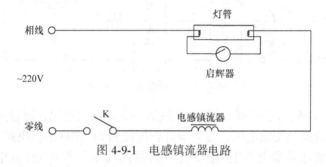

图 4-9-1　电感镇流器电路

图 4-9-1 中的电感镇流器为绕制在硅钢片上的线圈，有两个作用：一是在起动过程中，启辉器突然断开时，其两端感应出一个足以击穿管中气体的高电压，使灯管中气体电离而放电；二是正常工作时，它相当于电感器，与日光灯管相串联产生一定的电压降，用于限制、稳定灯管的电流，故称为镇流器。

启辉器是一个充有氖气的玻璃泡，内有一对触片，一个是固定的静触片，另一个是用双金属片制成的 U 形动触片。动触片由两种热膨胀系数不同的金属制成，受热后，双金属片伸张与静触片接触，冷却时又分开。所以启辉器的作用是使电路接通和自动断开，起自动开关作用。

电源刚接通时，灯管内尚未产生辉光放电，启辉器的触片处在断开位置，此时电源电压通过镇流器和灯管两端的灯丝全部加在启辉器的两个触片上，启辉器的两触片之间的气隙被击穿，发生辉光放电，使动触片受热伸张而与静触片构成通路，于是电流流过镇流器和灯管两端的灯丝，使灯丝通电预热而发射热电子。与此同时，由于启辉器中动、静触片接触后放电熄灭，双金属片因冷却复原而与静触片分离。在断开瞬间，镇流器感应出很高的自感电动势，它和电源电压串联加到灯管的两端，使灯管内水银蒸气电离产生弧光放电，并发射紫外线到灯管内壁，激发荧光粉发光，日光灯就点亮了。

灯管点亮后，电路中的电流在镇流器上产生较大的电压降(有一半以上电压)，灯管两端(也就是启辉器两端)的电压锐减，这个电压不足以引起启辉器氖管的辉光放电，因此它的两个触片保持断开状态。即日光灯点亮正常工作后，启辉器不起作用。

2. 电子镇流器

电子镇流器是指采用电子技术驱动电光源，使之产生所需照明的电子设备，其基本工作原理是将 50Hz 市电整流后用电子电路转换成 20kHz 以上高频电流来点亮日光灯管。较之于传统的电感镇流器，电子镇流器具有重量轻、发热少、效率高、噪声小、寿命长等优点。同时，电子镇流器通常可以兼具启辉器功能，故又可省去单独的启辉器。电子镇流器还可以具有更多功能，例如，可以通过提高电流频率或者改善电流波形(如变成方波)以消除日光灯的闪烁现象；也可通过电源逆变使得日光灯可以使用直流电源。传统电感式整流器正在被日益发展成熟的电子镇流器所取代。

电子镇流器的基本工作原理图如图 4-9-2 所示。

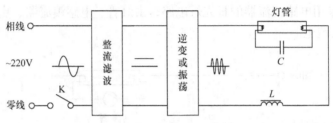

图 4-9-2　电子镇流器工作原理

图 4.9.2 中，工频交流电源经过整流滤波后，变为直流电源，通过逆变或振荡电路，输出 20~100kHz 的高频交流电压，加到与灯管连接的 LC 串联谐振电路两端并加热灯丝。同时，LC 谐振将在电容器上产生高压，击穿灯管内气体，产生气体放电，灯管导通。此后，由于灯管阻抗远小于电容容抗，LC 电路不再谐振，高频电感起限制电流增大的作用，保证灯管获得正常工作所需的电压和电流。

在实际中，通常还要增设各种保护电路，如异常保护，浪涌电压、电流保护，温度保护等。

习　题

4.1　已知某负载的电压 u 和电流 i 分别为 $u = -100\sin 314t$ V 和 $i = 10\cos 314t$ A，则该负载为电阻性还是电感性还是电容性？

4.2　若 $i = I_{\mathrm{m}}\sin(314t - 30°)$ A，试求此电流与下列各电压之间的相位差($\varphi = \psi_u - \psi_i$)。

(1) $u_1 = U_{\mathrm{m1}}\sin(314t + 45°)$ A；　　　　　　　(2) $u_2 = -U_{\mathrm{m2}}\cos(314t - 45°)$ A；

(3) $u_3 = -U_{\mathrm{m3}}\cos 314t$ A；　　　　　　　　　(4) $u_4 = U_{\mathrm{m4}}\sin(628t + 90°)$ A。

4.3　$u = u_1 + u_2 + u_3 = 40\sqrt{2}\sin\omega t + 80\sqrt{2}\sin(\omega t + 90°) + 40\sqrt{2}\sin(\omega t - 90°)$ V，求总电压 $\dot{U}$。

4.4　判断下列各式正误，如有错请改正。

(1) $i = 10\sqrt{2}\sin(314t + 37°)$ A $= 10\sqrt{2}\angle 37°$；　　(2) $U = 220\angle 75°$；　　(3) $X_{\mathrm{C}} = \dfrac{u_{\mathrm{C}}}{i_{\mathrm{C}}}$；

(4) $X_{\mathrm{L}} = \dfrac{\dot{U}_{\mathrm{L}}}{\dot{I}_{\mathrm{L}}}$；　　　　　　　(5) $\dfrac{U}{I} = \mathrm{j}\omega L$；　　　　　(6) $\dot{I}_{\mathrm{C}} = \mathrm{j}\dfrac{\dot{U}_{\mathrm{C}}}{X_{\mathrm{C}}}$。

4.5　已知正弦量 $\dot{U} = 220\mathrm{e}^{\mathrm{j}30°}$ V 和 $\dot{I} = (-4 - \mathrm{j}3)$A，试分别用三角函数式、正弦波形及相量图表示它们。若 $\dot{I} = (4 - \mathrm{j}3)$A，则又如何？

4.6　由 R、L、C 元件串联的交流电路，已知 $R = 10\Omega$，$L = \dfrac{1}{31.4}$H，$C = \dfrac{10^6}{3140}$μF。在电容元件的两端

并联一个短路开关 S。(1)当电源电压为 220V 的直流电压时，试分别计算在短路开关闭合和断开两种情况下电路中的电流 I 及各元件上的电压 U_R、U_L、U_C；(2)当电源电压为正弦电压 $u = 220\sqrt{2}\sin 314t\,V$ 时，试分别计算在上述两种情况下电流及各电压的有效值。

4.7　一个电感线圈接在 220V 的直流电源上时，测得电流为 2.2A；而后又接到 220V、50Hz 的交流电源上，测得电流为 1.75A，计算电感线圈的电阻和电感。

4.8　日光灯管与镇流器串联接到交流电压上，可看作 R、L 串联电路。如已知灯管的等效电阻 R_1=280Ω，镇流器的电阻和电感分别为 R_2=20Ω 和 L=1.65H，电源电压 U=220V，电源频率为 50Hz。试求电路中的电流和灯管两端与镇流器上的电压，这两个电压加起来是否等于 220V？

4.9　某无源二端网络，其输入端的电压和电流分别为 $u = 220\sqrt{2}\sin(314t+20°)V$，$i = 4.4\sqrt{2}\sin(314t-33°)A$。试求此二端网络由两个元件串联的等效电路和元件的参数值，并求二端网络的功率因数及输入的有功功率和无功功率。

4.10　在题 4.10 图所示的各电路图中，除 A_0 和 V_0 外，其余电流表和电压表的读数在图上都已标出(都是正弦量的有效值)，试求电流表 A_0 或电压表 V_0 的读数。

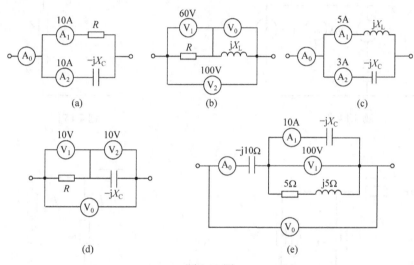

题 4.10 图

4.11　为了降低单相电动机的转速，可以采用降低电动机端电压的方法。为此，可在电路中串联一个电感。已知电动机转动时，绕组的电阻为 200Ω，感抗为 280Ω，电源电压为 220V，频率 f=50Hz。现欲将电动机端电压降低为 180V，求所串联的电感值。

4.12　有一 RLC 串联电路，接于有效值 U=10V、频率可调的正弦交流电源上，今测得当 f=1000Hz 时，总电压与电流同相，并且电流有效值为 60mA；当 f=500Hz 时，电流有效值为 10mA。求电路参数 R、L、C。

4.13　在题 4.13 图示 R、X_L、X_C 串联电路中，各电压表的读数为多少？

4.14　电路如题 4.14 图所示，电流表 A 的读数是多少？如果电压的有效值不改变，但是频率 f 较原先增大了一倍，各电流表的读数是否会改变，分别是多少？

4.15　电路如题 4.15 图所示，$\dot{U} = 15\angle 0°V$，Z_1=(6+j8)Ω，Z_2=−j10Ω。求：(1) $\dot{I}$、$\dot{U}_1$ 和 $\dot{U}_2$；(2) Z_2 为何值时，电路中的电流最大？这时的电流是多少？

4.16　电路如题 4.16 图所示，已知 $\dot{U} = 220\angle 0°V$，Z_1=j20Ω，Z_2=(30+j40)Ω，Z_3=−j80Ω。求电流 $\dot{I}_1$、$\dot{I}_2$ 和 $\dot{I}_3$ 及电路的总阻抗。

4.17　电路如题 4.17 图所示，已知 U=220V，R_1=10Ω，X_1=$10\sqrt{3}$ Ω，R_2=20Ω，试求各个电流的有效值、各条支路的平均功率以及电路总的有功功率。

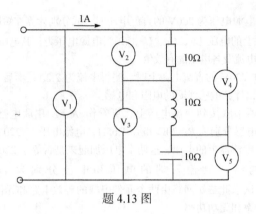

题 4.13 图

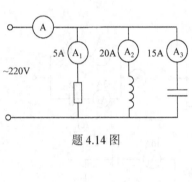

题 4.14 图

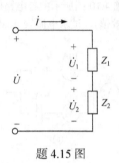

题 4.15 图

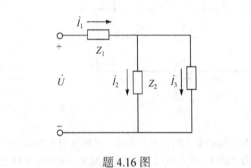

题 4.16 图

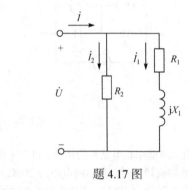

题 4.17 图

4.18　电路如题 4.18 图所示，已知 $U_1=8\text{V}$，求 U、P、Q 及 S。

4.19　电路如题 4.19 图所示，$R=X_L=X_C=1\Omega$，求电压表的读数。

4.20　电路如题 4.20 图所示，已知 $u = 220\sqrt{2}\sin 314t$ V，$i_1 = 22\sin(314t-45°)$A。$i_2 = 11\sqrt{2}\sin(314t+90°)$A，试求各仪表读数及电路参数 R、L 和 C。

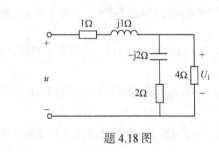

题 4.18 图

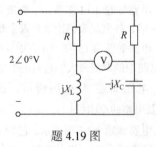

题 4.19 图

4.21 在题 4.21 图所示电路中，已知 $U=220V$，$f=50Hz$，开关 S 闭合前后电流表的稳态读数不变。试求电流表的读数值以及电容 $C(C$ 不为零$)$。

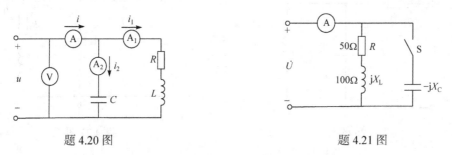

题 4.20 图   题 4.21 图

4.22 在题 4.22 图所示电路中，已知 $U=220V$，$\dot{U}_1$ 超前于 $\dot{U}$ $90°$，超前于 $\dot{i}$ $30°$，求 U_1 和 U_2。

4.23 在题 4.23 图所示电路中，$I_1=I_2=10A$，$U=100V$，u 与 i 同相，试求 I、R、X_C 及 X_L。

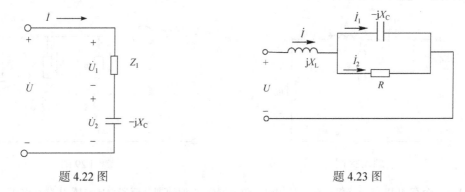

题 4.22 图   题 4.23 图

4.24 试证明题 4.24 图(a)所示是一低通滤波电路，题 4.24 图(b)所示是一高通滤波电路，其中截止频率 $\omega_0=\dfrac{R}{L}$。

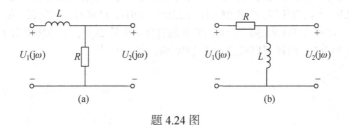

(a)   (b)

题 4.24 图

4.25 有一 RLC 串联电路，接于频率可调的电源上，电源电压保持在 10V，当频率增加时，电流从 10mA(500Hz)增加到最大值 60mA(1000Hz)。试求：(1)电阻 R、电感 L 和电容 C 的值；(2)谐振时，电容器两端的电压 U_C；(3)谐振时，磁场中和电场中所储的最大能量。

4.26 在题 4.26 图所示电路中，$R=80\Omega$，$C=106\mu F$，$L=63.7mH$，$\dot{U}=220\angle0°V$。求：(1) $f=50Hz$ 时的 $\dot{i}$；(2) f 为何值时，I 最小？$f=50Hz$ 时的 $\dot{i}$。

4.27 在题 4.27 图所示的电路中，$R_1=5\Omega$。今调节电容 C 使并联电路发生谐振，此时测得 $i_1=10A$，$i_2=6A$，$U_Z=113V$，电路总功率 $P=1140W$。求阻抗 Z。

4.28 题 4.28 图所示电路中，$u=(u_{1m}\sin1000t+u_{3m}\sin3000t)V$，$C_2=0.125\mu F$。欲使 $u_L=u_{1m}\sin1000tV$，试问 L_1 和 C_1 应为何值？

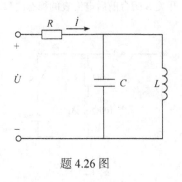

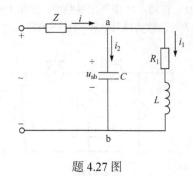

题 4.26 图 　　　　　　　　　　　　　　题 4.27 图

4.29　在题 4.29 图所示电路中，$U = 220\text{V}$，$f = 50\text{Hz}$，$R_1 = 10\Omega$，$X_1 = 10\sqrt{3}\Omega$，$R_2 = 5\Omega$，$X_2 = 5\sqrt{3}\Omega$。(1)求电流表的读数 I 和电路功率因数 $\cos\varphi_1$；(2)欲使电路的功率因数提高到 0.866，则需要并联多大电容？(3)并联电容后电流表的读数为多少？

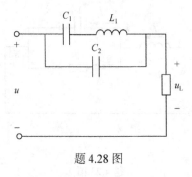

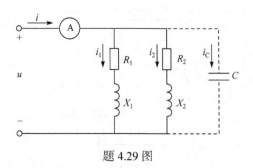

题 4.28 图 　　　　　　　　　　　　　　题 4.29 图

4.30　今有 40W 的日光灯一个，使用时与镇流器(可近似地把镇流器看成电感)串联在电压为 220V、频率为 50Hz 的电源上。已知灯管工作时属于纯电阻负载，灯管两端电压等于 110V，试求镇流器的感抗与电感，这时电路的功率因数等于多少？若将功率因数提高到 0.8，问应并联多大电容？并联电容器后，日光灯支路的功率因数、电流以及线路电流、有功功率和无功功率等有无改变？

4.31　有一 10kV·A 的变压器，二次侧电压为 220V、50Hz，已接有三组负载。第一组负载吸收的有功功率为 3kW，无功功率为 3kvar；第二组负载吸收的有功功率为 2kW，无功功率为 1.5kvar；第三组纯电容负载，容值为 215μF。问还可以接多少盏 25W 的白炽灯？

*第 5 章 非正弦周期电流电路

内容摘要：正弦交流电是工业生产中动力用电和人们生活用电的主要形式，但在工程中还存在各种非正弦周期性变化的电压、电流。本章将分析非正弦周期电压、电流的特征参数，运用电路分析方法求解非正弦周期电流电路的相关参数。

重点要求：了解非正弦周期信号的基本概念；掌握非正弦周期信号平均值、有效值、平均功率的计算方法；掌握非正弦周期电流电路的分析方法。

5.1 非正弦周期信号的分解

除了正弦电压和电流外，在实际应用中经常会遇到这样的电压和电流，它们虽然是周期性变化的，但不是正弦量。例如，图 5-1-1 所示的矩形波电压、锯齿波电压、三角波电压及全波整流电压。

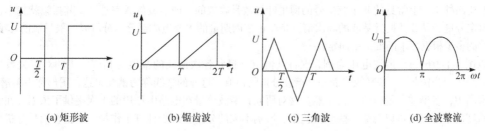

| (a) 矩形波 | (b) 锯齿波 | (c) 三角波 | (d) 全波整流 |

图 5-1-1 非正弦周期信号

电路中出现非正弦波形的原因有三种：

(1) 线性电路中电源(也称为激励)的电压或电流是非正弦的，因此在电路中引起的电压、电流(也称为响应)也是非正弦的。

(2) 线性电路中有不同频率的正弦激励源，这时电路中的响应也将是非正弦的。

(3) 激励是正弦的，但是电路中有非线性元件，这时响应也会出现非正弦特征。

在本章中仅讨论线性电路的非正弦问题的分析方法。

高等数学中学习到，一个周期函数 $f(t)$，只要满足狄利克雷条件，就可以分解成收敛的三角级数，即傅里叶级数。工程上所遇到的周期性信号均能满足上述要求。

一个非正弦周期性信号，满足狄利克雷条件，可以展开成傅里叶级数，即

$$f(t) = A_0 + A_{1m}\sin(\omega t + \psi_1) + A_{2m}\sin(2\omega t + \psi_2) + \cdots$$
$$= A_0 + \sum_{k=1}^{\infty} A_{km}\sin(k\omega t + \psi_k) \tag{5-1-1}$$

式中，$\omega = \dfrac{2\pi}{T}$，T 为非正弦信号的周期。

在式(5-1-1)中，A_0 是不随时间而变的常数，称为恒定分量或直流分量，也就是一个周期内的平均值，即

$$A_0 = \frac{1}{T}\int_0^T f(t)\mathrm{d}t \tag{5-1-2}$$

第二项 $A_{1m}\sin(\omega t+\psi_1)$ 的频率与非正弦周期信号的频率相同，称为基波或一次谐波；其余各项的频率为周期函数频率的整数倍，称为高次谐波，例如，$k=2,3,\cdots$ 的各项，分别称为二次谐波、三次谐波等。将一个周期为 T 的非正弦波利用傅里叶级数分解为一系列频率不同的正弦分量又称为谐波分解。

图 5-1-1 所示的几种非正弦周期电压的傅里叶级数展开式分别如下。

矩形波电压

$$u=\frac{4U}{\pi}\left(\sin\omega t+\frac{1}{3}\sin3\omega t+\frac{1}{5}\sin5\omega t+\cdots\right) \tag{5-1-3}$$

锯齿波电压

$$u=U\left(\frac{1}{2}-\frac{1}{\pi}\sin\omega t-\frac{1}{2\pi}\sin2\omega t-\frac{1}{3\pi}\sin3\omega t-\cdots\right) \tag{5-1-4}$$

三角波电压

$$u=\frac{8U}{\pi^2}\left(\sin\omega t-\frac{1}{9}\sin3\omega t+\frac{1}{25}\sin5\omega t+\cdots\right) \tag{5-1-5}$$

全波整流电压

$$u=\frac{2U_m}{\pi}\left(1-\frac{2}{3}\cos2\omega t-\frac{2}{3\times5}\cos4\omega t-\frac{2}{5\times7}\cos6\omega t-\cdots\right) \tag{5-1-6}$$

上述四种工程上常见的非正弦信号的傅里叶级数是收敛的，即谐波的频率越高，其振幅就越小，因此，恒定分量、基波及接近基波的高次谐波是非正弦周期量的主要组成部分。分解时一般只取前几项(取的项数的多少根据要求的准确度而定)。

以图 5-1-1(b)的锯齿波电压为例，现将其恒定分量和各次谐波的幅值与相应频率的对应关系画在图 5-1-2 中。图中的每一条竖线代表一个谐波分量的幅值，这样的竖线称为谱线，这种图形称为频谱图。在频谱图中，各谐波分量幅值一目了然，这对研究各谐波分量在电路中作用的主次提供了依据。在满足一定精度的条件下，可以忽略一些幅值较小、影响不大的分量，减少计算工作量。频谱在信号分析中有着广泛的应用。

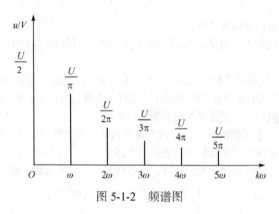

图 5-1-2　频谱图

5.2　非正弦周期信号的有效值、平均值和平均功率

1. 有效值

在 4.1 节中定义了周期性电流的有效值为

$$I=\sqrt{\frac{1}{T}\int_0^T i^2\mathrm{d}t} \tag{5-2-1}$$

现将非正弦周期电流 i 用傅里叶级数表示为

$$i = I_0 + \sum_{k=1}^{\infty} I_{km} \sin(k\omega t + \psi_k)$$

则其有效值为

$$I = \sqrt{\frac{1}{T} \int_0^T \left[I_0 + \sum_{k=1}^{\infty} I_{km} \sin(k\omega t + \psi_k) \right]^2 \mathrm{d}t}$$

将上式括号内的积分展开，可得下列四种类型的积分项，分别求解得

$$\frac{1}{T} \int_0^T I_0^2 \mathrm{d}t = I_0^2$$

$$\frac{1}{T} \int_0^T \left[I_{km} \sin(k\omega t + \psi_k) \right]^2 \mathrm{d}t = I_{km}^2 / 2 = I_k^2 \ (I_k \text{为第} k \text{次谐波的有效值})$$

$$\frac{1}{T} \int_0^T 2I_0 I_{km} \sin(k\omega t + \psi_k) \mathrm{d}t = 0$$

$$\frac{1}{T} \int_0^T I_{pm} \sin(p\omega t + \psi_p) \cdot I_{qm} \sin(q\omega t + \psi_q) \mathrm{d}t = 0 \quad (p \neq q)$$

所以非正弦周期电流的有效值为

$$I = \sqrt{I_0^2 + \sum_{k=1}^{\infty} I_k^2} = \sqrt{I_0^2 + I_1^2 + I_2^2 + \cdots} \tag{5-2-2}$$

式中，I_0 为恒定分量；$I_1, I_2, \cdots$ 为一、二、$\cdots$ 次谐波分量的有效值。

同理，非正弦周期电压 u 的有效值为

$$U = \sqrt{U_0^2 + \sum_{k=1}^{\infty} U_k^2} = \sqrt{U_0^2 + U_1^2 + U_2^2 + \cdots} \tag{5-2-3}$$

2. 平均值

非正弦周期信号在一个周期内的平均值可由式(5-1-2)求出，也就是其傅里叶分解后的恒定分量。以电流 i 为例，其平均值为

$$I_{AV} = \frac{1}{T} \int_0^T i \mathrm{d}t \tag{5-2-4}$$

但是在电工及电子技术中常常遇到时间轴对称的周期信号，如图 5-1-1(a)、(c)所示的矩形波和三角波，它们的平均值为零，没有实际意义。通常用它们整流后的波形(即将负半周的各值变成对应的正值)来求平均值，也就是求其绝对值在一个周期内的平均值，即

$$I_{AV} = \frac{1}{T} \int_0^T |i| \mathrm{d}t \tag{5-2-5}$$

【例 5.2.1】 图 5-1-1(d)所示的全波整流电压波形，幅值 $U_m = 141\mathrm{V}$，求：(1)电压的平均值 U_{AV}；(2)电压的有效值 U。

解 (1) $U_{AV} = \dfrac{1}{T} \int_0^T u \mathrm{d}t = \dfrac{1}{\pi} \int_0^\pi U_m \sin\omega t \mathrm{d}\omega t = \dfrac{U_m}{\pi}(-\cos\omega t)\Big|_0^\pi = \dfrac{2U_m}{\pi} = 89.8\mathrm{V}$

(2) 全波整流波形的傅里叶级数为

$$u = \frac{2U_m}{\pi} \left(1 - \frac{2}{3}\cos 2\omega t - \frac{2}{15}\cos 4\omega t - \cdots \right)$$

波形的幅值 $U_m = 141\mathrm{V}$，代入得

$$u = \frac{2U_m}{\pi}\left(1 - \frac{2}{3}\cos 2\omega t - \frac{2}{3\times 5}\cos 4\omega t - \frac{2}{5\times 7}\cos 6\omega t - \cdots\right)$$

$$= 89.8 - 59.9\cos 2\omega t - 12.0\cos 4\omega t - 5.1\cos 6\omega t - \cdots$$

有效值为

$$U \approx \sqrt{U_0^2 + U_2^2 + U_4^2 + U_6^2 + \cdots} = \sqrt{89.8^2 + \left(\frac{59.9}{\sqrt 2}\right)^2 + \left(\frac{11.9}{\sqrt 2}\right)^2 + \left(\frac{5.1}{\sqrt 2}\right)^2 + \cdots} \approx 100(\text{V})$$

求该电压的有效值也可以用式(5-2-1)，即

$$U = \sqrt{\frac{1}{T}\int_0^T u^2 \mathrm{d}t} = \sqrt{\frac{1}{\pi}\int_0^\pi U_m^2 \sin^2 \omega t \mathrm{d}\omega t} = \frac{U_m}{\sqrt 2} = 100\text{V}$$

3. 平均功率

非正弦周期电流电路的平均功率，由它的瞬时功率的平均值确定。设二端网络的端口电压和端口电流的傅里叶级数展开式为

$$u = U_0 + \sum_{k=1}^{\infty} U_{km}\sin(k\omega t + \psi_{uk})$$

$$i = I_0 + \sum_{k=1}^{\infty} I_{km}\sin(k\omega t + \psi_{ik})$$

则瞬时功率为

$$p = ui = \left[U_0 + \sum_{k=1}^{\infty} U_{km}\sin(k\omega t + \psi_{uk})\right]\left[I_0 + \sum_{k=1}^{\infty} I_{km}\sin(k\omega t + \psi_{ik})\right]$$

平均功率为

$$P = \frac{1}{T}\int_0^T p\mathrm{d}t$$

将上式括号内的积分展开，可得下列五种类型的积分项，分别求解得

$$\frac{1}{T}\int_0^T U_0 I_0 \mathrm{d}t = U_0 I_0$$

$$\frac{1}{T}\int_0^T U_0 I_{km}\sin(k\omega t + \psi_{ik})\mathrm{d}t = 0$$

$$\frac{1}{T}\int_0^T I_0 U_{km}\sin(k\omega t + \psi_{uk})\mathrm{d}t = 0$$

$$\frac{1}{T}\int_0^T U_{pm}\sin(k\omega t + \psi_{up}) I_{qm}\sin(k\omega t + \psi_{iq})\mathrm{d}t = 0, \quad p \neq q$$

$$\frac{1}{T}\int_0^T U_{km}\sin(k\omega t + \psi_{uk}) I_{km}\sin(k\omega t + \psi_{ik})\mathrm{d}t = \frac{1}{2}U_{km}I_{km}\cos(\psi_{uk} - \psi_{ik}) = U_k I_k \cos\varphi_k$$

式中，φ_k 为第 k 次谐波电压与电流的相位差。因此

$$P = U_0 I_0 + \sum_{k=1}^{\infty} U_k I_k \cos\varphi_k = P_0 + \sum_{k=1}^{\infty} P_k$$

上式表明非正弦周期电流电路的平均功率为直流分量功率和各次交流分量的平均功率之和，不同频率的电压和电流只构成瞬时功率，对平均功率无贡献。

5.3　非正弦周期电流电路的分析

由前面的分析可知，非正弦周期信号可以分解成恒定分量(直流分量)与各次交流分量之和，所以非正

弦周期信号对线性电路的作用相当于直流分量和各交流分量对电路的作用之和。根据叠加定理，此时电路中的响应等于直流分量和各交流分量分别单独作用时的响应的和，这就是非正弦周期电流电路的谐波分析法。

谐波分析法具体步骤如下：

(1) 将非正弦周期电压源电压或电流源电流按傅里叶级数分解成直流分量和各次交流分量之和。

(2) 计算直流分量和各交流分量单独作用时在电路中产生的电流和电压，根据计算精度，决定高次谐波分量取到哪一项为止。对于直流分量，按照直流电路的求解方法，即把电容看作开路，把电感看作短路；对各交流分量，按照正弦交流电路计算，这时要注意，对于不同的频率，感抗和容抗是不同的。

(3) 将所求得的各电压或电流分量按瞬时值叠加起来，即所需的结果。应该注意，对于不同频率的正弦量相加，不能用复数式相加，更不能将各分量的有效值直接相加。

【例 5.3.1】 图 5-3-1 所示电路为全波整流器的滤波电路，已知 $R=2\text{k}\Omega$，$L=5\text{H}$，$C=10\mu\text{F}$。加在滤波电路上的电压为全波整流后的电压，波形如图 5-1-1(d)所示，设 $U_\text{m}=15.7\text{V}$，$\omega=314\text{rad/s}$，求电阻两端的电压 u_R。

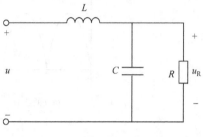

图 5-3-1　例 5.3.1 的电路

解 根据式(5-1-6)得

$$u = \frac{2U_\text{m}}{\pi}\left(1 - \frac{2}{3}\cos 2\omega t - \frac{2}{3\times 5}\cos 4\omega t - \frac{2}{5\times 7}\cos 6\omega t - \cdots\right)$$

将 $U_\text{m}=15.7\text{V}$ 代入得

$$u = 10 - 6.67\cos 2\omega t - 1.33\cos 4\omega t - \cdots = U_0 + u_2 + u_4 + \cdots$$
$$= 10 + 6.67\sin(2\omega t - 90°) + 1.33\sin(4\omega t - 90°) + \cdots$$

(1) 直流分量 U_0 单独作用时，电感相当于短接，电容相当于开路，所以 $U_{R0} = U_0 = 10\text{V}$。

(2) 二次谐波 u_2 单独作用，有

$$\dot{U}_2 = \frac{6.67}{\sqrt{2}}\angle -90°\text{V}$$

$$X_\text{L} = 2\omega L = 2\times 314\times 5 = 3140(\Omega)$$

$$X_\text{C} = \frac{1}{2\omega C} = \frac{1}{2\times 314\times 10\times 10^{-6}} = 159.2(\Omega)$$

$$Z_\text{RC} = \frac{R\cdot(-\text{j}X_\text{C})}{R - \text{j}X_\text{C}} = \frac{2000(-\text{j}159.2)}{2000 - \text{j}159.2} = 158\angle -85.4°(\Omega)$$

由分压公式得

$$\dot{U}_\text{R2} = \frac{Z_\text{RC}}{\text{j}X_\text{L} + Z_\text{RC}}\dot{U}_2 = \frac{158\angle -85.4°}{\text{j}3140 + 158\angle -85.4°}\times \frac{6.67}{\sqrt{2}}\angle -90° = \frac{0.35}{\sqrt{2}}\angle 94.8°(\text{V})$$

(3) 四次谐波 u_4 单独作用，有

$$\dot{U}_4 = \frac{1.33}{\sqrt{2}}\angle -90°\text{V}$$

$$X_\text{L} = 4\omega L = 4\times 314\times 5 = 6280(\Omega)$$

$$X_\text{C} = \frac{1}{4\omega C} = \frac{1}{4\times 314\times 10\times 10^{-6}} = 79.6(\Omega)$$

$$Z_\text{RC} = \frac{R\cdot(-\text{j}X_\text{C})}{R - \text{j}X_\text{C}} = \frac{2000(-\text{j}79.6)}{2000 - \text{j}79.6} = 79.5\angle -87.7°(\Omega)$$

由分压公式得

$$\dot{U}_{R4} = \frac{Z_{RC}}{jX_L + Z_{RC}}\dot{U}_2 = \frac{79.5\angle -87.7°}{j6280 + 79.5\angle -87.7°} \times \frac{1.33}{\sqrt{2}}\angle -90° = \frac{0.017}{\sqrt{2}}\angle 92.4°(V)$$

将各次谐波单独作用所引起的响应瞬时值叠加得

$$u_R = 10 + 0.35\sin(2\omega t + 94.8°) + 0.017\sin(4\omega t + 92.4°)V$$

图 5-3-2 分别画出了输入电压 u 和输出电压 u_R 的波形。在 u_R 的波形中，因为 u_{R4} 的幅值相对于其他谐波分量的幅值而言要小得多，因此忽略了四次谐波。

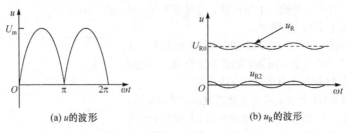

(a) u 的波形　　　　　　　　　　　　　　(b) u_R 的波形

图 5-3-2　例 5.3.1 的输入输出波形

由图 5-3-2(a)可见，输入电压 u 的波动是比较大的，即输入是一个交流分量幅值较大的非正弦波。可是经过由 LC 构成的如图 5-3-1 所示的电路后，输出电压 u_R 波形的波动就比较小了，见图 5-3-2(b)，其直流分量为 U_{R0}=10V，而交流分量的幅值只有 0.35V，远远小于其直流分量，因此 u_R 电压可以视为基本恒定。也就是说，经过 LC 电路后，输入信号中的交流分量被大大削弱了，电路所实现的这种功能称为滤波，图 5-3-1 所示电路也称为 LC 滤波电路。

为了便于比较输入电压和输出电压所含不同频率分量的大小，将电压 u 和 u_R 的频谱画于图 5-3-3 中，可以看出，两个电压的直流分量相同，但是电压 u 中含有幅值较大的二次和四次谐波分量，而电压 u_R 中只有较小的二次谐波分量，四次谐波则可以忽略不计了。

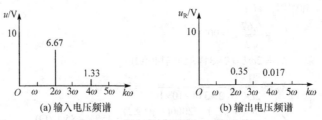

(a) 输入电压频谱　　　　　　　　　　　　(b) 输出电压频谱

图 5-3-3　输入、输出电压频谱

图 5-3-1 所示电路可以将交流分量滤掉，就是利用了电感 L 和电容 C 对不同频率的谐波分量有不同的感抗和容抗这个特点。因为感抗与频率成正比，所以电感 L 对 k 次谐波所表现出的感抗，是对基波所表现出的感抗的 k 倍。因此，谐波信号的频率越高，越不容易通过电感电路，即对高频信号的抑制能力强。在图 5-3-1 中，高频信号大部分降在电感上，传递到后面的交流分量比较小。同样因为容抗与频率成反比，所以电容 C 对 k 次谐波所表现出的容抗，是对基波所表现出的容抗的 $1/k$。因此，谐波的频率越高，越容易通过电容电路。在图 5-3-1 中，电容同电阻并联，因此高频信号基本从电容支路上分流，而通过电阻中的高频信号很小。电容的这种效果称为旁路作用。应用电感、电容构成的滤波电路就是合理利用电感对高频信号的抑制作用以及电容对高频信号的旁路作用，使得输入信号中某些频率的谐波分量或者被抑制或者被传输，从而达到所需要求。

图 5-3-4(a)是一个根据上述原理设计的低通滤波器，图 5-3-4(b)是一个高通滤波器。实际的滤波电路可能要复杂一些，需要根据不同要求来确定电路结构和元件参数。

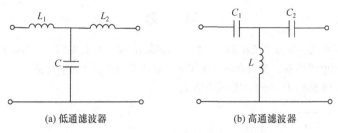

(a) 低通滤波器   (b) 高通滤波器

图 5-3-4　滤波器电路

5.4　工 程 应 用

非正弦周期电流电路在工程中有着广泛的应用,其中尤其以 PWM(pulse width modulation)控制应用最为广泛。PWM 控制即脉冲宽度调制技术,是通过对一系列脉冲的宽度进行调制来等效地获得所需的波形(含形状和幅值)。PWM 控制技术在逆变电路中应用最广,绝大部分逆变电路都是 PWM 控制实现的。PWM 控制技术正是由于在逆变电路中的应用,才确定了它在电力电子技术中的重要地位。

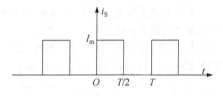

图 5-4-1　占空比为 0.5 的 PWM 电流波形

图 5-4-1 为占空比为 0.5 的 PWM 电流波形。

该电流的表达式为

$$i_{\mathrm{S}}(t) = \begin{cases} I_{\mathrm{m}}, & 0 < t < \dfrac{T}{2} \\ 0, & \dfrac{T}{2} < t < T \end{cases}$$

利用傅里叶级数展开,得

$$i_{\mathrm{S}}(t) = \frac{I_{\mathrm{m}}}{2} + \frac{2I_{\mathrm{m}}}{\pi}\left(\sin\omega t + \frac{1}{3}\sin 3\omega t + \cdots\right)$$

可以看到,该 PWM 电流信号中含有丰富的高次谐波分量。需要说明的是,高频谐波在 PWM 波中虽然占比较小,但是对电容、变压器及电机等都具有一定的危害,同时它会影响通信,造成多余的损耗,在实际应用中一般采用滤波的方法进行抑制。

下面简要介绍 PWM 控制在 LED 驱动电源中的作用。

PWM 信号驱动是 LED 驱动形式中的一种。许多 LED 灯具都需要具备调光功能,如 LED 背光或建筑照明调光。通过调整 LED 的亮度和对比度可以实现调光功能。简单地降低器件的电流也许能够对 LED 发光进行调整,但是让 LED 在低于额定电流的情况下工作会造成许多不良后果,比如色差问题。

目前,先进的调节电流的方法是在 LED 驱动器中集成脉宽调制(PWM)控制器,其中,PWM 的信号并不直接用于控制 LED,而是控制一个开关,例如,一个 MOSFET,可以向 LED 提供所需的电流,其优点是通过 PWM 控制使调光电流更加精确,最大限度地降低 LED 发光时的色差。

PWM 控制器通常在一个固定频率上工作,只对脉宽进行调整,以匹配所需的占空比,应用系统只需要提供宽、窄不同的数字式脉冲,即可简单地改变输出电流,从而调节 LED 的亮度。当前大多数 LED 芯片都使用 PWM 控制技术来调节 LED 发光。

为了确保人们不会感到明显的闪烁,PWM 脉冲的频率必须大于 100Hz。

习　题

5.1　题 5.1 图所示为一半波整流电路。已知 $u = 100\sin\omega t$ V ，负载电阻 $R_L = 10\text{k}\Omega$ ，设在理想的情况下，整流元件的正向电阻为零，反向电阻为无限大，试求负载电流 i 的平均值。

5.2　试求题 5.2 图所示波形的平均值及有效值。

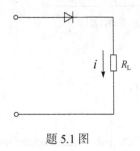

题 5.1 图

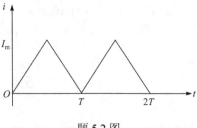

题 5.2 图

5.3　题 5.3 图所示电路中， $u = 15 + 220\sqrt{2}\sin\omega t$ V ， $i = 10 + 42\sin\omega t + 7\sin(5\omega t + 30°)$A ，试求电流 i 的有效值及电路的有功功率。

5.4　题 5.4 图所示为一滤波电路，要求四次谐波电流能传送至负载电阻 R，而基波电流不能到达负载。如果 $C = 1\mu\text{F}$ ， $\omega = 1000\text{rad/s}$ ，求 L_1 和 L_2。

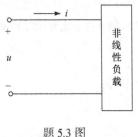

题 5.3 图

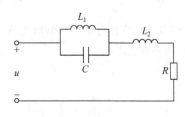

题 5.4 图

5.5　题 5.5 图所示电路中，输入信号电压中有 $f_1 = 50\text{Hz}$ ， $f_2 = 500\text{Hz}$ ， $f_3 = 5000\text{Hz}$ 三种频率的分量，但各分量电压的有效值均为 20V。试估算从电容两端输出的电压中各种频率的分量为多少？

5.6　题 5.6 图所示电路中，输入信号中含有直流分量 6V，还有 1000Hz 交流分量，设其有效值为 6V。今要求在电阻 R_2 上输出 1V 直流电压，而交流电压很小可以忽略不计，问 R_2 该取多大？旁路电容 C 大约取多大 $\left(\text{设}\, X_C \leqslant \dfrac{R_2}{100}\right)$ ？

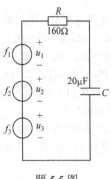

题 5.5 图

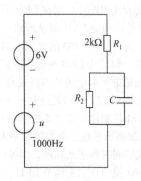

题 5.6 图

5.7　题 5.7 图所示电路中，直流电流源的电流 $I_S=2A$，交流电压源的电压 $u_S=12\sqrt{2}\sin 314t$ V，此频率时的 $X_C=3\Omega$，$X_L=6\Omega$，$R=4\Omega$。求通过电阻 R 的电流瞬时值、有效值和 R 中消耗的有功功率。

5.8　题 5.8 图所示电路中既有直流电源 E，又有交流电源 u，试应用叠加定理分别画出分析直流和交流的电路图(电容对交流可视作短路)，并说明直流电源中是否通过交流电流，交流电源中是否通过直流电流。

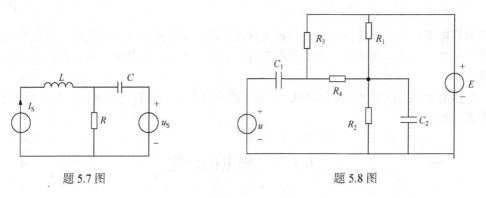

题 5.7 图　　　　　　　　　　　题 5.8 图

第6章 三相电路

内容概要：三相电路是由三个单相电源通过特定组合进行供电的电路，因此其分析方法和单相电路并无本质区别。本章主要介绍三相电的产生、负载电路连接及三相功率的计算等。

重点要求：三相对称电压的特征、三相电路尤其是三相负载对称电路的基本分析方法、相量图的运用。

6.1 三相电的产生

目前，世界各国电力系统在发电、输电和配电领域均采用三相制(three-phase system)。相比于单相电路，三相电路在经济和技术上均具有巨大的优越性。从发电的角度，同样的几何尺寸，三相发电机能输出比单相发电机更大的功率；从输电的角度，可以证明，在输送相同功率的情况下，三相输电可以比单相输电节省 1/4 的线缆材料。而就负载而言，工业中最主要的用电负载——三相电动机就是利用三相电压驱动的。

6.1.1 三相发电机

三相电源是由三相发电机产生的。图 6-1-1 是三相交流发电机的结构图。

三相发电机由定子(电枢[①])和转子(磁极)构成。其中定子又分为定子铁心和定子绕组。在定子铁心的内圆周面冲槽，用以放置参数相同的三相定子绕组 AX、BY、CZ，其中 A、B、C 分别是这三相绕组的始端，X、Y、Z 分别是这三相绕组的末端。定子绕组的始端或末端之间在空间中相差 120°，呈空间对称分布。每相绕组的结构图如图 6-1-2 所示。

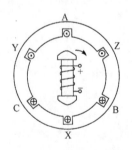

图 6-1-1　三相交流发电机结构图

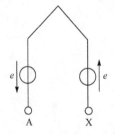

图 6-1-2　每相绕组的结构图

在发电机中，转子通常由铁心和励磁绕组构成，其中励磁绕组接直流电源，起增强磁极磁性的作用。在小功率发电机中，如机载、车用发电机，其磁极可以直接采用永磁体，

---

① 机械能和电能进行转换的枢纽。

从而减小发电机的体积和重量。

转子由原动机(水轮机、汽轮机等)带动，匀速顺时针或逆时针转动，从而在定子绕组中产生感应电动势，发出电能。为了在定子绕组中获得正弦电动势，需要对转子铁心的形状和励磁绕组的空间布置进行特殊设计，从而使定子铁心和转子之间的气隙中的磁感应强度呈正弦规律分布。

6.1.2 三相电动势

当转子顺时针转动时，三相定子绕组依次切割磁力线，产生大小相等、相位相差120°的对称三相电动势 e_A、e_B、e_C。

以 e_A 为参考正弦量，则

$$\begin{cases} e_A = \sin\omega t \\ e_B = \sin(\omega t - 120°) \\ e_C = \sin(\omega t - 240°) = \sin(\omega t + 120°) \end{cases} \tag{6-1-1}$$

三相电动势的相量式为

$$\begin{cases} \dot{E}_A = E\angle 0° \\ \dot{E}_B = E\angle -120° \\ \dot{E}_C = E\angle 120° \end{cases} \tag{6-1-2}$$

三相电动势的波形及相量图如图 6-1-3 所示。

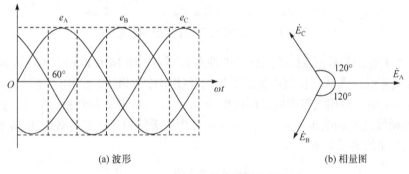

(a) 波形   (b) 相量图

图 6-1-3　三相电动势的波形及相量图

很显然，对称三相电动势 e_A、e_B、e_C 的和为零，即

$$e_A + e_B + e_C = 0 \tag{6-1-3}$$

或者

$$\dot{E}_A + \dot{E}_B + \dot{E}_C = 0 \tag{6-1-4}$$

6.1.3 三相电动势的频率

三相电动势的频率取决于发电机转子的转速。在民用领域，基于发电机制造成本、电路损耗等多方面的考虑，三相电路目前广泛采用两种频率：50Hz 和 60Hz。我国和世界上大多数国家电力系统的额定频率为 50Hz，美洲地区多采用 60Hz(与这些地区早期使用十二

进制有关)，此外，韩国、中国台湾等地区也采用 60Hz。在飞机和一些舰船系统中，出于电源系统体积、重量等的考虑(详见第 7 章)，其电网频率为 400Hz。

6.1.4 相序

在图 6-1-3(a)的时间轴上，定义三相电动势波形正向过零点的先后顺序为相序。在上述系统中，相序为 A-B-C-A。相序是由转子转向和定子绕组在空间中的位置共同决定的。在图 6-1-1 中，如转子逆时针转动，则相序将变为 A-C-B-A。

对单相电用户而言，相序对负载没有任何影响，但对于三相负载，相序对其工作状态有着直接的影响。如通过对调接入三相异步电动机的任意两根电源线，就可以改变其定子电流的相序，从而使电动机反转。

6.1.5 三相定子绕组的连接

三相定子绕组的连接有星形(Y)和三角形(△)两种。其中星形连接是将三相绕组的末端相连，如图 6-1-4 所示。

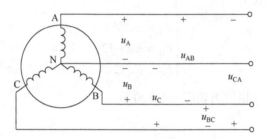

图 6-1-4　三相发电机定子绕组星形连接

在图 6-1-4 中，末端相连接的点称为中性点或零点，用 N(neutral)表示。从 N 引出的导线称为中线或零线。而从三相绕组始端引出的导线则称为相线，俗称火线。

在图 6-1-4 中，将相线与中线之间的电压 u_A、u_B、u_C 定义为电源相电压，其有效值用 U_p 表示。将相线之间的电压 u_{AB}、u_{BC}、u_{CA} 定义为电源线电压，其有效值用 U_l 表示。相电压和线电压之间的关系如下：

$$\begin{cases} u_{AB} = u_A - u_B \\ u_{BC} = u_B - u_C \\ u_{CA} = u_C - u_A \end{cases} \tag{6-1-5}$$

或者用相量表示：

$$\begin{cases} \dot{U}_{AB} = \dot{U}_A - \dot{U}_B = \sqrt{3}\dot{U}_A \angle 30° \\ \dot{U}_{BC} = \dot{U}_B - \dot{U}_C = \sqrt{3}\dot{U}_B \angle 30° \\ \dot{U}_{CA} = \dot{U}_C - \dot{U}_A = \sqrt{3}\dot{U}_C \angle 30° \end{cases} \tag{6-1-6}$$

根据式(6-1-6)，可以看出线电压也是频率相同、幅值相等、相位彼此相差 120° 的三相对称电压，且在幅值上等于相电压的 $\sqrt{3}$ 倍，相位上超前对应的相电压 30°。

相电压、线电压的相量图如图 6-1-5 所示。

在低压配电领域，相电压主要有两种，即 220V 和 110V，对应的线电压则分别为 380V 和 190V。在我国，低压系统中相电压和线电压为 220V/380V。

三相定子绕组也可以首尾相连，即 A 与 Z 相连，X 与 B 相连，Y 与 C 相连，从而形成三角形结构，如图 6-1-6 所示。

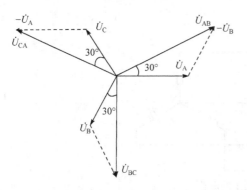

图 6-1-5　相电压与线电压的相量图　　　　图 6-1-6　发电机定子绕组三角形连接

这种结构在实际应用中并不多见，因为三个绕组闭合，容易形成较大的环形电流——环流。

6.2　负载星形连接电路的分析

同发电机定子绕组的连接方式相似，三相电路中负载的连接也有星形和三角形两种方式。具体选择何种连接方式，是由负载额定电压决定的。如果负载额定电压是 220V，则选择星形连接；而如果是 380V，则选择三角形连接。

值得注意的是，在进行配电设计时，应尽量使三相负荷均衡分布，避免出现某一相负荷明显高于其他相的情形。

负载星形连接的三相电路主要有两种形式，即三相四线制和三相三线制。为了加强安全保护，还有三相五线制电路。

6.2.1　三相四线制电路

三相四线制电路如图 6-2-1 所示。

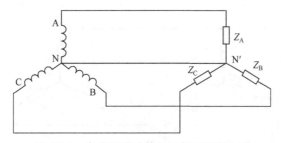

图 6-2-1　负载星形连接的三相四线制电路

根据图 6-2-1，显然负载相电流与电源线电流(相线流过的电流)是相等的，即

$$I_p = I_l \tag{6-2-1}$$

在图 6-2-1 中，由于三个单相电路共用一根中性线，因此各相电路的运行是互不影响的，可逐相单独分析。

【**例 6.2.1**】 在图 6-2-2 中，假设 $\dot{U}_A = 220\angle 0°\ \text{V}$，$R = X_L = X_C = 10\Omega$，求三相负载电流及中线电流。

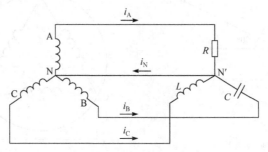

图 6-2-2 例 6.2.1 的电路

解 根据 $\dot{U}_A = 220\angle 0°\ \text{V}$，则 $\dot{U}_B = U\angle -120°\ \text{V}$，$\dot{U}_C = U\angle 120°\ \text{V}$，可求出三相电流如下：

$$\dot{I}_A = \frac{\dot{U}_A}{Z_A} = \frac{220\angle 0°}{10} = 22\angle 0°(\text{A})$$

$$\dot{I}_B = \frac{\dot{U}_B}{Z_B} = \frac{220\angle -120°}{-\text{j}10} = 22\angle -30°(\text{A})$$

$$\dot{I}_C = \frac{\dot{U}_C}{Z_C} = \frac{220\angle 120°}{\text{j}10} = 22\angle 30°(\text{A})$$

根据基尔霍夫电流定律，可求得中线电流为

$$\dot{I}_N = \dot{I}_A + \dot{I}_B + \dot{I}_C = 60.1\angle 0°\ \text{A}$$

特殊地，当 $Z_A = Z_B = Z_C$ 时，称三相负载对称。三相对称负载是三相电路中常见和重要的一种负荷形式，如三相电动机就是一种三相对称负载。因此，了解并掌握三相对称负载工况下的电路分析，显得尤为重要。

在三相对称负载电路中，很显然三相电流也是对称的，因此中线电流等于零，即

$$\dot{I}_N = \dot{I}_A + \dot{I}_B + \dot{I}_C = 0 \tag{6-2-2}$$

此时中线上没有电流通过，因此可以省去中线，这就构成了如图 6-2-3 所示的三相三线制电路。

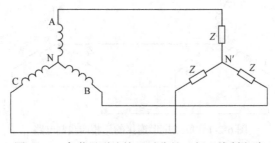

图 6-2-3 负载星形连接且对称的三相三线制电路

6.2.2　三相三线制电路

较之于三相四线制电路，三相三线制可以节省可观的线缆材料，在中高压输变电领域被广泛采用。但在低压配电领域，尤其是负载端，应用最广的却是三相四线制电路，对此，通过例 6.2.2 进行分析说明。

【例 6.2.2】　图 6-2-4 中，假设三相电源电压对称，且相电压 U_p=220V，已知 $R=X_C$，三相负载的额定工作电压均为 220V，请问两个灯泡的亮度是否一样？为什么？

解　该电路有三条支路，两个节点，可应用节点电压法。为方便分析，将图 6-2-4 改画成图 6-2-5。根据节点电压法，可列出电压方程

$$\dot{U}_{\text{N'N}} = \frac{\dfrac{\dot{E}_{\text{A}}}{Z_{\text{A}}} + \dfrac{\dot{E}_{\text{B}}}{Z_{\text{B}}} + \dfrac{\dot{E}_{\text{C}}}{Z_{\text{C}}}}{\dfrac{1}{Z_{\text{A}}} + \dfrac{1}{Z_{\text{B}}} + \dfrac{1}{Z_{\text{C}}}} = U_p(-0.2 + \text{j}0.6)\ \text{V}$$

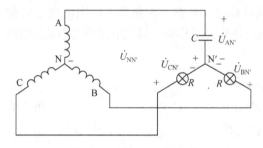
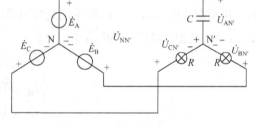

图 6-2-4　例 6.2.2 的电路　　　　　图 6-2-5　图 6-2-4 等效电路

再根据基尔霍夫电压定律，可求出三相负载上的电压：

$$\dot{U}_{\text{BN'}} = \dot{E}_{\text{B}} - \dot{U}_{\text{N'N}} = (-0.3 - \text{j}1.466)U_p = 1.49U_p\angle-101.4°\text{V}$$

$$\dot{U}_{\text{CN'}} = \dot{E}_{\text{C}} - \dot{U}_{\text{N'N}} = (-0.3 + \text{j}0.266)U_p = 0.4U_p\angle-138.4°\text{V}$$

由上式可知，B 相负载电压高于 C 相，因此，B 相灯泡更亮。该电路通常用作三相电路的相序指示器。

应该指出的是，例 6.2.2 中的三个负载额定电压均为 220V，但由于采用了三相三线制电路，三个负载上的实际电压或高于额定电压，或低于额定电压，这在实际中是不允许的。

因此，在低压负载端，一般都采用三相四线制电路，通过中线保证负载上的电压等于电源相电压。这就要求在三相四线制电路中，中性线正常情况下不能被断开。为此，在中性线内禁止接入熔断器或开关(用于检修的除外)。

在中高压输变电领域，由于三相变压器绕组参数对称，可视为三相对称负载，因此，采用三相三线制可以保证变压器各绕组上的电压对称。

6.3　负载三角形连接的电路

对于额定电压为 380V 的负载，可采用如图 6-3-1 所示的三角形连接电路。

在这种连接电路中，负载两端的电压等于对应的电源线电压，因此负载电压也是对称的。此时，负载相电压 U_Z 即电源线电压，即

$$U_Z = U_l \tag{6-3-1}$$

负载上的电流分别为

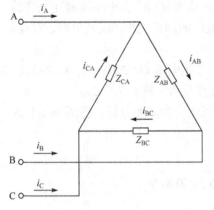

图 6-3-1　负载三角形连接的三相电路

$$\dot{I}_{AB} = \frac{\dot{U}_{AB}}{Z_{AB}}, \quad \dot{I}_{BC} = \frac{\dot{U}_{BC}}{Z_{BC}}, \quad \dot{I}_{CA} = \frac{\dot{U}_{CA}}{Z_{CA}} \tag{6-3-2}$$

注意到电源的线电流和负载上的电流是不相等的，可利用基尔霍夫电流定律进行分析：

$$\begin{cases} \dot{I}_A = \dot{I}_{AB} - \dot{I}_{CA} \\ \dot{I}_B = \dot{I}_{BC} - \dot{I}_{AB} \\ \dot{I}_C = \dot{I}_{CA} - \dot{I}_{BC} \end{cases} \tag{6-3-3}$$

当负载对称时，显然三相负载上的电流也是对称的，再根据式(6-3-3)，不难推导出此时电源的线电流也是对称的，且线电流的大小是相电流的 $\sqrt{3}$ 倍，其相位滞后于相电流30°，即

$$\begin{cases} \dot{I}_A = \sqrt{3}\dot{I}_{AB}\angle -30° \\ \dot{I}_B = \sqrt{3}\dot{I}_{BC}\angle -30° \\ \dot{I}_C = \sqrt{3}\dot{I}_{CA}\angle -30° \end{cases} \tag{6-3-4}$$

在低压配电场合，进行三角形连接的一般是三相对称负载，如三相电动机的绕组。

6.4　三相功率

在电网运行的过程中，三相电路的功率是一个非常重要的参数。本节分析三相功率的计算及测量方法。

6.4.1　三相功率的计算

在三相电路中，负载或是星形连接，或是三角形连接，但电路总的有功功率均为各相有功功率之和，即

$$P = P_A + P_B + P_C \tag{6-4-1}$$

特殊地，当三相负载对称时，有

$$P = 3P_p = 3U_p I_p \cos\varphi \tag{6-4-2}$$

式中，φ 是负载相电压 u_p 和负载相电流 i_p 之间的相位差。

当对称负载为星形连接时，由于 $I_p = I_l$，$U_p = U_l / \sqrt{3}$，根据式(6-4-2)，有

$$P = 3U_p I_p \cos\varphi = \sqrt{3}U_l I_l \cos\varphi \tag{6-4-3}$$

而当对称负载为三角形连接时，由于 $U_p = U_l$，$I_p = I_l / \sqrt{3}$，根据式(6-4-2)，有

$$P=3U_pI_p\cos\varphi=\sqrt{3}U_lI_l\cos\varphi \tag{6-4-4}$$

比较式(6-4-3)和式(6-4-4)，当负载对称时，无论负载是星形还是三角形连接，三相电路有功功率的表达式在形式上是一样的。

同理，可推导出负载对称时三相电路的无功功率和视在功率：

$$Q=\sqrt{3}U_lI_l\sin\varphi \tag{6-4-5}$$

$$S=\sqrt{3}U_lI_l \tag{6-4-6}$$

值得指出的是，在负载对称时，三相有功功率既可以通过式(6-4-2)求得，也可以通过式(6-4-3)求得，但实际中后者采用得更多，因为线电压和线电流更容易获取。

【例 6.4.1】 图 6-4-1 所示线电压为 380V 的三相电路中，有两组三相对称负载，其中星形负载 $Z_Y=-j10\Omega$，三角形负载 $Z_\triangle=(8+j6)\Omega$，求：(1)电路线电流 $\dot{I}_A$；(2)三相电路平均功率 P。

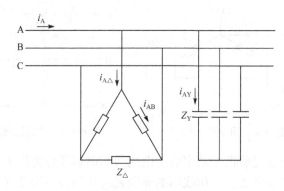

图 6-4-1 例 6.4.1 电路

解 假设 $\dot{U}_{AB}=380\angle0°V$，则相电压 $\dot{U}_A=220\angle-30°V$。

(1) $\dot{I}_{A\triangle}=\sqrt{3}\dot{I}_{AB}\angle-30°=\sqrt{3}\dfrac{\dot{U}_{AB}}{Z_\triangle}\angle-30°=\sqrt{3}\dfrac{380\angle0°}{8+j6}\angle-30°=65.8\angle-67°(A)$

$$\dot{I}_{AY}=\frac{\dot{U}_A}{Z_Y}=\frac{220\angle-30°}{-j10}=22\angle60°(A)$$

根据基尔霍夫电流定律，有

$$\dot{I}_A=\dot{I}_{A\triangle}+\dot{I}_{AY}=65.8\angle-67°+22\angle60°=55.4\angle-48.5°(A)$$

(2) 图中星形负载不消耗有功功率，因此只要求三角形负载即可，由于是三相对称负载，因此

$$P=\sqrt{3}U_lI_l\cos\varphi=\sqrt{3}\times380\times65.8\times0.8=34646(W)$$

注：例 6.4.1 电路中 $i_{A\triangle}$ 和 i_{AY} 一般不同相，因此不能将它们的有效值直接相加，即

$$I_A\neq I_{A\triangle}+I_{AY}$$

此外，上例求 $\dot{I}_{A\triangle}$ 也可以运用电阻(阻抗)星形-三角形变换方法，将三角形连接的阻抗变换为星形，计算将会变得更为便捷，读者可自行求解。

6.4.2 三相功率(有功功率)的测量

为方便分析，分以下两种情形。

1. 三相负载对称

此时三相负载上的功率相等，只需要采用一只有功功率表测出某一相电路的有功功率，将该功率乘以 3 即得到三相电路的总功率，简称"一表法"，如图 6-4-2 所示。

2. 三相负载不对称

在三相四线制电路中，需要采用三台有功功率表，分别测出三相的有功功率，最后累加得到总的有功功率。

而对于三相三线制电路，可采用"二表法"测量三相有功功率，如图 6-4-3 所示。

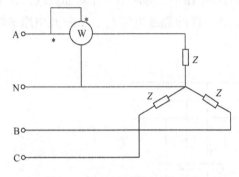

图 6-4-2　一表法测量三相功率

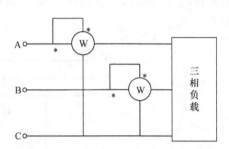

图 6-4-3　二表法测量三相有功功率

这种测量线路的接法是将两个功率表的电流线圈串到任意两相中，电压线圈的同名端接到其电流线圈所串的相线上，电压线圈的非同名端接到另一相没有串功率表的相线上。二表法共有三种接线方式。

下面对二表法进行证明。

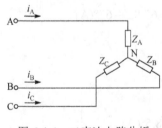

图 6-4-4　二表法电路分析

证明：假设负载为星形连接，如图 6-4-4 所示，三相电路瞬时功率为

$$p = u_{AN}i_A + u_{BN}i_B + u_{CN}i_C \tag{6-4-7}$$

根据基尔霍夫电流定律，有 $i_C = -(i_A + i_B)$，式(6-4-7)可以写成

$$p = (u_{AN} - u_{CN})i_A + (u_{BN} - u_{CN})i_B = u_{AC}i_A + u_{BC}i_B \tag{6-4-8}$$

证毕。

如果三相负载是三角形连接，由于三角形负载可转换为星形负载，因此上述结论仍然是成立的。

*6.5　发电与输配电

电能是一种清洁的二次能源，具有便于输送、分配和转换的特点，因此在国民经济、社会生产和人民生活中得到了广泛的应用。电能的产生、输送及分配等环节构成了电力系统。电力系统是现代社会中最重要、最庞杂的工程系统之一。电力系统的自动化水平，则已经成为衡量一个国家工业技术实力的重要参考。

6.5.1 电力系统概述

电力系统是由发电厂、变电所、输配电线路及电力用户组成的一个整体，其示意图如图 6-5-1 所示。

图 6-5-1　电力系统示意图

电力系统的主体结构有电源(水力发电厂、火力发电厂、核能发电厂等)、变电所(升压变电所、负荷中心变电所等)、输电、配电线路和负荷中心。

1. 发电厂

发电厂将自然界蕴藏的各种一次能源转换为电能(二次能源)，主要由火力发电厂、水力发电厂、核能发电厂、风力发电厂和太阳能发电厂等。

火力发电将可燃物作为燃料以生产电能，通常以燃煤或燃油为主(近年来，在一些对环境要求较高的地区开始采用天然气)，通过燃烧将锅炉内的水加热产生高温高压的蒸汽，推动汽轮机叶片旋转，带动发电机旋转发电。这种发电方式技术简单，但燃料消耗大，环境污染严重。2018 年，我国火力发电中的煤电在总发电量中的占比高达 71%，远高于发达国家的平均水平，如同期美国的燃煤发电占比仅为 28%。

水力发电则是利用水流的动能和势能来生产电能，即由水流推动水轮机并带动发电机发电。水力发电厂建设费用高，发电量受水文和气象条件限制，厂址远离大城市，但是电能成本低，具有水利综合效益。

核能发电类似于火力发电，但不消耗燃料，只需要少量的核材料，污染小，但核电厂投资大，且涉及放射性物质，具有潜在的安全风险，容易引发社会关注。

风力和太阳能属于可再生能源，这两种能源的发电在近 20 年得到了迅速的发展，在总发电容量中的占比也越来越大。

根据国家统计局发布的信息，2019 年中国全社会发电量约为 7.1 万亿千瓦·时(同比上年增长 3.5%)，约为同期美国发电量的 1.6 倍，已多年位居世界第一。

2. 变电所

变电所是电力系统中对电能的电压和电流进行变换、集中和分配的场所。

典型的变电所有以下几种。

露天变电所：变压器位于露天地面之上的变电所。

半露天变电所：变压器位于露天地面之上的变电所，但变压器上方有顶板或挑檐。

附设变电所：变电所的一面或数面墙与建筑物的墙共用，且变压器室的门和通风窗向建筑物外开。

车间内变电所：位于车间内部的变电所，且变压器室的门向车间内开。

独立变电所：为一独立建筑物。

室内变电所：附设变电所，独立变电所和车间内变电所的总称。

3. 电力负荷

电力负荷又称"用电负荷"，按对供电可靠性的要求不同划分为三个等级。

(1) 一级负荷，是指突然中断供电将会造成人身伤亡或会引起周围环境严重污染的，将会造成经济上的巨大损失的，将会造成社会秩序严重混乱或在政治上产生严重影响的负荷。

(2) 二级负荷，是指突然中断供电会造成经济上较大损失的，将会造成社会秩序混乱或政治上产生较大影响的负荷。

(3) 三级负荷，是不属于上述一类和二类负荷的其他负荷。

4. 电能质量

电能质量的衡量指标通常包括以下两个方面。

1) 电压质量

指实际电压与理想电压的偏差，反映供电企业向用户供应的电能是否合格。此处的偏差包括幅值、波形和相位等。这个定义包括大多数电能质量问题。典型的电压质量问题如图 6-5-2 所示。

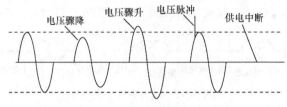

图 6-5-2　典型的电压质量问题

在上述电压质量问题中，尤以电压骤降和骤升最突出，造成的损失也最为严重。如何消除电压骤降和骤升对生产造成的不利影响，也成为近十年来的研究热点。

根据我国国家标准，电压质量要求如表 6-5-1 所示。

表 6-5-1　电压质量要求

电压偏差	35kV 及以上电力系统	电压正负偏差的绝对值不超过标称电压的 10%
	20kV 及以下电力系统	±7%
	220V 单相电力系统	(−10%, 7%)
电压频率偏差	正常运行的电力系统	±0.2Hz
	容量较小的电力系统	±0.5Hz
三相电压不平衡度	正常运行时负序电压不平衡	2%
	短时负序电压不平衡	4%

① 三相电压可分解为三相正序电压、三相负序电压及零序电压，详见文献(唐介，2014)。

2) 电流质量

电流质量反映了与电压质量密切相关的电流的特征。电力用户除对交流电源有恒定频率、正弦波形的要求外，还要求电流波形与电压同相位以保证高功率因数运行。最典型的电流质量问题是非线性负载引起的电流波形畸变，如图 6-5-3 所示。

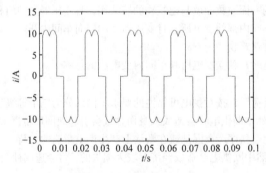

图 6-5-3　电流波形畸变

5. 电力系统自动化

电力系统中网络节点交织密布，有功潮流、无功潮流、高次谐波、负序电流等以光速在全系统范围传播，在输送大量电能的同时，也可能在瞬间造成重大的灾难性事故。为保证系统安全、稳定、经济地运行，必须在不同层次上依不同要求配置各类自动控制装置与通信系统，组成信息与控制子系统，实现电力系统自动化，使电力系统具有可观测性与可控性，从而保证电能生产与消费过程的正常进行以及事故状态下的紧急处理。

6.5.2　工业及民用配电

供配电技术主要研究电力的供应和分配的问题。配电系统由 20kV 及以下的配电线路和配电变压器构成，其作用是将电网电压降为 380V/220V(也有负载采用其他电压，如有的大功率电动机采用 6kV)再分配至各用电设备。

从配电室到用电设备的线路属于低压配电线路，其连接方式主要有放射式和树干式两种。

放射式配电线路如图 6-5-4 所示。该接线方式是由变压器低压母线上引出若干条回路，再分别配电给各配电箱或用电设备。其特点是在任一线路发生故障时，不会影响其他线路，供电可靠性高，但采用的开关设备较多，投资大。当负载点比较分散而各个负载点又具有相当大的集中负载时，采用这种线路较为合适。

树干式配电线路是从配电所低压母线上引出干线，沿干线走向再引出若干条支线，最后引至各用电设备，如图 6-5-5 所示。这种接线方式适用于负载比较均匀地分布在一条线上的场合。树干式接线投资少，但供电可靠性较低，一旦干线出现故障，将会影响该干线上的所有负载。

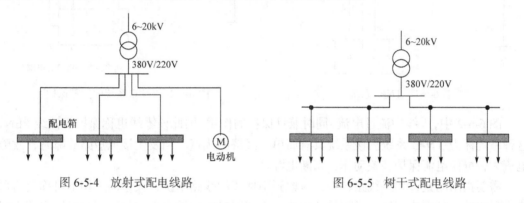

图 6-5-4　放射式配电线路　　　　　　图 6-5-5　树干式配电线路

6.6　工 程 应 用

根据国际电工委员会(IEC)的规定，低压配电系统按接地方式的不同分为 TN 系统、TT 系统、IT 系统。本节介绍这三种三相电路在工程中的应用及用电安全问题。

首先介绍这三种系统对应字母的含义。

(1) 第一个字母表示电源端与地的关系：

T——电源端(通常为变压器中性点)直接接地；

I——电源端所有带电部分不接地或有一点通过高阻抗接地。

(2) 第二个字母表示电气装置的外露可导电部分与地的关系：

T——电气装置的外露可导电部分直接接地，此接地点在电气上独立于电源端的接地点；

N——电气装置的外露可导电部分与电源端接地点有直接电气连接。

6.6.1　TN 系统

TN 系统分为 TN-C、TN-S 及 TN-C-S 系统。

1. TN-C 系统

TN-C 系统即由三根相线和一根中性线(电源端中性点直接接地)构成的三相四线制电路系统，如图 6-6-1 所示。

在中性点接地的三相四线制电路中，如果电气设备发生绝缘损坏，如图 6-6-2 所示，此时设备的外露可导电部分(如计算机的金属外壳)将带电，危及人身安全。为此，通常将零线和设备外壳相连接，构成接零保护。在接零保护电路中，即便设备发生绝缘损坏，一方面，零线的接触电压很低；另一方面，相线和零线形成单相短路，较大的短路电流会使保护器件(如熔断器)快速动作，从而切断电路，有效保护人身和设备安全。

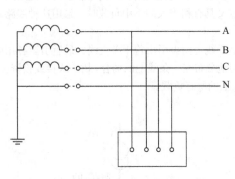

图 6-6-1　TN-C 系统

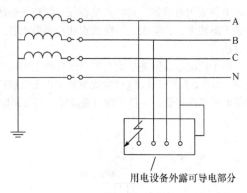

图 6-6-2　TN-C 系统的接零保护

图 6-6-2 中，零线中流过电流，同时兼具保护的作用，因此该零线也称保护中性线 PEN，这种系统称为 TN-C 系统。该系统具有简单、经济的优点。当发生接地短路故障时，故障电流大，可使电流保护装置动作，切断电源。

需要指出的是，如果线路较长，考虑到中性线的线路阻抗，大量的三相不对称负荷可能会形成较大的中线电流，进而导致中线上出现明显的中性点电位偏移，此时用户端零线上的电位将不为"零"，甚至达到较高的数值，存在触电危险。因此，TN-C 系统现在已很少采用，尤其是在民用配电中，已基本上不允许采用该系统。

2. TN-S 系统

如上所述，TN-C 系统中性线的电位可能较高，导致接零保护失效。为此，在对安全要求较高的场合，可以在三相四线制电路的的基础上增加一根专用保护接地(protecting earthing，PE)线，构成三相五线制电路，即 TN-S 系统，如图 6-6-3 所示。

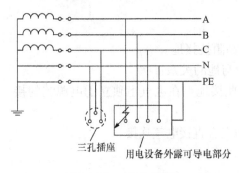

图 6-6-3　TN-S 系统

在图 6-6-3 中，正常情况下保护地线上没有电流，因此其电位为零。在此情况下，人即使接触了电气设备的外露可导电部分，也没有电击危险。

在图 6-6-3 中，N 线和 PE 线是分开的，因此该系统称为 TN-S 系统。

在 TN-S 系统中，保护线和中性线分开，系统造价较高。该系统除具有 TN-C 系统的优点外，由于正常时 PE 线不通过负荷电流，故与 PE 线相连的电气设备金属外壳在正常运行时不带电，所以适用于数据处理和精密电子仪器设备的供电，也可用于爆炸危险环境中。由于具有以上优点，TN-S 系统被广泛应用于工业企业、大型民用建筑等场所。

3. TN-C-S 系统

TN-C-S 系统是 TN-C 系统和 TN-S 系统的结合形式，如图 6-6-4 所示。在 TN-C-S 系统中，从电源出来的一段线路采用 TN-C 系统。因为在这一段中无用电设备，只起电能的传输作用。到用电负荷附近某一点处，将 PEN 线分开形成单独的 N 线和 PE 线。从这一点开始，系统相当于 TN-S 系统。

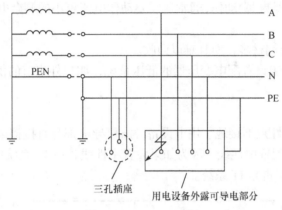

图 6-6-4　TN-C-S 系统

为确保 PE 线电位为零，TN-C-S 系统中 PEN 分离点处应重复接地。此外，PE 线和 N 线分开后不能再进行连接。

在实际应用中，为方便识别和安装，对三相电路中的导线颜色有明确的规定要求，即三根相线(A，B，C)分别为黄色、绿色、红色；中线为淡蓝色；PE 线为绿-黄双色。

6.6.2　TT 系统

TT 系统如图 6-6-5 所示。在 TT 系统中，电源变压器中性点接地，电气设备外壳接到与电源端接地点无关的接地极，简称保护接地。

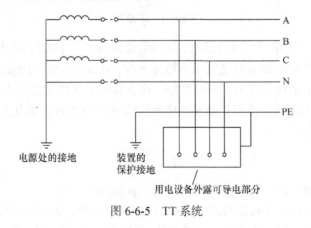

图 6-6-5　TT 系统

TT 系统具有如下优点。

(1) 可有效降低漏电设备故障电压，防止触电事故发生。

(2) PE 线不与中性线相连接，线路架设分明、直观，不会有接错线的事故隐患；几个施工单位同时施工的大工地可以分片、分单位设置 PE 线，有利于安全用电管理和节约导线用量。

TT 系统具有如下的缺点。

(1) 发生接地故障时，故障回路包括电气设备外露可导电部分保护接地的接地极和电源处系统接地的接地极的接地电阻，回路阻抗明显比 TN 系统大，因此故障电流较小，往往难以使保护器件(如熔断器)动作，通常还需要动作电流更小的剩余电流保护器(RCD)作为接地故障保护。

(2) 接地装置耗用钢材多，而且难以回收。

TT 系统主要用于未设置配电变压器的低压系统，如户外集市的供电。

6.6.3 IT 系统

IT 系统是电源中性点不接地、用电设备外露可导电部分直接接地的系统，如图 6-6-6 所示。IT 系统一般不配置中性线，因为如果设置中性线，在 IT 系统中 N 线任何一点发生接地故障，该系统将不再是 IT 系统。

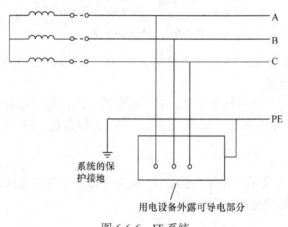

图 6-6-6　IT 系统

IT 系统发生第一次单相接地故障时，故障电流仅为其他非故障相对地电容电流的相量和，其值很小，外露导电部分对地电压不超过 50V，不需要立即切断故障回路，可以保证供电的连续性，供电的可靠性高、安全性好，这也是该系统的突出优点。因此，IT 系统一般用于不允许停电的场所，或者是要求严格地连续供电的地方，如电力炼钢、大医院的手术室、地下矿井等处。

习　题

6.1　在三相四线制电路中，中性线的作用是什么？如果断开会怎样？

6.2　某六层的教学楼一、二楼突然停电，但是其他楼层供电正常，请问故障可能是什么？

6.3　电路如题 6.3 图所示，有两组三相对称负载，若电源线电压为 380V，则电流表读数为多少？

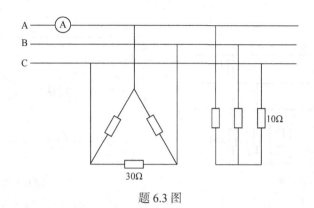

题 6.3 图

6.4 在对称三相负载电路中，三相有功功率 $P=\sqrt{3}U_lI_l\cos\varphi$，请问其中的 φ 是指什么？

6.5 有一台三相发电机，其绕组连成星形，每相额定电压为 220V。在一次试验时，用电压表量得相电压 $U_A=U_B=U_C=220V$，而线电压则为 $U_{AB}=U_{CA}=220V$，$U_{BC}=380V$，试问这种现象是如何造成的？

6.6 在题 6.6 图所示的电路中，三相四线制电源电压为 380/220V，接有对称星形连接的白炽灯负载，其总功率为 180W。此外，在 C 相上接有额定电压为 220V，功率为 40W，功率因数为 0.5 的日光灯一盏。设 $\dot{U}_A=220\angle0°V$。试求电流 $\dot{I}_A$、$\dot{I}_B$、$\dot{I}_C$、$\dot{I}_N$。

6.7 电路如题 6.7 图所示，电源线电压 $U=380V$。(1)如果图中各相负载的阻抗都等于 10Ω，是否可以说负载是对称的？(2)试求各相电流，并用电压与电流的相量图计算中性线电流。如果中性线电流的参考方向选定的同电路图上所示的方向相反，则结果有何不同？(3)试求三相平均功率 P。

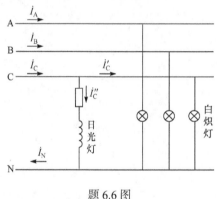

题 6.6 图

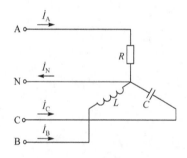

题 6.7 图

6.8 在线电压为 380V 的三相电源上，接两组对称负载，电路如题 6.8 图所示，试求线电流 I_1。

6.9 电路如题 6.9 图所示，对称负载连成三角形，已知电源电压 $U_l=380V$，电流表读数 $I_l=17.3A$，三相功率 $P=4.5kW$，试求：(1)每相负载的电阻和感抗；(2)当 AB 相断开时，图中各电流表的读数和总功率 P；(3)当 A 线断开时，图中各电流表的读数和总功率 P。

6.10 如题 6.10 图所示，在线电压为 380V 的工频三相对称电源电路中接两组对称负载，其中 $Z_\triangle=(15+j15\sqrt{3})\Omega$。求(1)：三相电路平均功率 P；(2)三角形负载的功率因数；(3)为将三相电路的功率因数提高至 0.9，图中的电容 C 至少应取多大(精确到 $1\mu F$)？

6.11 题 6.11 图所示是小功率星形对称电阻负载从单相电源获得三相对称电压的电路。假设电阻 $R=10\Omega$，电源频率=50Hz，求所需的 L 和 C 的数值。

6.12 在电压、输送功率、输送距离相同的情况下，不计线路损耗，则三相输电线路(设负载对称)的线缆材料为单相输电线路的 3/4，试证明之。

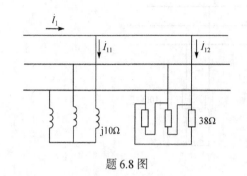

题 6.8 图

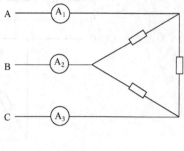

题 6.9 图

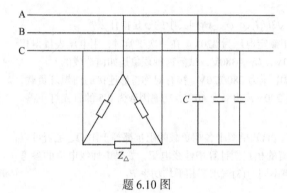

题 6.10 图

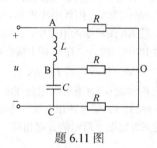

题 6.11 图

第三篇 电 磁 学

第7章 磁路、铁心线圈与变压器

内容概要：大量的电工设备(如电机、变压器、电磁铁、电工测量仪表等)中，铁磁性元件的应用占有相当大的比重。因此，除电路与电路分析外，磁路以及电磁关系的分析也是电工技术中的重要基础。只有同时掌握了电路和磁路的基本理论，才能对各种电工设备进行全面的分析。磁路问题是局限于一定路径内的磁场问题，磁场的各个基本物理量也适用于磁路。磁路主要由具有良好导磁能力的材料构成，必须对这种材料的磁性能加以讨论。磁路和电路也是密切相关联的，因此我们也要研究磁路和电路的关系以及磁和电的关系。本章首先介绍磁路的基本概念及铁心线圈的电路和磁路，然后讨论变压器和电磁铁的基本结构、工作原理和运行特性等。

重点要求：掌握磁场的基本物理量；掌握磁性材料及其性能；掌握磁路及其基本定律；理解铁心线圈电路中的电磁关系、电压电流关系以及功率与能量问题，特别要掌握 $U \approx 4.44fN\Phi_m$ 这一关系式；了解变压器、电磁铁工作原理，掌握变压器的额定参数以及变压器的三个变换公式。

7.1 磁路的基本概念

在物理课程中已讲过，电流产生磁场，通有电流的线圈内部及周围有磁场存在。在变压器、电动机等电工设备中，为了用较小的电流产生较强的磁场，通常把线圈绕在由铁磁性材料制成的铁心上。由于铁磁性材料的导磁性能比非磁性材料强得多，因此，当线圈中有电流流过时，产生的磁通绝大部分将集中在铁心中，沿铁心而闭合，这部分磁通称为主

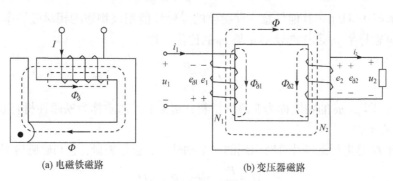

(a) 电磁铁磁路   (b) 变压器磁路

图 7-1-1 几种常见电工设备的磁路

磁通，用字母 Φ 表示。只有很少一部分磁通沿铁心以外的空间而闭合，称为漏磁通，用 Φ_δ 表示。由于 Φ_δ 很小，在工程上常将它忽略不计。

主磁通所通过的闭合路径称为磁路，图 7-1-1 是几种常见电工设备的磁路。

电路有直流和交流之分，磁路也可分为直流磁路和交流磁路，它们各具有不同的特点，这将在后面介绍。

7.1.1 磁路的基本物理量

磁路问题实质上是局限于一定路径内的磁场问题，磁场的各个基本物理量也适用于磁路，现简要介绍如下。

1. 磁感应强度 B

磁感应强度是表示磁场内某点的磁场强弱和方向的物理量，它是一个矢量，用 $\boldsymbol{B}$ 表示。它的方向就是该点磁场的方向，它与电流之间的方向关系可用右手螺旋定则来确定。其大小是用一根电导线在磁场中受力的大小来衡量的(该导线与磁场方向垂直)，即

$$B = \frac{F}{Il} \tag{7-1-1}$$

式中，F 为磁力(N)；I 为通过导线的电流(A)；l 为导线的长度(m)。在国际单位制中，B 的单位为特[斯拉](T)，也可用韦伯/米^2 (Wb/m^2)表示。

磁感应强度的大小也可用通过垂直于磁场方向单位面积的磁力线数来表示。

2. 磁通 Φ

在均匀磁场中，磁感应强度 B 与垂直于磁场方向的面积 S 的乘积，称为通过该面积的磁通 Φ，即

$$\Phi = B \cdot S \quad \text{或} \quad B = \frac{\Phi}{S} \tag{7-1-2}$$

如果不是均匀磁场，则 B 取平均值。

由式(7-1-2)可见，磁感应强度 B 在数值上等于与磁场方向垂直的单位面积上通过的磁通，故 B 又称为磁通密度。在我国法定计量单位中，磁通 Φ 的单位是韦[伯](Wb)，以前在工程上有时用电磁制单位麦克斯韦(Mx)，1Wb=10^8 Mx。

3. 磁导率 μ

磁导率 μ 是表示物质导磁性能的物理量。它的单位是亨/米(H/m)。由实验测出，真空的磁导率 μ_0=$4\pi\times10^{-7}$ H/m。其他任意一种物质的导磁性能用该物质的相对磁导率 μ_r 来表示，某物质的相对磁导率 μ_r 是其磁导率 μ 与 μ_0 的比值，即

$$\mu_r = \frac{\mu}{\mu_0} \tag{7-1-3}$$

凡是 $\mu_r \approx 1$ 即 $\mu \approx \mu_0$ 的物质称为非磁性材料；$\mu_r \gg 1$ 的物质称为铁磁性材料。

4. 磁场强度 H

磁场强度 $\boldsymbol{H}$ 是进行磁场计算时引用的一个物理量，也是矢量，它与磁感应强度的关系是

$$H = \frac{B}{\mu} \quad \text{或} \quad B = \mu H \tag{7-1-4}$$

磁场强度只与产生磁场的电流以及这些电流的分布情况有关，而与磁介质的磁导率无关，它的单位是安/米(A/m)。

7.1.2　磁路的基本定律

磁路的
基本定律

进行磁路分析和计算时，往往要用到以下几条定律。

1. 安培环路定律

磁场强度 H 沿着任何一条闭合回线 l 的线积分值 $\oint H \cdot dl$ 恰好等于该闭合回线所包围的总电流值 $\sum I$ (代数和)，这就是安培环路定律(图 7-1-2)。用公式表示为

$$\oint H \cdot dl = \sum I \tag{7-1-5}$$

式中，若电流的正方向与闭合回线 l 的环行方向符合右手螺旋关系，则 I 取正号，否则取负号。例如，在图 7-1-2 中，I_2 和 I_3 的正方向向上，取正号；I_1 的正方向向下，取负号；故有

$$\oint H \cdot dl = \sum I = -I_1 + I_2 + I_3$$

若沿着回线 l，磁场强度 H 的方向总在切线方向，其大小处处相等，且闭合回线所包围的总电流是由通有电流 I 的 N 匝线圈所提供的，则式(7-1-5)可简写成

$$Hl = NI \tag{7-1-6}$$

2. 磁路的欧姆定律

图 7-1-3 所示是最简单的磁路，设一铁心上绕有 N 匝线圈，铁心的平均长度为 l，截面积为 S，铁心材料的磁导率为 μ。当线圈通以电流 I 后，将建立起磁场，铁心中有磁通 Φ 通过。假定不考虑漏磁，则沿整个磁路的 Φ 相同，由式(7-1-2)、式(7-1-4)、式(7-1-6)可知

$$\Phi = BS = \mu HS = \mu S \frac{NI}{l} = \frac{NI}{\dfrac{l}{\mu S}} \tag{7-1-7}$$

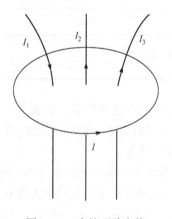

图 7-1-2　安培环路定律

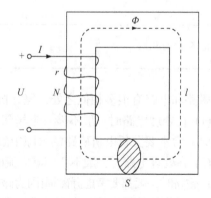

图 7-1-3　简单的磁路

从式(7-1-7)可以看出，NI 越大则 Φ 越大，$\dfrac{l}{\mu S}$ 越大则 Φ 越小，NI 可理解为产生磁通的

源，故称为磁动势，用 F 表示，它的单位是安·匝(A·匝)。$\dfrac{l}{\mu S}$ 对通过磁路的磁通有阻碍作用，故称为磁阻，用 R_{m} 表示，它的单位是 1/亨(1/H)，记为 H^{-1}。

$$[R_{\mathrm{m}}] = \frac{[l]}{[\mu][S]} = \frac{\mathrm{m}}{(\mathrm{H/m})\mathrm{m}^2} = H^{-1} \quad ([\ ]\text{表示单位的意思}) \tag{7-1-8}$$

于是有

$$\Phi = \frac{F}{R_{\mathrm{m}}} \tag{7-1-9}$$

式(7-1-9)与电路的欧姆定律相似，故称为磁路的欧姆定律。磁动势相当于电动势，磁阻相当于电阻，磁通相当于电流。即线圈产生的磁通与磁动势成正比，与磁阻成反比。若磁路上有 n 个线圈通以不同电流，则建立磁场的总磁动势为

$$F = \sum_{i=1}^{n} N_i I_i \tag{7-1-10}$$

必须指出，式(7-1-9)表示的磁路欧姆定律，只有在气隙或非铁磁性物质磁路中，才能保持磁通与磁动势成正比。在有铁磁材料的各段，R_{m} 因 μ 随 B 或 Φ 变化而不是常数，这时必须利用 B 与 H 的非线性曲线关系，由 B 决定 H 或由 H 决定 B。

磁路的欧姆定律与电路的欧姆定律有很多相似之处，表 7-1-1 中对磁路、电路的相关物理量进行对比，便于学习与记忆。

表 7-1-1　电路与磁路的物理量对比

电路		磁路	
电流：	I	磁通：	Φ
电阻：	$R = \rho\dfrac{l}{S}$	磁阻：	$R_{\mathrm{m}} = \dfrac{l}{\mu S}$
电阻率：	ρ	磁导率：	μ
电动势：	E	磁动势：	$F = NI$
电路的欧姆定律：	$I = \dfrac{E}{R}$	磁路的欧姆定律：	$\Phi = \dfrac{F}{R_{\mathrm{m}}}$

磁路和电路有很多相似之处，但分析与处理时磁路比电路要难很多，例如：

(1) 在处理电路时一般不涉及电场问题，而在处理磁路时离不开磁场的概念。如在讨论电机时，常常要分析电机磁路的气隙中磁感应强度的分布情况。

(2) 在处理电路时一般不考虑漏电流(因为导体的电导率比周围介质的电导率大得多)，但在处理磁路时一般都要考虑漏磁通(因为磁路材料的磁导率比周围介质的磁导率大得不太多)。

(3) 磁路的欧姆定律与电路的欧姆定律只是在形式上相似(表 7-1-1)。由于 μ 不是常数，它随着励磁电流而变(后面会讲述)，所以不能直接应用磁路的欧姆定律来计算，它只能用于定性分析。

(4) 在电路中，当 $E=0$ 时，$I=0$；但在磁路中，由于有剩磁，当 $F=0$ 时，$\Phi \neq 0$。

(5) 磁路几个基本物理量(磁感应强度、磁通、磁场强度、磁导率等)的单位也较复杂，学习时应注意把握。

3. 磁路的基尔霍夫定律

1) 基尔霍夫第一定律

如果铁心不是一个简单回路，而是带有并联分支的磁路，如图 7-1-4 所示，则当中间铁心柱上加有磁动势 F 时，磁通的路径将如图中虚线所示。如令进入闭合面 A 的磁通为负，穿出闭合面的磁通为正，从图 7-1-4 可见，对闭合面 A，显然有

$$-\Phi_1+\Phi_2+\Phi_3=0 \quad 或 \quad \sum \Phi=0 \tag{7-1-11}$$

式(7-1-11)表明：穿出(或进入)任一闭合面的总磁通量恒等于零(或者说，进入任一闭合面的磁通量恒等于穿出该闭合面的磁通量)，这就是磁通连续性定律。类比于电路中的基尔霍夫第一定律 $\sum I=0$，该定律也称为磁路的基尔霍夫第一定律。

2) 基尔霍夫第二定律

电机和变压器的磁路总是由数段不同截面、不同铁磁材料的铁心组成，而且还可能含有气隙。磁路计算时，总是把整个磁路分成若干段，每段为同一材料、相同截面积，且段内磁通密度处处相等，从而磁场强度也处处相等。例如，图 7-1-5 所示磁路由三段组成，其中两段为截面不同的铁磁材料，第三段为气隙。

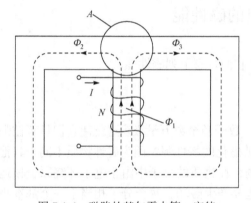

图 7-1-4　磁路的基尔霍夫第一定律

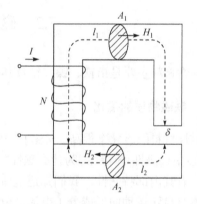

图 7-1-5　磁路的基尔霍夫第二定律

若铁心上的励磁磁动势为 NI，根据安培环路定律(磁路欧姆定律)可得

$$NI = \sum_{k=1}^{3} H_k l_k = H_1 l_1 + H_2 l_2 + H_\delta \delta = \Phi_1 R_{m1} + \Phi_2 R_{m2} + \Phi_\delta R_{m\delta} \tag{7-1-12}$$

式中，l_1 和 l_2 分别为 1、2 两段铁心的长度，其截面积分别为 A_1 和 A_2；δ 为气隙长度；H_1、H_2 分别为 1、2 两段磁路内的磁场强度；H_δ 为气隙内的磁场强度；Φ_1 和 Φ_2 为 1、2 两段铁心内的磁通；Φ_δ 为气隙内磁通；R_{m1}、R_{m2} 为 1、2 两段铁心磁路的磁阻；$R_{m\delta}$ 为气隙磁阻。

由于 H_k 是单位长度上的磁位降、$H_k l_k$ 则是一段磁路上的磁位降，NI 是作用在磁路上的总磁动势，故式(7-1-12)表明：沿任何闭合磁路的总磁动势恒等于各段磁路磁位降的代数和。类比于电路中的基尔霍夫第二定律，该定律就称为磁路的基尔霍夫第二定律。不难看出，此

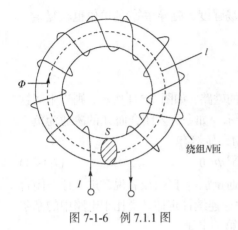

图 7-1-6 例 7.1.1 图

定律实际上是安培环路定律的另一种表达形式。

需要指出：磁路和电路的比拟仅是一种数学形式上的类似，而不是物理本质的相似。

【例 7.1.1】 图 7-1-6 为空心环形螺旋线圈，其平均长度 l 为 30cm，横截面积 S 为 $10cm^2$，匝数 N 等于 1000，线圈中的电流 I 为 10A，求线圈的磁阻、磁动势及磁通。

解 磁阻为

$$R_m = \frac{l}{\mu_0 S} = \frac{30 \times 10^{-2}}{4\pi \times 10^{-7} \times 10 \times 10^{-4}} \approx 2.39 \times 10^8 (H^{-1})$$

磁动势为

$$F = NI = 1000 \times 10 = 10000 (A \cdot 匝)$$

磁通为

$$\Phi = \frac{F}{R_m} = \frac{10000}{2.39 \times 10^8} \approx 4.3 \times 10^{-4} (Wb)$$

7.2 磁性材料的磁性能

磁性材料主要是指铁、镍、钴及其合金等，它们具有下列磁性能。

7.2.1 铁磁物质的磁化

磁性材料的磁导率很高，$\mu_r \gg 1$，可达数百、数千乃至数万量级。这就使它们具有被强烈磁化(呈现磁性)的特性。为什么磁性物质具有被磁化的特性呢？因为磁性物质不同于其他物质，有其内部特殊性。我们知道电流产生磁场，在物质的分子中由于电子环绕原子核运动和本身自转运动而形成分子电流，分子电流也要产生磁场，每个分子相当于一个基本小磁铁。同时，在磁性物质内部还分成许多小区域，由于磁性物质的分子间有一种特殊的作用力而使每一区域内部的分子磁铁都排列整齐，显示磁性。这些小区域称为磁畴。在没有外磁场的作用时，各个磁畴排列混乱，磁场互相抵消，对外就显示不出磁性，见图 7-2-1(a)。在外磁场作用下(例如，在铁心线圈中的励磁电流所产生的外磁场作用下)，磁性物质中的磁畴就顺外磁场方向转向，显示出磁性。随着外磁场的增强(或励磁电流的增大)，磁畴就逐渐转到与外磁场相同的方向上，如图 7-2-1(b)所示。这样，便产生了一个很强的与外磁场同方

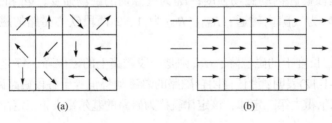

(a)   (b)

图 7-2-1 磁性物质的磁化

向的磁化磁场，而使磁性物质内的磁感应强度大大增加。这就是说磁性物质被强烈地磁化了。

磁性物质的这一磁性能被广泛地应用于电工设备中，例如，电机、变压器及各种铁磁元件的线圈中都放有铁心。在这种具有铁心的线圈中通入不大的励磁电流，便可产生足够大的磁通和磁感应强度。这就解决了既要磁通大，又要励磁电流小的矛盾。利用优质的磁性材料可使同一容量的电机的重量和体积大大减轻与减小。

非磁性材料没有磁畴的结构，所以不具有磁化的特性。

7.2.2 磁饱和性

磁性物质由于磁化所产生的磁化磁场不会随着外磁场的增强而无限地增强。当外磁场(或励磁电流)增大到一定值时，全部磁畴的磁场方向都转向与外磁场的方向一致，这时磁化磁场的磁感应强度 B_J 即达饱和值，如图 7-2-2 所示。图中的 B_0 是在外磁场作用下磁场内不存在磁性物质时的磁感应强度。将曲线 B_J 和直线 B_0 的纵坐标相加，便得出 B-H 磁化曲线。各种磁性材料的磁化曲线可通过实验得出，在磁路计算上极为重要。B-H 磁化曲线可划分成三段：Oa 段——B 与 H 差不多成正比地增加；ab 段——B 的增加缓慢下来；b 以后一段——B 增加得很少，达到了磁饱和。

当有磁性物质存在时，B 与 H 不成正比，所以磁性物质的磁导率 μ 不是常数，随 H 而变(图 7-2-3)。

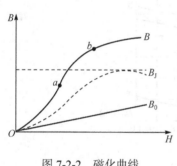

图 7-2-2 磁化曲线

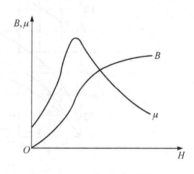

图 7-2-3 B、μ 与 H 的关系

由于磁通 Φ 与 B 成正比，产生磁通的励磁电流 I 与 H 成正比，因此存在磁性物质的情况下，Φ 与 I 不成正比。

7.2.3 磁滞性

当铁心线圈中有交变电流(大小方向都变化)时，铁心就受到交变磁化。当电流变化一次时，磁感应强度 B 随磁场强度 H 而变化的曲线如图 7-2-4 所示。由图可见，当 H 已减到零值时，B 并未回到零值，这种磁感应强度滞后于磁场强度变化的性质称为磁性物质磁滞性。

7.2.4 磁滞回线

当线圈电流减到零值(即 $H=0$)时，铁心在磁化时所获得的磁性还未完全消失。这时铁心中所保留的磁感应强度称为剩磁感应强度 B_r(剩磁)，在图 7-2-4 中即 O-2 和 O-5，永久磁铁

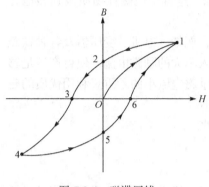

图 7-2-4　磁滞回线

的磁性就是由剩磁产生的。又如，自励直流发电机的磁极，为了使电压能够建立，也必须具有剩磁。但对剩磁也要一分为二，有时它是有害的。例如，当工作在平面磨床上加工完毕后，电磁吸盘有剩磁，将工件吸住。为此，要通入反向去磁电流，去掉剩磁，才能将工件取下。再如，有些工件(如轴承)在平面磨床上加工后得到的剩磁也必须去掉。

如果要使铁心的剩磁消失，通常改变线圈中励磁电流的方向，也就是改变磁场强度 H 的方向来进行反向磁化。使 $B=0$ 的 H 值，在图 7-2-4 中用 O-3 和 O-6 代表，称为矫顽力 H_c。在铁心反复交变磁化的情况下，表示 B 与 H 变化关系的闭合曲线 1234561(图 7-2-4)称为磁滞回线。磁性物质不同，其磁滞回线和磁化曲线也不同(由实验得出)。图 7-2-5 中给出了几种磁性材料的磁化曲线。

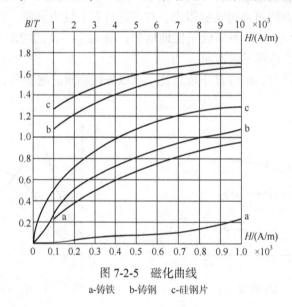

图 7-2-5　磁化曲线

a-铸铁　b-铸钢　c-硅钢片

7.2.5　磁性物质的分类与应用

按磁性物质的磁性能，磁性材料可以分成三种类型。

(1) 软磁材料。

软磁材料的磁滞回线如图 7-2-6(a)所示，磁滞回线较窄，所以磁滞损耗较小，比较容易磁化，撤去外磁场后磁性基本消失，其剩磁与矫顽力都较小。一般用来制造电机、电器及变压器等的铁心。常用的有铸铁、硅钢片、坡莫合金及铁氧体等铁合金材料。铁氧体在电子技术中应用也很广泛，例如，可作计算机的磁心、磁鼓以及录音机的磁带、磁头。

(2) 永磁材料。

永磁材料的磁滞回线如图 7-2-6(b)所示，磁滞回线较宽，所以磁滞损耗较大，剩磁、矫顽力也较大，需要较强的磁场才能磁化，撤去外加磁场后仍能保留较大的剩磁。一般用来制造永久性磁铁(吸铁石)。常用的有碳钢、钨钢、铬钢、钴钢和钡铁氧体及铁镍铝钴合金等。

近年来，稀土永磁材料发展很快，像稀土钴、稀土钕铁硼等，矫顽力更大。

(3) 矩磁材料。

矩磁材料的磁滞回线如图 7-2-6(c)所示，磁滞回线接近矩形，具有较小的矫顽力和较大的剩磁，稳定性也良好。它的特点是只需很小的外加磁场就能使之达到磁饱和，撤去外磁场时，磁感应强度(剩磁)与饱和时一样。在计算机和控制系统中可用作记忆元件、开关元件和逻辑元件。常用的有锰镁铁氧体和锂锰铁氧体及 1J51 型铁镍合金等。

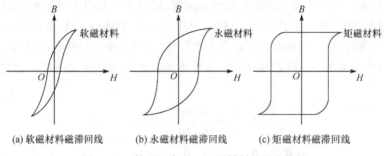

(a) 软磁材料磁滞回线　　(b) 永磁材料磁滞回线　　(c) 矩磁材料磁滞回线

图 7-2-6　软磁、永磁、矩磁材料的磁化曲线

常用的几种磁性材料的最大相对磁导率、剩磁及矫顽力列在表 7-2-1 中。

表 7-2-1　常用磁性材料的最大相对磁导率、剩磁及矫顽力

材料名称	μ_{max}	B_r/T	H_c/(A/m)
铸铁	200	0.475～0.500	880～1040
硅钢片	8000～10000	0.800～1.200	32～64
坡莫合金(78.5%Ni)	20000～200000	1.100～1.400	4～24
碳钢(0.45%C)		0.800～1.100	2400～3200
铁镍铝钴合金		1.100～1.350	40000～52000
稀土钴		0.600～1.000	320000～690000
稀土钕铁硼		1.100～1.300	600000～900000

7.3　磁路的计算

前面阐明了磁路的基本定律和铁磁材料的特性，本节将进一步说明磁路的计算方法。

磁路分析存在两种情况：①已知磁通量 Φ(或磁密 B)及相应的磁路参数(R_m、L、S、μ)，求励磁磁动势 F(或励磁电流 I)(磁路正问题)；②已知励磁磁动势 F(或励磁电流 I)及相应的磁路参数(L、S、μ、R_m)求磁通量 Φ(或磁密 B)(磁路的逆问题)。

磁路计算时，通常是先给定磁通量，然后计算所需要的励磁磁动势。对于少数给定励磁磁动势求磁通量的逆问题，由于磁路的非线性，需要进行试探和多次迭代，才能得到结果。

7.3.1　简单串联磁路

简单串联磁路就是不计漏磁影响，仅有一个磁回路的无分支磁路，如图 7-1-3 所示。此

时，通过整个磁路的磁通为同一磁通，但由于各段磁路的截面积不同，故各段的磁通密度不一定相同。这种磁路虽然比较简单，但却是磁路计算的基础。下面举例说明。

串联磁路有如下特点。

(1) 无分支磁路。

(2) 整个磁路的磁通为同一磁通 Φ。

(3) 各段磁路中磁通密度 B(或磁场强度 H)不一定相同。

【例7.3.1】 在图7-1-3所示铁心线圈中通直流,磁路平均长度 l=30cm，截面积 S=10cm²，N=1000匝，材料为铸钢，工作点上相对磁导率 μ_r =1137H/m。(1)欲在铁心中建立磁通 Φ=0.001Wb，线圈电阻 r =100Ω，应加多大电压 U? (2)若铁心某处有一缺口，即磁路中有一空气隙，长度 l_0=0.2cm，铁心和线圈的参数不变，此时需要多大电流才能建立 0.001Wb 的磁通？

解 (1)
$$B = \frac{\Phi}{S} = \frac{0.001}{10 \times 10^{-4}} = 1(\text{T})$$

$$H = \frac{B}{\mu} = \frac{B}{\mu_r \mu_0} = \frac{1}{1137 \times 4\pi \times 10^{-7}} = 700(\text{A/m})$$

μ_r 并非常数，它随 B 值而变，一般在已知 B 时查阅材料磁化曲线确定 H，它与此处所得结果相同，说明给定的 μ_r 是准确的。

总磁动势为

$$F = NI = Hl = 700 \times 30 \times 10^{-2} = 210\,(\text{A})$$

$$I = \frac{F}{N} = \frac{210}{1000} = 0.21(\text{A})$$

$$U = IR = 0.21 \times 100 = 21\,(\text{V})$$

(2) 因气隙中的截面积和磁通与铁心相同，故 B_0=1T，所以

$$H_0 = \frac{B_0}{\mu_0} = \frac{1}{4\pi \times 10^{-7}} = 8 \times 10^5(\text{A/m})$$

$$H_0 l_0 = 8 \times 10^5 \times 0.2 \times 10^{-2} = 1600(\text{A})$$

总磁动势为

$$F' = NI = Hl + H_0 l_0 = 210 + 1600 = 1810(\text{A})$$

$$I = \frac{F'}{N} = \frac{1810}{1000} = 1.81(\text{A})$$

由此可见，气隙虽然很短，仅 2×10^{-4}m(0.2mm)，但其磁位降却占整个磁路的88%。在磁路中总是希望空气隙尽可能小，以降低气隙磁阻，使相同的磁动势建立更大的磁通。

7.3.2 简单并联磁路

简单并联磁路是指考虑漏磁影响，或磁回路有两个以上分支的磁路，电机和变压器的磁路大多属于这一类。下面举例说明其算法。

并联磁路有如下特点。

(1) 有分支磁路。

(2) 各磁路中的磁通 Φ 不一定相同。

(3) 各段磁路中磁通密度 B(或磁场强度 H)不一定相同。

【例 7.3.2】 图 7-3-1 所示并联磁路,铁心所用材料为 DR530 硅钢片,铁心柱和铁轭的截面积均为 $S=4\times10^{-4}\mathrm{m}^2$, 磁路段的平均长度为 $l=5\times10^{-2}\mathrm{m}$, 气隙长度为 $\delta_1=\delta_2=2.5\times10^{-3}\mathrm{m}$, 励磁线圈匝数 $N_1=N_2=1000$ 匝。假设气隙与铁心截面积相同,不计漏磁通,试求在气隙内产生 $B_\delta=1.211\mathrm{T}$ 的磁通密度时,所需的励磁电流 I。

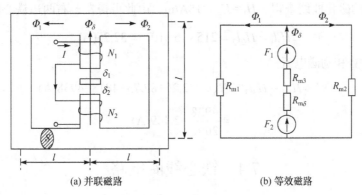

(a) 并联磁路   (b) 等效磁路

图 7-3-1 简单并联磁路

解 为便于理解,先画出图 7-3-1(b)所示模拟电路图。由于两条并联磁路是对称的,故只需计算其中一个磁回路即可。

根据磁路基尔霍夫第一定律,有

$$\Phi_\delta=\Phi_1+\Phi_2=2\Phi_1=2\Phi_2$$

根据磁路基尔霍夫第二定律,有

$$\sum H_k l_k = H_1 l_1 + H_3 l_3 + 2H_\delta\delta = N_1 I_1 + N_2 I_2 = 2N_1 I_1$$

由图 7-3-1(a)可知,中间铁心段的磁路长度为

$$l_3 = l - 2\delta = (5-0.5)\times10^{-2} = 4.5\times10^{-2}(\mathrm{m})$$

左、右两边铁心段的磁路长度均为

$$l_1 = l_2 = 3l = 3\times5\times10^{-2} = 15\times10^{-2}(\mathrm{m})$$

(1) 气隙磁位降。

$$2H_\delta\delta = 2\times\frac{B_\delta}{\mu_0}\delta = 2\times\frac{1.211}{4\pi\times10^{-7}}\times2.5\times10^{-3} = 4818(\mathrm{A})$$

(2) 中间铁心段的磁位降。

磁通密度 B_3 为

$$B_3 = \frac{\Phi_\delta}{S} = \frac{1.211\times4\times10^{-4}}{4\times10^{-4}} = 1.211(\mathrm{T})$$

从 DR530 的磁化曲线查得，与 B_3 对应的 $H_3 = 19.5×10^2$A/m，于是中间铁心段的磁位降 H_3l_3 为

$$H_3l_3=19.5×10^2×4.5×10^{-2}=87.75(A)$$

(3) 左、右两边铁心的磁位降。

磁通密度 B_1、B_2 为

$$B_1 = B_2 = \frac{\Phi_\delta/2}{S} = \frac{0.613×10^{-3}/2}{4×10^{-4}} = 0.766(T)$$

由 DR530 的磁化曲线查得，$H_1= H_2=215$A/m，由此可得左、右两边铁心段的磁位降为

$$H_1l_1 = H_2l_2 = 215×15×10^{-2} = 32.25(A)$$

(4) 总磁动势和励磁电流。

$$NI = H_1l_1 + H_3l_3+2H_\delta\delta=32.25+87.75+4818=4938(A)$$

$$I = \frac{4938}{2000}=2.469(A)$$

7.4　铁心线圈电路

铁心线圈电路

将线圈绕制在铁心上便构成了铁心线圈。根据线圈所接电源的不同，铁心线圈分为两类，即直流铁心线圈和交流铁心线圈，它的磁路即直流磁路和交流磁路。

7.4.1　直流铁心线圈

将直流铁心线圈接到直流电源，线圈中通过直流电流 I 并建立直流磁动势 NI。磁动势 NI 产生的恒定磁通绝大部分通过铁心而闭合，这部分磁通称为主磁通或工作磁通 Φ，此外还有很少一部分磁通主要经过空气或其他非导磁介质而闭合，这部分磁通称为漏磁通 Φ_δ，如图 7-4-1 所示。工程中直流电磁铁及其他各种直流电磁器件的线圈都是直流铁心线圈，其特点如下。

(1) 励磁电流 $I = \frac{U}{R}$，I 由外加电压 U 及励磁绕组的电阻 R 决定，与磁路特性无关。

(2) 励磁电流 I 产生的磁通是恒定磁通，不会在线圈和铁心中产生感应电动势。

(3) 直流铁心线圈中磁通 Φ 的大小不仅与线圈的电流 I(即磁动势 NI)有关，还取决于磁路中的磁阻 R_m。例如，对有空气隙的铁心磁路，在 NI 一定的条件下，当空气隙增大时，R_m 增加，磁通 Φ 减小；反之当空气隙减小时，R_m 减小，Φ 增大。

(4) 直流铁心线圈的功率损耗 $\Delta P = I^2R$，由线圈中的电流和电阻决定。因磁通恒定，在铁心中不会产生功率损耗。

7.4.2　交流铁心线圈

将交流铁心线圈接交流电源，线圈中通过交流电流，产生交变磁通，并在铁心和线圈中产生感应电动势，如图 7-4-2 所示。变压器、交流电机以及其他各种交流电磁器件的线圈都是交流铁心线圈。

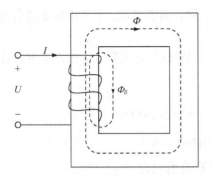

图 7-4-1 直流铁心线圈

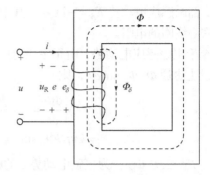

图 7-4-2 铁心线圈的交流电路

1. 电磁关系

图 7-4-2 所示的交流线圈是具有铁心的，我们先来讨论其中的电磁关系。交流磁动势 Ni 产生的磁通也包括主磁通 Φ 和漏磁通 Φ_δ。这两个磁通在线圈中产生两个感应电动势：主磁电动势 e 和漏磁电动势 e_δ，这个电磁关系如下：

$$u \longrightarrow i(Ni) \quad \begin{array}{l} \nearrow \quad \Phi \longrightarrow e = -N\dfrac{\mathrm{d}\Phi}{\mathrm{d}t} \\[2mm] \searrow \quad \Phi_\delta \longrightarrow e_\delta = -N\dfrac{\mathrm{d}\Phi_\delta}{\mathrm{d}t} = -L_\delta\dfrac{\mathrm{d}i}{\mathrm{d}t} \\[2mm] \downarrow \\ u_R = iR \end{array}$$

因为漏磁通主要不经过铁心，所以励磁电流 i 与 Φ_δ 之间可以认为呈线性关系，铁心线圈的漏磁电感为

$$L_\delta = \frac{N\Phi_\delta}{i} = 常数$$

但主磁通通过铁心，所以 i 与 Φ 之间不存在线性关系(图 7-4-3)。铁心线圈的主电感 L 不是一个常数，它随励磁电流而变化的关系和磁导率 μ 随磁场强度而变化的关系与图 7-2-3 相似。因此，铁心线圈是一个非线性电感元件。

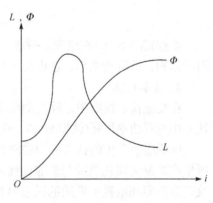

图 7-4-3 i 和 L 与 Φ 的关系

2. 电压和电流的关系

铁心线圈交流电路的电压和电流之间的关系也可由基尔霍夫电压定律得出，由于电压参考方向是电位降低的方向，电动势参考方向为电位升高的方向，故

$$u + e + e_\delta = Ri$$

或

$$u = Ri + (-e_\delta) + (-e) = Ri + L_\delta\frac{\mathrm{d}i}{\mathrm{d}t} + (-e) = u_R + u_\delta + u' \tag{7-4-1}$$

当 u 是正弦电压时，式中各量可视作正弦量，于是式(7-4-1)可用相量表示为

$$\dot{U} = R\dot{I} + (-\dot{E}_\delta) + (-\dot{E}) = R\dot{I} + \mathrm{j}X_\delta\dot{I} + (-\dot{E}) = \dot{U}_R + \dot{U}_\delta + \dot{U}' \tag{7-4-2}$$

式中，漏磁感应电动势 $\dot{E}_\delta = -jX_\delta \dot{I}$，其中 $X_\delta = \omega L_\delta$，称为漏磁感抗，它是由漏磁通引起的；$R$ 是铁心线圈的电阻。

至于主磁感应电动势，由于主磁电感或相应的主磁感抗不是常数，应按以下方法计算。

设主磁通 $\Phi = \Phi_m \sin \omega t$，则

$$e = -N\frac{d\Phi}{dt} = -N\frac{d(\Phi_m \sin \omega t)}{dt} = -N\omega \Phi_m \cos \omega t \tag{7-4-3}$$
$$= 2\pi f N \Phi_m \sin(\omega t - 90°) = E_m \sin(\omega t - 90°)$$

式中，$E_m = 2\pi f N \Phi_m$，为主磁电动势 e 的幅值，而其有效值则为

$$E = \frac{E_m}{\sqrt{2}} = \frac{2\pi f N \Phi_m}{\sqrt{2}} = 4.44 f N \Phi_m \tag{7-4-4}$$

式(7-4-4)是常用的公式，应特别注意。

由式(7-4-1)或式(7-4-2)可知，电源电压 u 可分为三个分量：$u_R = Ri$，是电阻上的电压降；$u_\delta = -e_\delta$，是平衡漏磁电动势的电压分量；$u' = -e$，是与主磁电动势相平衡的电压分量。因为根据楞次定律，感应电动势具有阻碍电流变化的物理性质，所以电源电压必须有一部分来平衡它们。

通常线圈的电阻 R 和感抗 X_δ(或漏磁通 Φ_δ)较小，因为它们上边的电压降也较小，与主磁电动势比较起来，可以忽略不计。于是有

$$\dot{U} \approx -\dot{E}$$
$$U \approx E = 4.44 f N \Phi_m = 4.44 f N B_m S \quad \text{(V)} \tag{7-4-5}$$

式中，B_m 是铁心中磁感应强度的最大值(T)；S 是铁心截面积(m^2)。若 B_m 的单位用高斯，S 的单位用平方厘米，则式(7-4-5)写为

$$U \approx E = 4.44 f N B_m S \times 10^{-8} \quad \text{(V)} \tag{7-4-6}$$

根据式(7-4-5)，在电压、磁通一定的情况下，电源频率越高，线圈匝数就越少，铁心线圈的体积、重量就越小，这也是飞机和某些舰船系统采用 400Hz 电源系统的原因。

3. 功率损耗

在交流铁心线圈中，除线圈电阻 R 上有功率耗损 I^2R(铜损 ΔP_{Cu})外，处于交变磁化下的铁心中也有功率损耗(铁损 ΔP_{Fe})。铁损是由磁滞和涡流产生的。

由磁滞所产生的铁损称为磁滞损耗 ΔP_h。可以证明，交变磁化一周在铁心的单位体积内所生产的磁滞损耗能量与磁滞回线所包围的面积成正比。磁滞损耗要引起铁心发热。硅钢就是变压器和电机中常用的铁心材料，在工作磁通密度一定的条件下，由于其磁滞回线所包围的面积较小，故而其磁滞损耗较小。

由涡流所产生的铁损称为涡流损耗 ΔP_e。在图 7-4-4 中，当线圈中通有交流电流时，它所产生的磁通 Φ 也是交变的。因此，不仅要在线圈中产生感应电动势，而且在铁心内也要产生感应电动势和感应电流。这种感应电流称为涡流，它在垂直于磁通方向的平面内环流着。

涡流损耗也会引起铁心发热。为了减小涡流损耗，在顺磁场方向，铁心可由彼此绝缘的钢片叠成(图 7-4-5)，这样就可以限制涡流只能在较小的截面内流通。此外，通常所用的硅钢中含有少量的硅(0.8%~4.8%)，因而电阻率较大，这也可以使涡流减小。

涡流存在有害的一面，但在另外一些场合下也存在有利的一面。对其有害的一面尽可能地加以限制，而对其有利的一面则应充分加以利用。例如，利用涡流的热效应来冶炼金属，利用涡流和磁场相互作用而产生电磁力的原理来制造感应式仪器、滑差电机及涡流测距器等。

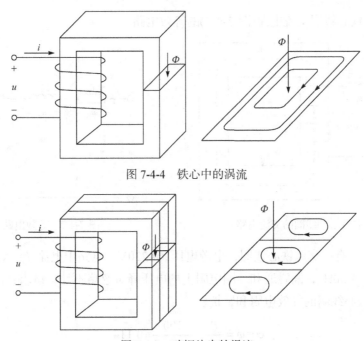

图 7-4-4　铁心中的涡流

图 7-4-5　硅钢片中的涡流

在交变磁通的作用下，铁心内的这两种损耗合称铁损 ΔP_{Fe}。铁损差不多与铁心内磁感应强度的最大值 B_m 的平方成正比，故 B_m 不宜选得过大，一般取 $0.8\sim1.2T$。

从上述可知，铁心线圈交流电路的有功功率为

$$P = UI\cos\varphi = RI^2 + \Delta P_{Fe} \tag{7-4-7}$$

4. 等效电路

对铁心线圈交流电路也可以用等效电路进行分析，就是用一个不含铁心的交流电路来等效代替它。等效的条件是：在同样电压作用下，功率、电流及各量之间的相位关系保持不变[注意：式(7-4-2)表明，铁心线圈中的非正弦周期电流已用等效正弦电流代替]。这样就使磁路计算的问题简化为电路计算的问题。

先把图 7-4-2 化成图 7-4-5，就是把线圈的电阻 R 和漏感抗 X_δ(由漏磁通引起的)划出，如图 7-4-6 所示，剩下的就是成为一个没有电阻和漏磁通的理想的铁心线圈电路。但铁心中仍有能量的损耗和能量的储放(储存和放出)，因此可将这个理想的铁心线圈交流电路用具有电阻 R_0 和感抗 X_0 的一段电路来等效代替。其中电阻 R_0 是和铁心中能量损耗(铁损)相对应的等效电阻，其值为 $R_0 = \dfrac{\Delta P_{Fe}}{I^2}$。

感抗 X_0 是和铁心中能量储放(与电源发生能量交换)相对应的等效感抗，其值为

$$X_0 = \frac{Q_{Fe}}{I^2} \tag{7-4-8}$$

式中，Q_{Fe} 是表示铁心储放能量的无功功率。

这段等效电路的阻抗模为

$$|Z_0| = \sqrt{R_0^2 + X_0^2} = \frac{U'}{I} \approx \frac{U}{I} \tag{7-4-9}$$

图 7-4-7 即铁心线圈交流电路(图 7-4-2)的等效电路。

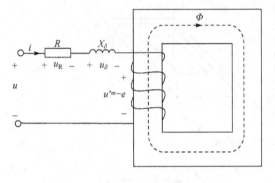

图 7-4-6　含铁心和线圈的交流电路

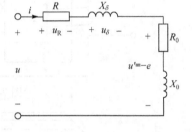

图 7-4-7　等效电路

【例 7.4.1】　有一交流铁心线圈，电源电压 U=220V，电路中电流 I=4A，功率表读数 P=100W，频率 f=50Hz，漏磁通和线圈电阻上的电压降可忽略不计，试求：(1)铁心线圈的功率因数；(2)铁心线圈的等效电阻和感抗。

解　(1)

$$\cos\varphi = \frac{P}{UI} = \frac{100}{220 \times 4} = 0.114$$

(2) 铁心线圈的等效阻抗模为

$$|Z'| = \frac{U}{I} = \frac{220}{4} = 55(\Omega)$$

等效电阻和等效感抗分别为

$$R' = R + R_0 = \frac{P}{I^2} = \frac{100}{4^2} = 6.25(\Omega) \approx R_0$$

$$X' = X_\delta + X_0 = \sqrt{|Z'|^2 - R'^2} = \sqrt{55^2 - 6.25^2} = 54.6(\Omega) \approx X_0$$

【例 7.4.2】　要绕制一个铁心线圈，已知电源电压 U=220V，频率 f=50Hz，今量得铁心截面为 30.2cm²，铁心由硅钢片叠成，设叠片间隙系数为 0.91(一般取 0.9~0.93)。　(1)如取 B_m=1.2T，问线圈匝数应为多少? (2)如磁路平均长度为 60cm，问励磁电流应多大?

解　铁心的有效面积为

$$S = 30.2 \times 0.91 = 27.5(\text{cm}^2)$$

(1) 线圈匝数可根据式(7-4-5)求出，即

$$N = \frac{U}{4.44 f B_m S} = \frac{220}{4.44 \times 50 \times 1.2 \times 27.5 \times 10^{-4}} \approx 300$$

(2) 从图 7-2-5 中可查出，当 B_{m}=1.2T 时，H_{m}=700A/m，所以

$$I = \frac{H_{\mathrm{m}}l}{\sqrt{2}N} = \frac{700 \times 60 \times 10^{-2}}{\sqrt{2} \times 300} = 1(\mathrm{A})$$

7.5 变 压 器

变压器在国民经济各部门中应用极为广泛，它的基本原理也是异步电动机和其他一些电气设备的基础，其主要功能是将某一电压值的交流电压转换为同频率的另一电压值的交流电压，还可用来改变电流、变换阻抗或在控制系统中变换传递信号。

为了适应不同的使用目的和工作条件，变压器的类型很多。一般按变压器的用途分类，也可按照结构特点、相数多少、冷却方式等进行分类。

按用途分类，变压器可分为以下几种。

(1) 电力变压器：升压变压器、降压变压器、配电变压器等。

(2) 仪用变压器：电压互感器、电流互感器。

(3) 特殊变压器：电炉变压器、电焊变压器、整流变压器等。

(4) 试验用变压器：高压变压器和调压器等。

(5) 电子设备及控制线路用变压器：输入、输出变压器，脉冲变压器，电源变压器等。

按绕组的多少、变压器可分为双绕组、三绕组、多绕组以及自耦(单绕组)变压器；根据变压器的铁心结构，又分心式变压器与壳式变压器；按相数的多少，分为单相变压器、三相变压器和多相变压器等。

按冷动方式分，有用空气冷却的干式变压器和用变压器油冷却的油浸式变压器等。

作为电能传输过程中使用的电力变压器，其传输过程示意图如图 7-5-1 所示。

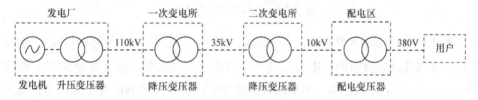

图 7-5-1　电能传输过程示意图

为了减小线路损耗，采用高压输电到远途用电区，常用的高压输电电压有 110kV、220kV、500kV。为了灵活分配和安全用电的需要，又用降压变压器分配到各工厂用户，通常低电压有 220V、380V、1000V。变压器种类虽繁多，但它们的基本结构、作用原理和分析方法都是相同的。

7.5.1　变压器工作原理

图 7-5-2 为一最简单的变压器原理图，它由一个作为电磁铁的铁心和绕在铁心柱上的两个或两个以上的绕组组成。其中接电源的绕组称为原绕组(又称初级绕组、一次绕组)，接负载的绕组称为副绕组(又称次级绕组、二次绕组)。

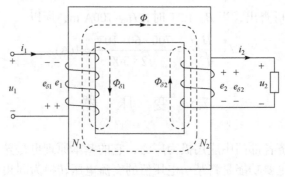

图 7-5-2 变压器的原理图

变压器的工作原理是以铁心中集中通过的磁通 Φ 为桥梁的典型的互感现象，原绕组加交变电流产生交变磁通，副绕组受感应而生电。它是电-磁-电转换的静止电磁装置。

1. 变压器空载运行

空载状态的变压器如图 7-5-3 所示，由于副边绕组开路，其输出电流 $i_2=0$，故其原绕组中的电磁关系与交流铁心线圈完全一样。

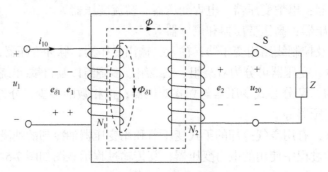

图 7-5-3 变压器的空载运行

在外加正弦交流电压 u_1 作用下，原绕组内有电流 i_{10} 流过。由于副绕组开路，副绕组内没有电流，故将此时原绕组内的电流 i_{10} 称为空载电流。该电流通过匝数为 N_1 的原绕组产生磁动势 $i_{10}N_1$，并建立交变磁场。由于铁心的磁导率比空气或油的磁导率大得多，因而绝大部分磁通经过铁心而闭合，并与原、副绕组交链，这部分磁通称为主磁通，用 Φ 表示。主磁通穿过原绕组和副绕组，并在其中感应产生电动势 e_1 和 e_2。另有一小部分漏磁通 $\Phi_{\delta 1}$ 不经过铁心而通过空气或油闭合，它仅与原绕组本身交链。漏磁通在变压器中感应的电动势仅起电压降的作用，不传递能量。

上述的电磁关系可表示如下：

$$\Phi_{\delta 1} \longrightarrow e_{\delta 1}=-L_{\delta 1}\frac{\mathrm{d}i_{10}}{\mathrm{d}t}$$

$$u_1 \longrightarrow i_{10}(i_{10}N_1) \longrightarrow \Phi \begin{array}{c} \nearrow e_1=-N_1\dfrac{\mathrm{d}\Phi}{\mathrm{d}t} \\ \searrow e_2=-N_2\dfrac{\mathrm{d}\Phi}{\mathrm{d}t}=u_{20} \end{array}$$

由基尔霍夫电压定律，按图 7-5-3 所规定的电压、电流和电动势的参考方向，可列出原、副绕组的瞬时电压平衡方程式，即

$$\begin{cases} u_1 = -e_1 - e_{\delta1} + i_{10}R_1 = N_1\dfrac{\mathrm{d}\varPhi}{\mathrm{d}t} + N_1\dfrac{\mathrm{d}\varPhi_\delta}{\mathrm{d}t} + i_{10}R_1 \\ u_2 = e_2 = -N_2\dfrac{\mathrm{d}\varPhi}{\mathrm{d}t} \end{cases} \tag{7-5-1}$$

式中，R_1 为原绕组的电阻。若用相量形式表示，式(7-5-1)可写成

$$\begin{cases} \dot{U}_1 = -\dot{E}_1 - \dot{E}_{\delta1} + \dot{I}_{10}R_1 \\ \dot{U}_{20} = \dot{E}_2 \end{cases} \tag{7-5-2}$$

式中，$\dot{E}_{\delta1} = -\mathrm{j}\dot{I}X_{\delta1}$，$X_{\delta1} = \omega L_{\delta1}$ 为原绕组漏感抗。

$$\dot{E}_1 = -\mathrm{j}4.44fN_1\dot{\varPhi}_\mathrm{m}，\quad \dot{E}_2 = -\mathrm{j}4.44fN_2\dot{\varPhi}_\mathrm{m}$$

相对于主磁通 $\varPhi$，漏磁通 $\varPhi_{\delta1}$ 很小，所以由其引起的 $e_{\delta1}$ 很小，再考虑到一般变压器线圈电阻 R 很小，所以绕组的电阻压降 iR 也很小。因此，在式(7-5-1)中原边绕组忽略 $e_{\delta1}$ 和 $i_{10}R$ 可得到

$$u_1 \approx -e_1$$

或

$$\dot{U}_1 \approx -\dot{E}_1$$

因此

$$\frac{\dot{U}_1}{\dot{U}_{20}} \approx -\frac{\dot{E}_1}{\dot{E}_2} \tag{7-5-3}$$

其有效值之比为

$$\frac{U_1}{U_{20}} \approx \frac{E_1}{E_2} = \frac{N_1}{N_2} = K \tag{7-5-4}$$

式中，K 称为变压器的变比，即原、副绕组的匝数比。当 $K<1$ 时，为升压变压器；当 $K>1$ 时，为降压变压器。

必需指出，变压器空载时，若外加电压的有效值 U_1 一定，主磁通的最大值 $\varPhi_\mathrm{m}$ 也基本不变，如 $\varPhi = \varPhi_\mathrm{m}\sin\omega t$，则有

$$\dot{U}_1 \approx -\dot{E}_1 = -\mathrm{j}4.44fN_1\varPhi_\mathrm{m} \tag{7-5-5}$$

用有效值形式表示为

$$U_1 \approx E_1 = 4.44fN_1\varPhi_\mathrm{m} \tag{7-5-6}$$

在式(7-5-6)中，当 f、N_1 为定值时，主磁通最大值 $\varPhi_\mathrm{m}$ 只取决于外加电压有效值 U_1，而与是否接负载无关。若外加电压 U_1 不变，则主磁通 $\varPhi_\mathrm{m}$ 也不变。这个关系对分析变压器的负载运行及电动机的工作原理都非常重要。

2. 变压器负载运行

变压器负载运行是指将变压器的原绕组接上电源，副绕组接有负载的情况，如图 7-5-4 所示。副绕组接上负载 Z 后，在电动势 e_2 的作用下，副边就有电流 i_2 流过，即副边有电能输出。原绕组与副绕组之间没有电的直接联系，只有磁通与原、副绕组交链形成的磁耦合来实现能量传递。

接上负载后，副绕组中就有电流 i_2 流过，故其不仅要在副绕组中产生压降 i_2R_2，而且还将在副绕组周围产生漏磁通 $\Phi_{\delta 2}$，进而产生漏磁感应电动势 $e_{\delta 2}$。变压器负载运行时的电磁关系如下：

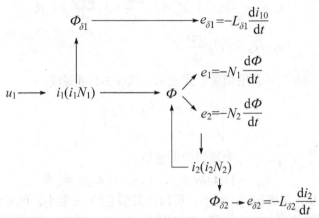

按图 7-5-4 所规定的电压、电流和电动势的参考方向，可列出原、副绕组的瞬时电压平衡方程：

$$\begin{cases} u_1 = -e_1 - e_{\delta 1} + i_1 R_1 = N_1 \dfrac{\mathrm{d}\Phi}{\mathrm{d}t} + N_1 \dfrac{\mathrm{d}\Phi_{\delta 1}}{\mathrm{d}t} + i_1 R_1 \\ u_2 = e_2 + e_{\delta 2} - i_2 R_2 = -N_2 \dfrac{\mathrm{d}\Phi}{\mathrm{d}t} - N_2 \dfrac{\mathrm{d}\Phi_{\delta 2}}{\mathrm{d}t} - i_2 R_2 \end{cases} \tag{7-5-7}$$

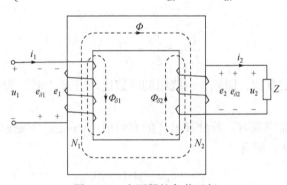

图 7-5-4　变压器的负载运行

若用相量形式表示，式(7-5-7)可写成

$$\begin{cases} \dot{U}_1 = -\dot{E}_1 - \dot{E}_{\delta 1} + \dot{I}_1 R_1 \\ \dot{U}_2 = \dot{E}_2 + \dot{E}_{\delta 2} - \dot{I}_2 R_2 \\ \dot{U}_2 = \dot{I}_2 Z \end{cases} \tag{7-5-8}$$

式中，$\dot{E}_{\delta 2} = -\mathrm{j}\dot{I}_2 X_{\delta 2}$，$X_{\delta 2} = \omega L_{\delta 2}$ 为副绕组的漏感抗。

将 $\dot{E}_{\delta 1} = -\mathrm{j}\dot{I}_1 X_{\delta 1}$ 与 $\dot{E}_{\delta 2} = -\mathrm{j}\dot{I}_2 X_{\delta 2}$ 代入式(7-5-8)，则有

$$\begin{cases} \dot{U}_1 = -\dot{E}_1 + \dot{I}_1 (\mathrm{j}X_{\delta 1} + R_1) \\ \dot{U}_2 = \dot{E}_2 - \dot{I}_2 (\mathrm{j}X_{\delta 2} + R_2) \end{cases} \tag{7-5-9}$$

可将有载运行的变压器等效为图 7-5-5 所示的电磁路形式，这样分析起来比较方便。

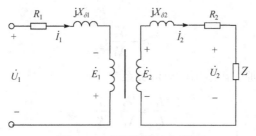

图 7-5-5 变压器等效电磁路

相对于主磁通 Φ，漏磁通 $\Phi_{\delta1}$、$\Phi_{\delta2}$ 很小，所以由其引起的 $e_{\delta1}$、$e_{\delta2}$ 很小。再考虑到一般变压器线圈电阻 R 很小，一定的电流范围内，原、副边绕组的电阻压降 i_1R_1、i_2R_2 也很小，因此，在式(7-5-7)中，忽略原、副边绕组的 e_δ 和 iR 可得到

$$\begin{cases} u_1 \approx -e_1 = N_1 \dfrac{\mathrm{d}\Phi}{\mathrm{d}t} \\ u_2 \approx e_2 = -N_2 \dfrac{\mathrm{d}\Phi}{\mathrm{d}t} \end{cases} \Rightarrow \begin{cases} U_1 \approx E_1 = 4.44N_1 f\Phi_\mathrm{m} \\ U_2 \approx E_2 = 4.44N_2 f\Phi_\mathrm{m} \end{cases} \Rightarrow \dfrac{U_1}{U_2} \approx \dfrac{N_1}{N_2} = K \tag{7-5-10}$$

由式(7-5-10)可以得到两个结论：一是负载运行时，原、副边的电压有效值之比仍为原、副边绕组的匝数之比；二是主磁通最大值 Φ_m 的大小只与 f、N_1、U_1 有关，这与空载运行时表达式(7-5-6)一致。故无论空载还是负载，铁心中主磁通 Φ_m 的大小基本不变。

空载运行时，铁心中的主磁通 Φ 是由 $i_{10}N_1$ 产生的，根据磁路欧姆定律，有

$$\dot{\Phi} = \frac{\dot{I}_{10}N_1}{R_\mathrm{m}} \tag{7-5-11}$$

式中，R_m 为铁心磁路磁阻。

负载运行时，铁心中的主磁通 Φ 实际是由 i_1N_1 和 i_2N_2 共同产生的，根据磁路欧姆定律，有

$$\dot{\Phi} = \frac{\dot{I}_1N_1 + \dot{I}_2N_2}{R_\mathrm{m}} \tag{7-5-12}$$

要使式(7-5-11)和式(7-5-12)中铁心主磁通 Φ 相等，则产生该磁通的磁动势也应保持恒定，即

$$\dot{I}_1N_1 + \dot{I}_2N_2 = \dot{I}_{10}N_1 \tag{7-5-13}$$

式(7-5-13)称为磁动势平衡方程式。有载时，原边磁动势 i_1N_1 可视为两个部分：$i_{10}N_1$ 用来产生主磁通 Φ；i_2N_2 用来抵消副边电流 i_2 所建立的磁动势 i_2N_2，以维持铁心中的主磁通最大值 Φ_m 基本不变。

由式(7-5-13)得到

$$\dot{I}_1 = \dot{I}_{10} + \left(-\frac{N_2}{N_1} \dot{I}_2 \right) \tag{7-5-14}$$

一般情况下，空载电流 i_{10} 只占原绕组额定电流 i_{1N} 的 3%～10%，可以略去不计。于是式(7-5-14)可写成

$$\dot{I}_1 \approx -\frac{N_2}{N_1}\dot{I}_2 \tag{7-5-15}$$

由式(7-5-15)可知，原、副绕组的电流关系为

$$\frac{I_1}{I_2} \approx \frac{N_2}{N_1} = \frac{1}{K} \tag{7-5-16}$$

式(7-5-16)表明变压器原、副绕组的电流之比近似与它们的匝数成反比。

必须注意，式(7-5-16)是在忽略空载电流的情况下获得的，若变压器在空载或轻载下运行就不适用了。

3. 阻抗变换

在某些电路中，常对负载阻抗的大小有一定的要求，以便使负载获得较大的功率。当负载阻抗难以达到匹配要求时，可以利用变压器进行阻抗变换。

图 7-5-6 所示的变压器，副边接入的负载电阻为 Z_L，从变压器原边输入端得到的等效阻抗为

$$Z_L' = \frac{\dot{U}_1}{\dot{I}_1} = \frac{(N_1/N_2)\dot{U}_2}{(N_2/N_1)\dot{I}_2} = \left(\frac{N_1}{N_2}\right)^2 \frac{\dot{U}_2}{\dot{I}_2} = k^2 Z_L \tag{7-5-17}$$

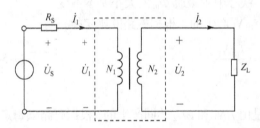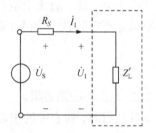

图 7-5-6　变压器的阻抗变换

式(7-5-17)表明，若变压器副边负载阻抗为 Z_L 时，原边的等效阻抗值变为 $k^2 Z_L$。因此，只要改变变压器的变比就可以获得所需的匹配阻抗值。

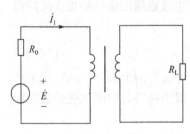

图 7-5-7　例 7.5.1 图

【**例 7.5.1**】　图 7-5-7 中交流信号源 $E=120\text{V}$，$R_0=800\Omega$，负载电阻为 $R_L=8\Omega$ 的扬声器。

(1) 若 R_L 折算到原边的等效电阻 $R_L'=R_0$，求变压器的变比和信号源的输出功率；

(2) 若将负载直接与信号源连接时，信号源输出功率是多少？

解　(1) 由 $R_L' = k^2 R_L = 800\Omega$，则变比

$$k = \sqrt{\frac{R_L'}{R_L}} = 10$$

信号源的输出功率 $$P_{\text{L}} = \left(\frac{E}{R_0 + R'_{\text{L}}} \right)^2 R'_{\text{L}} = 4.5\text{W}$$

(2) 直接接负载时 $$P_{\text{L}} = \left(\frac{E}{R_0 + R_{\text{L}}} \right)^2 R_{\text{L}} = 0.176\text{W}$$

4. 三相变压器

要变换三相电压可采用三相变压器(图 7-5-8)。图中,各相高压绕组的始端和末端分别用 A、B、C 和 X、Y、Z 表示,低压绕组则用 a、b、c 和 x、y、z 表示。

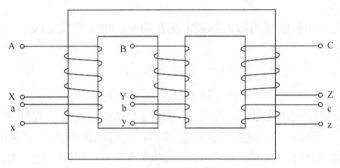

图 7-5-8 三相变压器

图 7-5-9 是三相变压器连接法举例,高压侧连接成 Y 形,相电压只有线电压的 $1/\sqrt{3}$,可以降低每相绕组的绝缘要求,低压侧连接成△形,相电流只有线电流的 $1/\sqrt{3}$,可以减小每相绕组的导线截面。

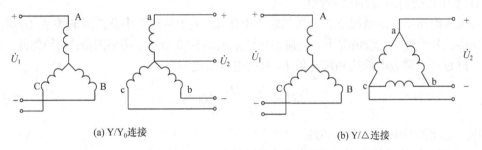

(a) Y/Y₀连接   (b) Y/△连接

图 7-5-9 三相变压器连接法举例

7.5.2 变压器的额定值

为了正确合理地使用变压器,必须了解变压器的额定值。变压器在额定工作状态下可以保证变压器长期可靠地工作,并且具有良好的性能。

变压器的主要额定值如下。

1) 额定电压 U_{N}

变压器的额定电压是指变压器在额定运行情况下,根据变压器绕组的绝缘强度和容许温升所规定的电压值,用符号 U_{1N} 表示。副边绕组的额定电压是指变压器空载、原边绕组上加额定电压 U_{1N} 时,副边绕组两端的电压,用 U_{2N} 表示。U_{1N}、U_{2N} 对单相变压器是电压的有效值,对三相变压器是线电压的有效值。

由于变压器运行时其绕组及线路上有电压降存在，常规定 U_{2N} 比线路及负载的额定电压高 5%或 10%。例如，我国低压配电线路额定电压一般为 380V/220V，则变压器副边绕组的 U_{2N} 应为 400V/230V。

2) 额定电流 I_N

变压器的额定电流是指变压器在额定运行情况下，根据变压器容许温升所规定的电流值，用 I_{1N} 和 I_{2N} 来表示，三相变压器的额定电流是指线电流。使变压器副边绕组电流达到额定值的负载称为变压器的额定负载。

3) 额定容量 S_N

额定容量是指变压器副绕组输出的额定视在功率，单位为伏安(V·A)或(kV·A)，用符号 S_N 表示。

单相变压器 $\qquad S_N = U_{1N}I_{1N} = U_{2N}I_{2N}$ （7-5-18）

三相变压器 $\qquad S_N = \sqrt{3}U_{1N}I_{1N} = \sqrt{3}U_{2N}I_{2N}$ （7-5-19）

变压器的额定值除上述之外，还有额定频率 f_N(我国的电力变压器频率主要是 50Hz，美国和日本为 60Hz)、相数 m 等，这些数据通常都标注在变压器的铭牌上，又称为铭牌值。

变比在变压器的铭牌上注明，它表示原、副绕组的额定电压之比，如 "6000V/400V" (K=15)。这表示原绕组的额定电压(即原绕组上应加的电源电压)$U_{1N} = 6000V$，副绕组的额定电压 $U_{2N} = 400V$。

7.5.3 变压器的运行特性

1) 变压器的输出特性(外特性)

在输入电压不变的情况下，变压器输出电压 U_2 关于负载大小及性质的关系 $U_2=f(I_2)$ 称为变压器的外特性。一般情况下，其输出特性如图 7-5-10 所示，功率因数(感性)越低，输出电压下降越多，副边电流达到额定值 I_{2N} 时的电压变化率为

$$\Delta U = \frac{U_{20} - U_2}{U_{20}} \times 100\% \qquad (7\text{-}5\text{-}20)$$

一般电力变压器的电压变化率<5%。

2) 变压器的功耗与效率

变压器的功率损耗包括铜损 $\Delta P_{Cu} = I_1^2 R_1 + I_2^2 R_2$ 与铁损 ΔP_{Fe} 两部分，其中铜损随负载电流的变化而变化，称为可变损耗；铁损包括磁滞损耗 ΔP_{Fe1} 和涡流损耗 ΔP_{Fe2} 两部分，它仅与主磁通 Φ_m 相关，电源电压不变时，Φ_m 基本不变，故 ΔP_{Fe} 也基本不变，称为不变损耗。

变压器的效率即输出功率 P_2 占输入功率 P_1 的百分比，故其为

$$\eta = \frac{P_2}{P_1} \times 100\% = \frac{P_1 - \Delta P_{Cu} - \Delta P_{Fe}}{P_1} \times 100\% = \left[1 - \frac{\Delta P_{Cu} + \Delta P_{Fe}}{P_1}\right] \times 100\% \qquad (7\text{-}5\text{-}21)$$

变压器的效率曲线如图 7-5-11 所示，可以证明，当 $\Delta P_{Cu} = \Delta P_{Fe}$ 时，其效率最大(这一特点同样适用于电动机与发电机，是电磁类用电设施的共性)。

大型电力变压器额定负载时的效率可高达 97%以上。

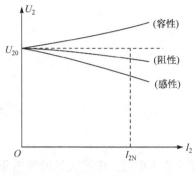

图 7-5-10 变压器的外特性

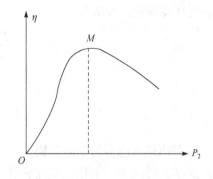

图 7-5-11 变压器的效率曲线

7.5.4 特殊变压器

下面简单介绍几种特殊用途的变压器。

1) 自耦变压器

图 7-5-12 所示的是一种自耦变压器原理图，其结构特点是副绕组是原绕组的一部分。原、副绕组的电压、电流之比为

$$\frac{U_1}{U_2} = \frac{N_1}{N_2} = K$$

$$\frac{I_1}{I_2} = \frac{N_2}{N_1} = \frac{1}{K}$$

实验室中常用的调压器就是一种可以改变副绕组匝数的自耦变压器。

2) 电流互感器

电流互感器是根据变压器的原理制成的。它主要是用来扩大交流电流的测量量程。因为测量大电流的交流电路时(如测量容器较大的电动机、工平炉、焊机等的电流时)，通常电流表的量程是不够的。

此外，使用电流互感器也是为了使测量仪表与高压电路隔开，以保证人身与设备的安全。电流互感器的接线图及其符号如图 7-5-13 所示。原绕组的匝数很少(只有一匝或几匝)，它串联在被测电路中，副绕组的匝数较多，它与电流表或其他仪表及继电器的电流线圈相连接。

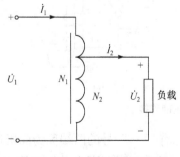

图 7-5-12 自耦变压器原理图

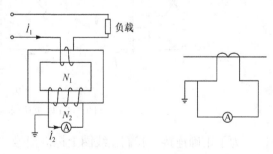

图 7-5-13 电流互感器的接线图及其符号

据变压器原理，可认为

$$\frac{I_1}{I_2} = \frac{N_2}{N_1} = K_1$$

或

$$I_1 = \frac{N_2}{N_1} I_2 = K_1 I_2 \tag{7-5-22}$$

式中，K_1 是电流互感器的变换系数。

由式(7-5-22)可见，利用电流互感器可将大电流变换为小电流。电流表的读数 I_2 乘以变换系数 K_1 即被测的大电流 I_1(在电流表的刻度上可以直接标出被测电阻值)。通常电流互感器副绕组的额定电流规定为 5A 或 1A。

因为电流互感器的原绕组与负载串联，其原边电流 I_1 的大小是由负载的大小决定的，不是副边电流 I_2 决定的。所以当副绕组电路断开时，副绕组的电流和磁动势立即消失，但 I_1 的电流不变，这时铁心的磁通全由原绕组的磁动势 $N_1 I_1$ 产生，结果造成铁心内产生很大的磁通(因为副绕组磁通为零，不能对消部分原绕组的磁通)。这样一方面会使铁损增大，让铁心发热，另一方面又使副绕组的感应电势大大增高，增加危险。

所以在使用电流互感器时，不允许断开副绕组电路，这点与普通变压器的使用有所不同。为了安全起见，电流互感器的铁心和副绕组的一端应该接地处理。

7.5.5 变压器绕组的极性

在使用变压器或者其他有磁耦合的互感线圈时，要注意线圈的正确连接。例如，一台变压器的原绕组，如图 7-5-14(a)中的 1-2 和 3-4。当接到 220V 的电源上时，两绕组串联，如图 7-5-14(b)所示。接到 110V 的电源上时，两绕组并联，如图 7-5-14(c)所示。如果连接错误，例如，串联时将 2 和 4 两端连在一起，将 1 和 3 两端接电源，这样，两个绕组的磁动势就互相抵消，铁心中不产生磁通，绕组中也就没有感应电动势，绕组中将流过很大的电流，把变压器烧毁。

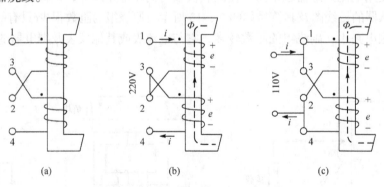

图 7-5-14 变压器原绕组的正确连接

为了正确连接，我们在线圈上标以记号"·"。标有"·"号的两端称为同极性端，图 7-5-14 中的 1 和 3 是同极性端，当然 2 和 4 也是同极性端。当电流从两个线圈的同极性端流入(或流出)时，产生的磁通方向相同，或者当磁通变化(增大或减小)时，在同极性端感应电动势的极性也相同。在图 7-5-14 中，绕组中的电流正在增大，感应电动势 e 的极性(或方向)如图中所示。

如果将其中一个线圈反绕，如图 7-5-15 所示，则 1 和 4 两端应为同极性端。串联时应将 2 和 4 两端连在一起。可见，哪两端是同极性端，还和线圈绕向有关，只要线圈绕向已知，同极性端就不难确定。

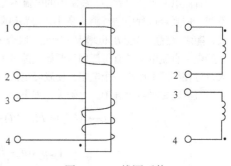

图 7-5-15　线圈反绕

*7.6　电 磁 铁

电磁铁是通过给有铁心的线圈通电，产生电磁力，来实现机械运动的多功能器件，它在工业生产、控制中有着广泛的应用。尽管电磁铁的结构形式多样，功能各异，但它们的基本组成都是相同的，由磁导率很高的软磁性材料铁心、衔铁和线圈三部分构成，结构形式如图 7-6-1 所示。

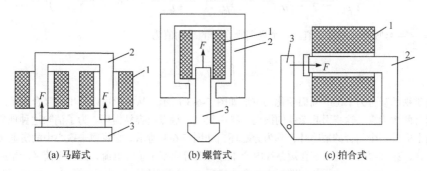

(a) 马蹄式　　　　　　　　(b) 螺管式　　　　　　　　(c) 拍合式

图 7-6-1　电磁铁的几种形式

1-线圈　2-铁心　3-衔铁

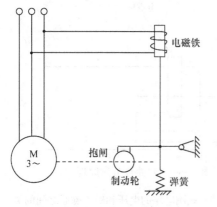

图 7-6-2　电磁铁应用举例

电磁铁在生产中的应用极为普遍，图 7-6-2 所示的例子是用它来制动机床和起重机的电动机。当接通电源时，电磁铁动作而拉开弹簧，把抱闸提起，放开装在电机轴上的制动轮，这时电动机便可以自由转动。当电源断开时，电磁铁的衔铁落下，弹簧将抱闸装置压在制动轮上，电动机就被制动。起重机采用这种制动方法可以避免工作过程中突然断电而使重物滑下造成事故。

7.6.1　直流电磁铁

当给直流电磁铁线圈通直流后，磁路中产生恒定的磁通，衔铁被磁化，并受到电磁力的吸引而运动。失电后，衔铁在自重或其他外力的作用下而复位，这就是它的工作原理。

电磁吸合力的计算公式为

$$f = \frac{1}{2}\frac{B_0^2}{\mu_0}S \tag{7-6-1}$$

式中，B_0 为空气隙中的磁感应强度；μ_0 为空气的磁导率；S 为全部吸合面的面积；f 为吸合力。

直流电磁吸合过程中，线圈中的电流不变，电流大小仅取决于电源的电压和线圈的内阻，即磁动势 IN 不变。但吸合过程中空气隙 l_0 变小，磁路磁阻 R_m 也变小，根据磁路欧姆定律 $\Phi = IN / R_m$ 分析，则磁通增大，随之磁感应强度 B_0 也增大，因此，吸合力 f 也在增加，完全吸合后达到最大值，这是直流电磁铁的一个特点。直流电磁铁有可能因为开始气隙过大，电磁吸力小而吸合不上。完全吸合上后，如果吸合力 f 过大，可在线圈电路串一个电阻，使励磁电流减小，维持吸合就可以了。

直流电磁吸合过程中，电磁关系如下：

$$U \rightarrow I\left(I=\frac{U}{R}\right) \rightarrow F(F=NI) \rightarrow \Phi\!\!\uparrow\!\!\left(\Phi=\frac{NI}{R_m}\right) \rightarrow B_0\!\!\uparrow\!\!\left(B_0=\frac{\Phi}{S}\right) \rightarrow f\!\!\uparrow\!\!\left(f=\frac{1}{2}\frac{B_0^2 S}{\mu_0}\right)$$

$$l_0\!\!\downarrow\!\!\downarrow R_m\!\!\downarrow\!\!\left(R_m=\frac{l_0}{\mu_0 S}\right)$$

7.6.2 交流电磁铁

在交流电磁铁中，如果接入正弦交流电压，铁心中的磁通也按正弦规律变化，气隙中的磁感应强度 B_0 和磁通一样为正弦时间函数。

$$B_0 = B_m \sin \omega t \tag{7-6-2}$$

吸合力也随时间变化，瞬时值表达式为

$$f = \frac{1}{2}\frac{B_0^2}{\mu_0}S = \frac{1}{2}\frac{B_m^2 \sin^2 \omega t}{\mu_0}S = \frac{B_m^2}{2\mu_0}S\left(\frac{1-\cos 2\omega t}{2}\right) = F_m\left(\frac{1-\cos 2\omega t}{2}\right) \tag{7-6-3}$$

式中，$F_m = \dfrac{B_m^2 S}{2\mu_0}$ 是吸合力的最大值。一个周期吸合力的平均值为

$$F_{av} = \frac{1}{T}\int_0^T f\mathrm{d}t = \frac{1}{4}\frac{B_m^2}{\mu_0}S \tag{7-6-4}$$

交流电磁铁的吸合力 f 随时间而变化的波形如图 7-6-3 所示。从波形可以看出，吸合力是脉动的，而且一个周期有两次为零，这将引起衔铁的振动，噪声很大，触点也容易损坏。为了消除这种现象，通常在铁心的端面上嵌装一个闭合的短路环，称为分磁环，如图 7-6-4 所示。它将原来铁心中的磁通 Φ 分成 Φ_1 和 Φ_2 两部分，穿过短路环的磁通在短路环内产生感应电势而有了感应电流，感应电流又产生磁通阻滞穿过该短路环内磁通的变化，这样使短路环内的合成磁通 Φ_2 滞后于短路环外的磁通 Φ_1，使 Φ_1 和 Φ_2 有了相位差，磁通 Φ_1 和 Φ_2 不会同时为零。另外，两者的幅值也不一样，所以此时总磁通会保持在一定值以上，使吸引力不至于过小而导致衔铁分开，从而起到消噪的作用。

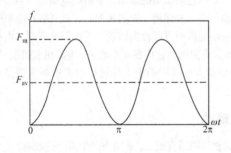

图 7-6-3　交流电磁铁吸合力波形

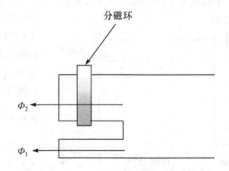

图 7-6-4　短路环分磁原理

交流电磁铁属于交流铁心线圈电路，在 7.4 节中介绍的交流铁心线圈电路的电压和磁路磁通之间的关系在此仍然适用，即

$$U \approx E = 4.44 f N B_m S \times 10^8 \quad \text{(V)}$$

由此可知，交流电磁铁在电源电压有效值 U、频率 f 一定的情况下，电磁铁在吸合的过程中磁路中的 $B_\mathrm{m}S$ 近似不变。

交流电磁铁与直流电磁铁相比有它的特点。交流电磁铁在吸合的过程中，由于磁路磁通 $B_\mathrm{m}S$ 近似恒定，故平均吸合力基本保持不变，但随着气隙的减小，励磁电流逐渐减小，也就是说交流电磁铁吸合前的励磁电流要比吸合后的电流大。因此，交流电磁铁在工作时要防止衔铁被卡住，否则线圈中将流过 5～6 倍的额定电流，甚至更大，使线圈因过热而烧坏。另外，交流电磁铁也不宜过于频繁地操作。

交流电磁吸合过程中，电磁关系如下：

$$U \rightarrow \varPhi_\mathrm{m}\left(\varPhi_\mathrm{m}=\frac{U}{4.44fN}\right) \rightarrow B_\mathrm{m}\left(B_\mathrm{m}=\frac{\varPhi_\mathrm{m}}{S}\right) \rightarrow F_\mathrm{av}\left(F_\mathrm{av}=\frac{1}{4}\frac{B_\mathrm{m}^2 S}{\mu_0}\right)$$

$$l_0 \downarrow \rightarrow R_\mathrm{m}\downarrow \left(R_\mathrm{m}=\frac{l_0}{\mu_0 S}\right) \rightarrow NI_\mathrm{m}\downarrow (NI_\mathrm{m}=\varPhi_\mathrm{m}R_\mathrm{m}) \rightarrow i \downarrow$$

交、直流电磁铁除了上述吸合过程中的电磁关系不同外，它们在铁心结构上也有区别，在交流磁铁中，为了减小由于交变磁通在铁心中产生的涡流损耗，铁心是由钢片叠压而成的。而在直流磁铁中，由于恒定的磁通不会在铁心中产生涡流损耗，故铁心是用整块的软钢制成的。

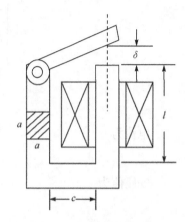

图 7-6-5 拍合式交流电磁铁

【例 7.6.1】 图 7-6-5 是一块拍合式交流电磁铁，其磁路尺寸为：$c=4\mathrm{cm}$，$l=7\mathrm{cm}$，铁心由硅钢片叠压而成。铁心和衔铁的横截面积都是正方形，每边长度 $a=1\mathrm{cm}$，励磁线圈电压为 220V。现要求衔铁在最大气隙 $\delta=1\mathrm{cm}$(平均值)时须产生吸力 50N，试计算线圈的匝数和此时的电流值。计算时可以忽略漏磁通，并且铁心和衔铁的磁阻与空气隙相比可以不计。

解 按已知吸力求 B_m(空气隙的与铁心中的相等)：

$$F_\mathrm{av}=\frac{10^7}{16\pi}B_\mathrm{m}^2 S_0$$

$$B_\mathrm{m}=\sqrt{\frac{16\pi F_\mathrm{av}}{S_0}\times 10^{-7}}=\sqrt{\frac{16\pi\times 50}{1\times 10^{-4}}\times 10^{-7}}\approx 1.6(\mathrm{T})$$

计算线圈的匝数：

$$N=\frac{U}{4.44fB_\mathrm{m}S}=\frac{220}{4.44\times 50\times 1.6\times 10^{-4}}\approx 6200$$

求初始励磁电流：

$$\sqrt{2}NI\approx H_\mathrm{m}\delta=\frac{B_\mathrm{m}}{\mu_0}\delta$$

$$I=\frac{B_\mathrm{m}\delta}{\sqrt{2}N\mu_0}=\frac{1.6\times 1\times 10^2}{\sqrt{2}\times 6200\times 4\pi\times 10^{-7}}=1.5(\mathrm{A})$$

7.7 工 程 应 用

直流电磁铁产品结构图如图 7-7-1 所示，按照所给参数要求，对电磁铁吸力进行计算。已知电磁铁直流工作电压 $U=12\mathrm{V}$，电阻 $R=(285\pm10\%)\Omega$，匝数 $N=3900$。由已知条件可计算得出：

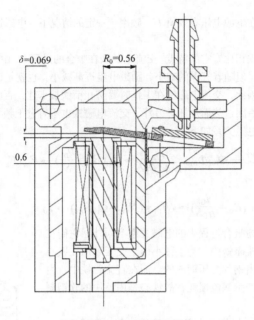

图 7-7-1 电磁铁吸力计算

电流为

$$I=U/R=12/285=0.042(\text{A})$$

安匝值为

$$IN=0.042\times3900=163.8(\text{安}\cdot\text{匝})$$

电磁吸力经验公式为

$$F=\left(\frac{\varPhi}{5000}\right)^2\times\frac{1}{S(1+\alpha\delta)}$$

式中，$\varPhi$ 为通过铁心极化面的磁通量(Mx)；S 为铁心极化面面积(cm^2)；δ 为未吸合时衔铁和铁心的气隙长度(cm)；α 为修正系数，一般为 3～5，在此取其中间值 4。

在电磁吸力式中，磁通量为

$$\varPhi=IN\times G_\delta\times10^8$$

式中，G_δ 为工作磁通的磁导

$$G_\delta=\frac{2\pi R_0^2\mu_0}{\delta}\left(1-\sqrt{1-\frac{r^2}{R_0^2}}\right)$$

其中，R_0 为衔铁旋转位置到铁心中心的长度(cm)；μ_0 为空气中的磁导率，约等于 $0.4\pi\times10^{-8}\text{H/cm}$；$r$ 为极化面的半径(cm)。

由产品结构图可知：

$$R_0=0.56\text{cm}, \qquad r=0.3\text{cm}, \qquad \delta=0.069\text{cm}$$

故有

$$G_{\delta} = \frac{2\pi \times 0.56^2 \times 0.4\pi \times 10^{-8}}{0.069}\left(1 - \sqrt{1 - \frac{0.3^2}{0.56^2}}\right) = 5.58 \times 10^{-8}(\text{H})$$

$$\Phi = 163.8 \times 5.58 \times 10^{-8} \times 10^{8} = 914(\text{Mx})$$

$$F = 9.8 \times \left(\frac{914}{5000}\right)^2 \times \frac{1}{\pi \times 0.3^2 \times (1 + 4 \times 0.069)} = 0.9114(\text{N})$$

习　题

7.1　有一个线圈，其匝数 $N=1000$，绕在由铸钢制成的闭合铁心上，铁心的截面积 $S_{\text{Fe}} = 20\text{cm}^2$，铁心的平均长度 $l_{\text{Fe}} = 50\text{cm}$。如果要在铁心中产生磁通 $\varphi = 0.002\text{Wb}$，试问线圈中应该通入多大的直流电流?

7.2　如果上题铁心中含有一个长度为 $\delta = 0.2\text{cm}$ 的空气隙(与铁心柱垂直)，由于空气隙较短，磁通的边缘扩散可忽略不计，试问线圈中的电流必须多大才能使铁心中的磁感应强度保持上题中的数值?

7.3　为了求出铁心线圈的铁损，先将它接在直流电源上，测得线圈的电阻为 1.71Ω，然后接到交流电源上，测得电压 $U=120\text{V}$，功率 $P=70\text{W}$，电流 $I=2\text{A}$，求铁损和线圈的功率因数。

7.4　有一个交流铁心线圈，接在 $f=50\text{Hz}$ 的正弦电源上，在铁心中得到磁通的最大值为 $\Phi_{\text{m}} = 2.25 \times 10^{-2}\text{Wb}$。现在在此线圈再绕一个线圈，其匝数为 200。当此线圈开路时，求此两端的电压。

7.5　将一个铁心线圈接到电压 $U=100\text{V}$、频率 $f=50\text{Hz}$ 的正弦电源上，其电流 $I_1 = 5\text{A}$，$\cos\Phi_1 = 0.7$。若将此线圈中的铁心抽出，再接到上述电源上，则线圈中的电流 $I_2 = 10\text{A}$，$\cos\Phi_2 = 0.05$。试求此线圈在有铁心时的铜损和铁损。

7.6　有一个单项照明变压器，容量为 $10\text{kV}\cdot\text{A}$，电压为 $3300\text{V}/220\text{V}$，今要在副绕组上接上 60W、220V 的白炽灯，要变压器在额定状态下运行，灯泡可接多少个? 求原、副边绕组的额定电流。

7.7　SJL 型三相变压器的铭牌数据如下: $S_{\text{N}} = 180 \text{ kV}\cdot\text{A}$，$U_{1\text{N}} = 10\text{kV}$，$U_{2\text{N}} = 400\text{V}$，$f=50\text{Hz}$，按 Y/Y_0 连接。已知每匝线圈的感应电动势为 5.113V，铁心截面积为 160cm^2。试求: (1)原、副绕组每相的匝数; (2)变压比; (3)原、副绕组的额定电流; (4)铁心中磁感应强度 B_{m}。

7.8　如题 7.8 图所示，将 $R_{\text{L}} = 8\Omega$ 的扬声器接在输出变压器的副绕组上，已知 $N_1 = 300$，$N_2 = 200$，信号源电动势 $E=6\text{V}$，内阻 $R_0 = 100\Omega$，试求信号源输出的功率。

7.9　如题 7.9 图所示，输出变压器的副绕组中有抽头以便接 8Ω 和 3.5Ω 的扬声器，两者都能达到阻抗匹配。试求副绕组两部分匝数之比 N_2/N_3。

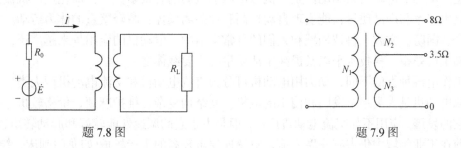

题 7.8 图　　　　　　　　　题 7.9 图

7.10　有一个交流接触器，线圈电源为 380V，匝数为 8750 匝，导线直径为 0.09mm。现在要想使用在 220V 的电源上，问应该如何改装? 计算线圈匝数和换用导线的直径。(提示: 改装前后的吸力不能变，磁通的最大值 Φ_{m} 应该保持，改装前后的磁动势也应该不变，电流与导线的截面积成正比。)

第四篇 电 动 机

第8章 交流电动机

内容概要： 交流电动机是最重要的用电设备。在我国，约70%的电能用于驱动交流电动机。本章重点介绍目前应用最广泛的三相交流异步电动机，包括交流电动机的基本结构、工作原理、机械特性、起动、调速与制动方法，以及如何正确使用电动机。

重点要求： 了解三相异步电动机的基本结构、理解其工作原理；掌握三相异步电动机的机械特性及其使用方法；了解单相异步电动机的基本结构及其工作原理。

8.1 电 机 概 述

电机是实现能量转换或信号转换的电磁装置。用作能量转换的电机称为动力电机。用作信号转换的电机称为控制电机。

在动力电机中，将机械能转换为电能的电机称为发电机，将电能转换为机械能的电机称为电动机。从原理上讲，同一电机既可以作为发电机运行，也可以作为电动机运行，这称为电机的可逆性，只是从设计要求和综合性能考虑，其技术性和经济性不能兼得。针对非电类学生的需求，这一章我们重点讨论电动机。

现代各种生产机械都广泛使用电动机来驱动。有的生产机械只装配一台电动机，如单轴转床；有的需要好几台电动机，如某些机床的主轴、刀架、横梁以及润滑油泵和冷却油泵等都是由单独的电动机来驱动。生产机械由电动机驱动有很多优点：简化生产机械的结构，提高生产率和产品质量；能实现自动控制和远距离操控；减轻繁重的体力劳动。在工农业生产、国防、文教、科技领域和人们的日常生活中，电动机的应用越来越广泛，早已成为提高生产效率、科技水平以及提高生活质量的主要载体之一。

按工作电源种类的不同，动力用电动机可分为直流电动机和交流电动机两大类。

直流电动机是人类最早发明和使用的电机。其结构复杂、维护麻烦、价格较贵等缺点制约了它的发展，应用不如交流电动机广泛。但是由于它的调速性能较好和起动转矩较大，因此目前在工业领域中仍占有一席之地，对调速要求较高的生产机械(如龙门刨床、镗床、轧钢机等)或者需要较大起动转矩的生产机械(如起重机械、电力牵引设备等)往往采用直流电动机来驱动。

交流电动机按工作原理的不同又分为同步电动机和异步电动机两种。每种又有单相和三相之分。在同步电动机中，转子的转速完全取决于电源频率。当电源频率一定时，电动机的转速也就一定，它不随负载而变。因此该电动机具有运行稳定性高和过载能力强等特点。常用于多机同步传动系统、精密调速稳速系统等。此外，同步电动机的电流在相位上是超前于电压的，即同步电动机是一个容性负载，因此同步电动机可以改善电网功率因数。

异步电动机，尤其是三相异步电动机因其结构简单、价格便宜、运行可靠、维护方便，坚固耐用，是当前工农业生产中应用最普遍的电动机。据统计，异步电动机的总容量约占所有电动机总容量的85%。三相异步电动机过去由于调速性能不如直流电动机，不能很经济地在较大范围内平滑调速，因而在调速要求较高的应用场合竞争不过直流电动机。随着电力电子技术的发展，交流异步电动机的调速问题得到了较为满意的解决，目前在调速要求较高的场合使用交流异步电动机调速的设备日益增多。交流异步电动机存在的主要问题是功率因数较低，满载时约为0.85，空载时则只有0.2~0.3。因此在使用交流异步电动机时，应注意它是否能经常地工作在接近满负荷状态。对于一些容量较大、转速要求恒定的设备，而电网功率因数又较低时，最好采用同步电动机来拖动。

控制电机在自动控制系统中是必不可少的，其应用非常广泛。例如，火炮和雷达的自动定位，船舰方向舵的自动操纵，飞机的自动驾驶，炉温的自动调节，以及各种控制装置中的自动记录、检测等，都要用到各种控制电机。控制电机的种类也很多，目前常用的控制电机有伺服电动机、步进电动机、测速发电机、自整角机、旋转变压器和感应同步机等。不同种类的控制电机有各自的控制任务：伺服电动机将电压信号转换成转矩和转速以驱动控制对象；步进电动机将电脉冲信号转换成角位移或线位移；测速发电机把转速信号转换成电压信号；自整角机可以实现角度的传输、变换和接收；旋转变压器将转角信号变换成与之呈某种函数关系的电压信号；感应同步机将角位移和线位移转换成电压信号。控制电机还具有动作灵敏、准确度高、重量轻、体积小、耗电少及运行可靠等特点。

8.2　三相异步电动机的结构

三相异步电动机如图8-2-1所示(小型机)，它主要由定子和转子两大部分组成。

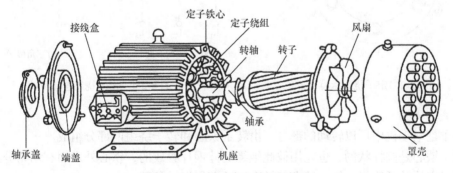

图 8-2-1　三相异步电动机的构造

1. 定子部分

定子是电动机中固定不动的部分，由机座、定子铁心和定子绕组三部分组成。

机座是电动机的外壳，起支撑作用，由铸铁或铸钢制成。

定子铁心是由彼此绝缘的硅钢片叠成的，在内圆周表面有许多均匀分布的凹槽，用于嵌放定子绕组(图8-2-2)。

图 8-2-2　定子和转子铁心

定子的三相绕组用绝缘铜线或铝线绕制而成，三个绕组结构相同、匝数相同，每相绕组的首尾端分别标记为 U_1-U_2，V_1-V_2，W_1-W_2，将绕组放置在相应的定子铁心的凹槽内，三个绕组的始端之间和尾端之间都彼此相隔 120°，即定子绕组在空间上是对称分布的，图 8-2-3 为定子绕组示意图。将这六个出线端分别引到电动机接线盒内的接线柱上。接线柱的连接方式如图 8-2-4 所示，可以根据要求将定子三相绕组接成星形(Y)连接或三角形(△)连接，通过 L_1、L_2、L_3 三条连接导线接入三相电源。

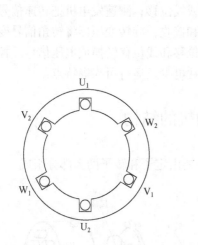

图 8-2-3　定子绕组示意图

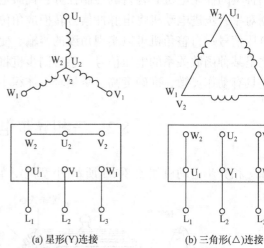

(a) 星形(Y)连接　　　(b) 三角形(△)连接

图 8-2-4　定子绕组连接方式

2. 转子部分

转子是电动机中可以转动的部分，由转子铁心和转子绕组两部分组成。

转子铁心是圆柱状的，也是用彼此绝缘的硅钢片叠成的，铁心外表面有均匀分布的凹槽，用于安放转子绕组，铁心装在转轴上，轴上加机械负载。

转子绕组嵌放在铁心的凹槽内，转子绕组有两种不同的结构形式：笼型和绕线型。

笼型转子是在转子铁心槽里插入铜条，再将全部铜条两端焊在两个铜制端环上，以构成闭合回路。抽去转子铁心，剩下铜条和两边的端环，其形状像个笼子，故称为笼型，如图 8-2-5 所示。为了节约铜材，中小容量的笼型电动机是在转子铁心槽中浇注铝液，铸成笼型。笼型电动机结构简单，制造方便。具有这种转子绕组的三相异步电动机称为笼型异步电动机。

　　绕线型转子绕组的结构与定子绕组相同，都是在铁心的槽内嵌入三相绕组，三相绕组在电动机内部连接成星形，三个出线端通过电动机转轴上的三个滑环与电刷引至电动机的外部，可以与外部的变阻器相连。这种结构的转子可以在转子绕组中串入附加电阻，以改善电动机的起动性能，调节其转速，如图 8-2-6 所示。具有这种转子绕组的三相异步电动机称为绕线型异步电动机，通常人们就是根据转轴上的三个滑环来辨认它的。

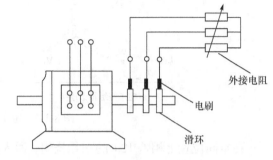

外接电阻

电刷

滑环

图 8-2-5　笼型绕组　　　　　　　图 8-2-6　绕线型绕组示意图

8.3　三相异步电动机的转动原理

　　图 8-3-1 所示为三相异步电动机转子转动的原理图，图中 N、S 为一对磁极，磁场方向为从 N 极指向 S 极，拖动磁极按顺时针方向以速度 n_0 匀速转动，会产生一个旋转的磁场。中间为转子，在转子中只画出了两根导条(铜或铝)。旋转的磁场切割转子导条，在导条中产生感应电动势。电动势的方向由右手定则确定。在这里应用右手定则时，可假设磁极不动，而转子导条向逆时针方向旋转切割磁场。

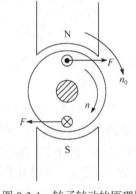

　　在电动势的作用下，闭合的导条中就有电流，该电流与磁场相互作用，在导条上产生电磁力 F。电磁力的方向可应用左手定则来确定。由电磁力产生电磁转矩，转子就转动起来。由图 8-3-1 可见，转子转动的方向和磁极旋转的方向相同。当旋转磁场反转时，转子也跟着反转。

图 8-3-1　转子转动的原理图

　　从三相异步电动机的结构可知，转子的外面是定子，而定子是固定不动的，那么旋转磁场从何而来呢？下面将着重讨论旋转磁场的产生、磁场的转动方向和转速等问题。

8.3.1　旋转磁场的产生

　　将定子三相绕组接成星形，如图 8-3-2(a)所示，接入三相电源，绕组中就通入了三相对称电流：

$$\begin{cases} i_1 = I_m \sin \omega t \\ i_2 = I_m \sin(\omega t - 120°) \\ i_3 = I_m \sin(\omega t + 120°) \end{cases} \qquad (8\text{-}3\text{-}1)$$

其波形如图 8-3-2(b)所示。取绕组始端到末端的方向作为电流的参考方向。

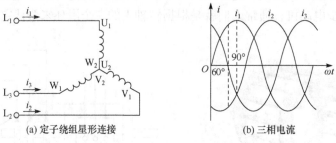

(a) 定子绕组星形连接   (b) 三相电流

图 8-3-2 定子绕组与电流

在空间位置上相差 120°的三相绕组，通入时间相位相差 120°的三相对称电流后，电动机内所形成的磁场可以通过画图的方法表示出来，如图 8-3-3 所示。

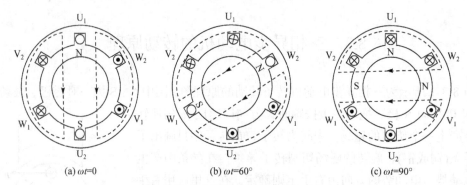

(a) $\omega t=0$ (b) $\omega t=60°$ (c) $\omega t=90°$

图 8-3-3 三相电流产生的旋转磁场

当 $\omega t=0$ 时，电流 $i_1=0$，即绕组 U_1-U_2 中无电流；电流 i_2 为负值，其实际方向与图 8-3-2 所示的参考方向相反，即 i_2 是从 V_2 端流入(用符号 $\otimes$ 表示，以下相同)，从 V_1 端流出(用符号 $\odot$ 表示，以下相同)；电流 i_3 为正值，其实际方向与参考方向相同，即 i_3 是从 W_1 端流入，从 W_2 端流出。应用右手螺旋定则，三相电流共同作用的合成磁场如图 8-3-3(a)所示，在电动机内部形成两个磁极，一个 N 极在上，一个 S 极在下，也称其为一对磁极，用 p 表示磁极对数，则 $p=1$。

图 8-3-3(b)所示是 $\omega t=60°$ 时定子绕组中电流的方向和合成磁场的方向。这时的合成磁场已经在空间转过了 60°。同理图 8-3-3(c)为 $\omega t=90°$ 时的合成磁场，它与 $\omega t=60°$ 的磁场相比又转过了 30°。

可以看出，当电流变化一个周期时，合成磁场也正好在电动机内转动了一圈。随着电流的变化，在电动机内就产生了旋转磁场。这个旋转磁场同图 8-3-1 中的磁极在空间旋转所起的作用是一样的。

8.3.2　旋转磁场的转动方向

旋转磁场的转动方向与通入定子绕组三相电流的相序有关。在图 8-3-3 中，电流 i_1 通入 U_1-U_2 绕组，电流 i_2 通入 V_1-V_2 绕组，电流 i_3 通入 W_1-W_2 绕组。三相电流的相序为 $i_1 \rightarrow i_2 \rightarrow i_3$，合成磁场也是沿着 $U_1 \rightarrow V_1 \rightarrow W_1$ 这个顺序旋转的。只要将同三相电源连接的三根导线中的任意两根调换位置，例如，将 V_1 端接电源 L_3，W_1 端接电源 L_2，这时旋转磁场就反转了，如图 8-3-4 所示。即对调两根电源线，旋转磁场反转。

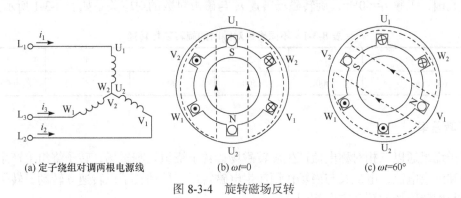

(a) 定子绕组对调两根电源线　　(b) $\omega t=0$　　(c) $\omega t=60°$

图 8-3-4　旋转磁场反转

8.3.3　旋转磁场的转速

三相异步电动机旋转磁场的转动速度与定子三相绕组在定子铁心槽内的安放位置及连接方法有关。

在图 8-3-4(a)中，每相绕组只有一个线圈，绕组的始端之间相差 120°，产生的旋转磁场有一对极，即磁极对数 $p=1$。观察此时的旋转磁场，当电流从 $\omega t=0$ 到 $\omega t=60°$ 时，磁场也旋转了 60°。当电流变化一个周期时，磁场也正好转了一圈。设定子绕组电流的频率为 f_1，即电流每秒钟变化 f_1 个周期，磁场每秒钟就要转 f_1 圈，每分钟转速为 $n_0= 60f_1$(r/min)。

在图 8-3-5(a)中，每相绕组有两个线圈串联，定子绕组安排如图 8-3-5(b)所示，绕组的始端之间相差 60°，则产生的旋转磁场有两个 N 极，两个 S 极，即磁极对数 $p=2$。当电流从 $\omega t=0$ 到 $\omega t=60°$ 时，磁场在空间仅旋转了 30°，比 $p=1$ 情况下的磁场速度慢了一半，即

$$n_0=\frac{60f_1}{2}\,(\text{r/min})。$$

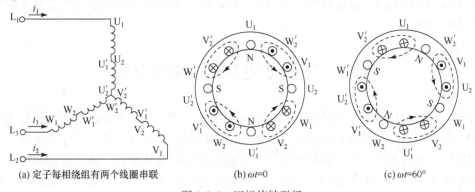

(a) 定子每相绕组有两个线圈串联　　(b) $\omega t=0$　　(c) $\omega t=60°$

图 8-3-5　四极旋转磁场

同理，在三对磁极的情况下，电流变化一个周期，磁场仅旋转了 1/3 圈，即 $n_0 = \dfrac{60f_1}{3}$ (r/min)。

由此推知，当旋转磁场有 p 对磁极时，磁场的转速为

$$n_0 = \frac{60f_1}{p} \quad \text{(r/min)} \tag{8-3-2}$$

在我国，工频 f_1=50Hz，旋转磁场转速 n_0 与磁极对数的对应关系如表 8-3-1 所示。

表 8-3-1　不同磁极对数时的旋转磁场转速

p	1	2	3	4	5
n_0/(r/min)	3000	1500	1000	750	600

8.3.4　转差率

定子绕组通以三相对称电流产生旋转磁场，转子绕组切割磁场，转子绕组上产生感应电动势和感应电流，电流又与磁场作用产生电磁转矩，推动转子以转速 n 转动，转子的转动方向与旋转磁场的转动方向相同。

异步电动机工作时，转子转速 n 总是小于旋转磁场的转速 n_0，即 $n<n_0$，这是因为若两者相等，转子绕组不切割旋转磁场，转子电动势、转子电流以及转矩就无从产生。转子转速与磁场转速之间必须要有差别，因此这种电动机被称为异步电动机。而旋转磁场的转速 n_0 常常被称为同步转速。

用转差率来表示转子转速 n 与旋转磁场转速 n_0 相差的程度，即

$$s = \frac{n_0 - n}{n_0} \tag{8-3-3}$$

刚刚起动时，转子转速 $n=0$，转差率 $s=1$，随着转速的增加，转差率下降，转子转速越接近磁场转速，转差率变小。

异步电动机在工作时，虽然转子转速 n 小于同步转速 n_0，但两者数值相差不多(大多在 100 转以内)，在工频 f_1=50Hz 时，知道电动机的转速 n 后，该电动机的同步转速、磁极对数也就可以确定了。例如，某台电动机的额定转速为 n=1440r/min，可以知道这台电机的同步转速为 n_0=1500r/min，磁极对数 p=2，转差率 s=4%。通常异步电动机在额定负载时的转差率为 1%～9%。

8.4　三相异步电动机的电路分析

异步电动机的电磁关系与变压器的电磁关系类似。置于定子铁心的定子绕组相当于变压器的一次绕组，而转子绕组相当于变压器的二次绕组；在变压器中，是主磁通将一次绕组和二次绕组连接起来，在二次绕组上产生感应电动势和感应电流，而在电动机中，旋转磁场就相当于变压器中的主磁通，它将定子和转子连接起来，在转子绕组上也产生了感应

电动势和感应电流。因此我们可以参照变压器的工作原理来分析电动机的定子电路和转子电路。

图 8-4-1 所示为三相异步电动机的每相等效电路图。图中 $\dot{E}_1$ 和 $\dot{E}_2$ 为旋转磁场在定子绕组和转子绕组上产生的感应电动势；R_1 和 R_2 为定子每相绕组和转子每相绕组上的电阻；X_1 和 X_2 为漏磁通在定子绕组和转子绕组上产生的漏磁感抗；N_1 和 N_2 为定子每相绕组和转子每相绕组的匝数。

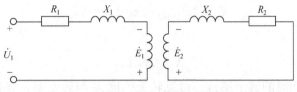

图 8-4-1　三相异步电动机的每相等效电路图

8.4.1　定子电路

如果忽略定子每相绕组的电阻和漏磁感抗，和变压器一样，可得出

$$U_1 \approx E_1 = 4.44 f_1 N_1 \phi_\mathrm{m} \tag{8-4-1}$$

式中，ϕ_m 为通过每相绕组的磁通最大值；f_1 为通入交流电源的频率，也是定子上感应电动势 E_1 的频率：

$$f_1 = \frac{p n_0}{60} \tag{8-4-2}$$

其中，n_0 为旋转磁场与定子的相对转速。

8.4.2　转子电路

由图 8-4-1 可得转子回路电压方程为

$$\dot{E}_2 = R_2 \dot{I}_2 + \mathrm{j} X_2 \dot{I}_2$$

在转子电路中，各个物理量对电动机的性能都有影响，分述如下。

1. 转子频率 f_2

由于旋转磁场与转子的相对转速为 $n_0 - n$，所以转子频率为

$$f_2 = \frac{p(n_0 - n)}{60} = \frac{n_0 - n}{n_0} \times \frac{p n_0}{60} = s f_1 \tag{8-4-3}$$

可见转子频率 f_2 与转差率 s 有关，也就是与转速 n 有关。

在电动机起动瞬间，$n=0$，即 $s=1$，此时转子与旋转磁场的相对转速最大，转子切割旋转磁场的速度最快，f_2 也最大，即 $f_2 = f_1$。在额定负载时，$s=1\% \sim 9\%$，则 $f_2 = 0.5 \sim 4.5\mathrm{Hz}(f_1 = 50\mathrm{Hz})$。

2. 转子电动势 E_2

转子电动势 E_2 的有效值为

$$E_2 = 4.44 f_2 N_2 \phi_\mathrm{m} = 4.44 s f_1 N_2 \phi_\mathrm{m} = s E_{20} \tag{8-4-4}$$

其中

$$E_{20} = 4.44 f_1 N_2 \phi_m \qquad (8\text{-}4\text{-}5)$$

为对应于 $s=1$(即 $n=0$)时的转子感应电动势。可见转子感应电动势 E_2 与转差率 s 有关，也就是与转速 n 有关。

3. 转子感抗 X_2

转子绕组的感抗为

$$X_2 = 2\pi f_2 L_{\sigma 2} = 2\pi s f_1 L_{\sigma 2} = s X_{20} \qquad (8\text{-}4\text{-}6)$$

其中

$$X_{20} = 2\pi f_1 L_{\sigma 2} \qquad (8\text{-}4\text{-}7)$$

为对应于 $s=1$(即 $n=0$)时的转子感抗。可见转子感抗 X_2 与转差率 s 有关，也就是与转速 n 有关。

4. 转子电流 I_2

转子电流有效值为

$$I_2 = \frac{E_2}{\sqrt{R_2^2 + X_2^2}} = \frac{sE_{20}}{\sqrt{R_2^2 + (sX_{20})^2}} \qquad (8\text{-}4\text{-}8)$$

可见转子电流也是与转差率有关的。当 s 增加，即转速 n 降低时，转子导条切割磁场的速度加快，E_2 增加，I_2 也随之增加。需要注意的是，和变压器原理一样，转子电流 I_2 增加，定子电流 I_1 也会相应增加。

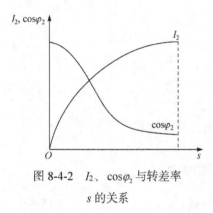

图 8-4-2　I_2、$\cos\varphi_2$ 与转差率 s 的关系

5. 转子电路的功率因数 $\cos\varphi_2$

$$\cos\varphi_2 = \frac{R_2}{\sqrt{R_2^2 + X_2^2}} = \frac{R_2}{\sqrt{R_2^2 + (sX_{20})^2}} \qquad (8\text{-}4\text{-}9)$$

它也与转差率有关，当 s 增加，即转速 n 降低时，$\cos\varphi_2$ 减小。

图 8-4-2 为异步电动机转子电流 I_2、转子功率因数 $\cos\varphi_2$ 随 s 变化的关系曲线。一般三相异步电动机在起动瞬间(即 $n=0$，$s=1$)，转子电流的值为额定转速(即 s 为 1%～9%)时的 4～7 倍。转子电路功率因数在 $s=0$ 时，$\cos\varphi_2=1$，在 $s=1$ 时，$\cos\varphi_2$ 为 0.2～0.3。

8.5　三相异步电动机的机械特性

异步电动机将电能转换为机械能，输送转矩和转速给机械负载。在选用电动机时，总是要求电动机的转矩与转速(或转差率)的关系(称为机械特性)符合机械负载的要求。因此，了解电动机的转矩受哪些因素影响，如何计算，对更好地使用电动机意义深远。

8.5.1 转矩公式

三相异步电动机的转矩 T 与磁通 ϕ_{m}、转子电流 I_2 和转子电路功率因数 $\cos\varphi_2$ 有关，转矩公式为

$$T=K_{\mathrm{T}}\phi_{\mathrm{m}}I_2\cos\varphi_2 \tag{8-5-1}$$

将

$$\phi_{\mathrm{m}}\approx\frac{U_1}{4.44f_1N_1}$$

$$I_2=\frac{E_2}{\sqrt{R_2^2+X_2^2}}=\frac{sE_{20}}{\sqrt{R_2^2+(sX_{20})^2}}$$

$$\cos\varphi_2=\frac{R_2}{\sqrt{R_2^2+X_2^2}}=\frac{R_2}{\sqrt{R_2^2+(sX_{20})^2}}$$

代入可得

$$T=K\frac{sR_2U_1^2}{R_2^2+(sX_{20})^2} \tag{8-5-2}$$

式中，K 为一个常数，由式(8-5-2)可见，电动机的转矩与定子电压的平方成比例，所以当电源电压变化时，对转矩的影响很大。如电源电压有 10% 的波动，电动机的转矩就有约 20% 的波动，电压波动越大，转矩的波动也就更大。

8.5.2 机械特性曲线

根据式(8-5-2)，当电源电压 U_1 恒定，转子电阻 R_2 和 X_{20} 为常数时，电动机转矩 T 与转差率 s 的关系曲线 $T=f(s)$ 如图 8-5-1 所示。由于转差率 s 与转速 n 有一一对应关系，将 $T=f(s)$ 曲线按顺时针方向旋转 $90°$，再将 T 轴下移，就可以得到转速与转矩的关系曲线 $n=f(T)$，如图 8-5-2 所示。这两条曲线都称为电动机的机械特性曲线。

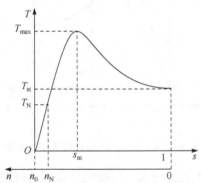

图 8-5-1　异步电动机的 $T=f(s)$ 曲线

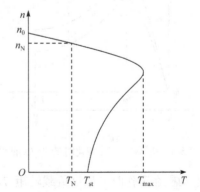

图 8-5-2　异步电动机的 $n=f(T)$ 曲线

在机械特性曲线上，要特别注意三个转矩。

1. 额定转矩 T_N

额定转矩是指在额定电压下，电动机的输出功率正好等于额定功率时的转矩。电动机的额定转矩 T_N 可根据电动机铭牌上给出的额定功率 P_N 和额定转速 n_N 计算出来：

$$T_N = 9550\frac{P_N}{n_N} \quad (\text{N·m}) \tag{8-5-3}$$

式中，P_N 的单位为 kW；n_N 的单位为 r/min。要注意的是，电动机铭牌数据上给出的额定功率是额定状态下转轴上输出的功率，不是电动机的输入功率。

2. 最大转矩 T_{max}

电动机输出转矩的最大值称为最大转矩或临界转矩 T_{max}，它表示电动机最大的带负载能力。对应于最大转矩的转差率为 s_m，称为临界转差率，它可以通过式(8-5-2)对 s 进行求导得出。令

$$\frac{\mathrm{d}T}{\mathrm{d}s} = 0$$

可得到

$$s_m = \frac{R_2}{X_{20}} \tag{8-5-4}$$

一般三相异步电动机的 s_m 值为 0.1～0.2，将其代入转矩公式得

$$T_{max} = K\frac{U_1^2}{2X_{20}} \tag{8-5-5}$$

由式(8-5-4)、式(8-5-5)可见，T_{max} 与 U_1^2 成正比，而与转子电阻 R_2 无关；而 s_m 与 R_2 成正比，R_2 越大，s_m 越大。

上述关系如图 8-5-3 和图 8-5-4 所示。

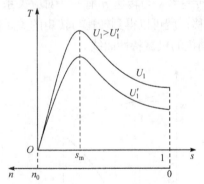

图 8-5-3 R_2 不变、U_1 变化时的 $T=f(s)$ 曲线

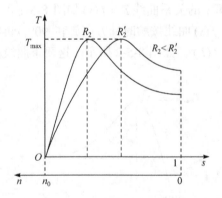

图 8-5-4 U_1 不变、R_2 变化时的 $T=f(s)$ 曲线

电动机在工作时，如果负载转矩 T_C 比最大转矩 T_{max} 还大，电动机就带不动负载，转子停止转动，发生所谓"堵转"或称为"闷车"现象，此时转子切割旋转磁场的速度很快，转子电动势 E_2 和转子电流 I_2 很大，定子电流 I_1 也很大，此时电动机的电流是额定电流的数倍，若没有及时处置，电动机将严重发热而烧毁。

如果 $T_N<T_C<T_{max}$ 时，电动机的负载转矩大于额定转矩，电动机已经过载，此时转子转速会下降，电动机电流增加，超过电动机额定电流，如果过载时间较短，电动机不至于立即过热，是容许的。在这种情况下，电动机不允许长期运行，否则由于温升过高同样会烧毁电机。电动机的最大转矩与额定转矩之比称为过载系数，用 λ 表示：

$$\lambda=\frac{T_{max}}{T_N} \tag{8-5-6}$$

它反映了电动机的短时过载能力。一般三相异步电动机的过载系数为 1.6～2.2，而特殊用途的异步电动机，如冶金、起重用电动机的过载系数为 2.2～3。

3. 起动转矩 T_{st}

电动机起动瞬间($n=0$，$s=1$)的转矩为起动转矩 T_{st}。将 $s=1$ 代入式(8-5-2)得

$$T_{st}=K\frac{R_2U_1^2}{R_2^2+X_{20}^2} \tag{8-5-7}$$

由式(8-5-7)可见，起动转矩与电压的平方成正比，当 U_1 降低时，起动转矩会明显减小。因此异步电动机对电源电压的波动十分敏感，运行时，如果电源电压下降过多，不仅会大大降低电动机的过载能力，还会大大降低其起动能力。

将式(8-5-7)与图 8-5-4 结合可见，当适当增加转子电阻时，起动转矩会增加。但是如果继续增加转子电阻，当 $s_m=1$ 时，起动转矩达到最大，在此之后，继续增加转子电阻，起动转矩反而会逐渐减小。在绕线式异步电动机中，转子绕组可以通过外接电阻器，适当增加转子电阻，以提高其起动转矩，改善电动机的起动性能。

电动机通电后，只有起动转矩 T_{st} 大于负载转矩 T_C，电动机才能将生产机械拖动起来，并逐渐加速，然后进入稳定运转。一般用起动转矩 T_{st} 与额定转矩 T_N 之比反映电动机带负载起动的能力。一般笼型异步电动机的 T_{st}/T_N 为 1～1.2，绕线型异步电动机在转子串入附加电阻后，可以使 T_{st}/T_N 达到 3.0 左右。

8.5.3 电动机自动适应负载的能力

电动机拖动负载工作时，电动机的转矩是根据负载的需要而自动调节的。当负载转矩增大时，电动机产生的转矩自动增大，而负载转矩减小时，电动机的转矩也会自动减小。电动机能自动适应负载的需要而增减转矩 T，这个特性称为自动适应负载能力。

当电动机刚刚接通电源时，电动机输出的转矩为 T_{st}，若大于负载转矩，即 $T_{st}>T_C$，电动机开始转动，转速 n 增加，在机械特性曲线 $T=f(s)$ 上工作点沿着点 d 开始上升(图 8-5-5)，在曲线的 d-c-b 段，随着转速 n 的升高，电动机的转矩增大，促使转速上升得更快。当工作点到达点 b 时电动机的转矩为最大转矩 T_{max}，当转速继续增加时，电动机的转矩开始减小，但是只要电动机转矩 T 仍然大于负载转矩 T_C，电动机的转速就会继续上

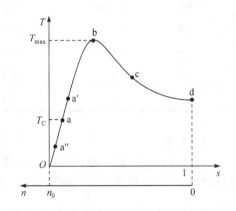

图 8-5-5 三相异步电动机自动适应负载能力

升，直到 T 与 T_C 相等达到平衡，电动机转速不再升高，电动机就在点 a 稳定下来。

现在电动机工作在稳定状态下的点 a，此时有 $T=T_C$，下面讨论两种情况。

(1) 负载转矩增大时，负载转矩由 T_C 变为 T'_C，但是电动机的转矩没有改变，因而 $T<T'_C$，这时就会使电动机的转速 n 下降，但随着转速的 n 下降，电动机的转矩 T 随之增加，这个过程一直进行到电动机的转矩 T 与负载转矩 T'_C 相等为止。这时电动机就会在一个新的工作点 a′ 稳定运行，此时的转速 n' 要比原来的转速 n 低。

要注意的是，负载转矩增加，电动机的转速要下降，转子切割旋转磁场的速度增加，因此转子电动势 E_2、转子电流 I_2、定子电流 I_1 都会增加。因此在使用电动机时，要防止电动机过载而引起电流过大进而烧毁电动机的情况发生。

(2) 负载转矩减小时，负载转矩由 T_C 变为 T''_C，此时 $T>T''_C$，电动机的转速上升，电动机的转矩 T 随之下降，一直到电动机的转矩 T 与负载转矩 T''_C 相等为止。这时电动机就会在一个新的工作点 a″ 稳定运行，此时的转速 n'' 要比原来的转速 n 高。

一般三相异步电动机的机械特性曲线上，O-b 段比较陡峭，虽然转矩 T 的范围变化很大，但是转速的变化不大，这种特性称为硬的机械特性，特别适用于一般金属切削机床等生产机械。

8.6　三相异步电动机的铭牌和技术数据

电动机制造厂按照国家标准，根据电动机的设计和试验数据而规定的每台电动机的正常运行状态和条件，称为电动机的额定运行情况。表征电动机额定运行情况的各种数值称为电动机的额定值。额定值一般标记在电动机的铭牌和产品说明书上。要正确使用电动机，就应当掌握电动机的铭牌和其他的一些主要数据。

8.6.1　铭牌数据

电动机的外壳上都有一块铭牌，以便用户按照这些数据使用电动机。现在以 Y160M-4型三相异步电动机的铭牌为例，说明各项内容的意义。其铭牌如下：

三相异步电动机							
型号	Y160M-4	功率	11kW	频率	50Hz
电压	380V	电流	22.6A	接法	△
转速	1460r/min	温升	75℃	绝缘等级	B
防护等级	IP44	重量	120kg	工作方式	S_1
		××电机厂　　年　月			

1. 型号

按规定，电动机产品的型号，一律采用大写印刷体汉语拼音字母和阿拉伯数字表示。根据型号可以看出产品的不同用途、工作环境等。例如：

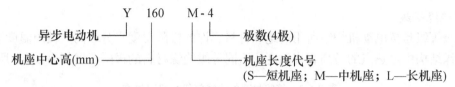

异步电动机的产品名称代号及其汉字意义如表 8-6-1 所示。

表 8-6-1   异步电动机产品名称代号及其汉字意义

产品名称	代号	汉字意义	产品名称	代号	汉字意义
异步电动机	Y	异	高起动转矩异步电动机	YQ	异起
绕线型异步电动机	YR	异绕	起重冶金用异步电动机	YZ	异重
防爆型异步电动机	YB	异爆	起重冶金用绕线型异步电动机	YZR	异重绕

2. 电压与连接法

电动机铭牌上的电压值是指电动机在额定运行时定子绕组上应加的线电压，用 U_{1N} 表示。一般规定电动机的电压不应高于或低于额定值的 5%。当电压高于额定值时，磁通增加，铁损增大，使铁心过热；同时绕组电流增加，铜损增大，将使绕组过热。当电压低于额定值时，电动机转矩下降，若电动机仍在满载或接近满载情况下运行，转速下降，电流增加，使绕组过热，此外在低于额定电压下运行时，电动机的最大转矩会显著降低，这对电动机的运行也是不利的。

我国生产的 Y 系列中，小型异步电动机的额定功率大于 3kW 的，额定电压为 380V，定子绕组为△连接；额定功率在 3kW 及以下的，额定电压为 380/220V，绕组接法为 Y/△连接(即电源线电压为 380V 时，定子绕组为 Y 连接；电源线电压为 220V 时，定子绕组为△连接)。

3. 电流

铭牌上的电流是指电动机运行于额定状态时定子绕组的线电流。对上面列出的电动机来说，就是在额定电压 380V、△连接、频率为 50Hz、输出额定功率为 11kW 时，定子绕组的线电流为 22.6A。

4. 功率

铭牌上的功率值是指电动机在额定情况下运行时转子转轴上输出的机械功率，用 P_N 表示。

5. 转速

铭牌上给出的转速值是指电动机运行在额定状态时的转速，又称额定转速。由于生产机械对转速的不同要求，需要生产不同磁极对数的异步电动机，因此有不同的转速等级。最常用的是具有四个极的异步电动机。

6. 温升

温升是指电动机在运行过程中因功率损耗引起发热而升高的允许温度。温升过高将加速绝缘材料的老化，缩短电机的使用寿命。Y160M-4 型电动机的温升 75℃就是比环境温度高出的容许值。

7. 绝缘等级

绝缘等级是按电动机绕组所用的绝缘材料容许的极限温度来分级的。极限温度是指电动机绝缘结构中最热点的最高容许温度。不同等级绝缘材料的极限温度如表 8-6-2 所示。

表 8-6-2　绝缘材料的绝缘等级和极限温度

绝缘等级	A	E	B	F	H
极限温度/℃	105	120	130	155	180

8. 防护等级

防护等级是电动机外壳防护形式的分级。当电动机工作时，需要防护，以免灰尘、固体物和水滴进入电动机。Y160M-4 型电动机铭牌上的 IP44 表示该电动机的机壳防护为封闭式。封闭式电动机应用极广，用于一般无特殊要求的生产机械上。

9. 工作方式

工作方式通常分为连续运行、短时运行和断续运行三种工作方式，分别用 S_1、S_2、S_3 表示。

8.6.2　技术数据

除了铭牌数据之外，还要掌握其他的一些主要数据，称为技术数据。它可以从产品目录或电工手册上查到。表 8-6-3 为 Y160M-4 型电动机的技术数据。

表 8-6-3　Y160M-4 型电动机的技术数据

型号	功率/kW	电压/V	电流/A	满载时			$\dfrac{I_{st}}{I_N}$	$\dfrac{T_{st}}{T_N}$	$\dfrac{T_{max}}{T_N}$
				转速/(r/min)	效率/%	功率因数 $\cos\varphi$			
Y160M-4	11	380	22.6	1460	87	0.85	7.0	1.9	2.0

要注意的是，在表 8-6-3 中，满载时是指电动机在额定输入和输出条件下，电动机的转速、效率和功率因数为表中所示之值。如果电动机不在额定条件下运行，将达不到表中之值。

1. 效率

由于电动机本身存在铜损、铁损及机械损耗，所以输入功率不等于输出功率。而效率就是输出功率与输入功率之比。额定效率就是电动机在额定运行时的效率，用 η_N 表示。

三相异步电动机是三相对称感性负载，其输入功率就是其三相总有功功率。以 Y160M-4 型电动机为例，其输入功率

$$P_{1N} = \sqrt{3}U_{1N}I_{1N}\cos\varphi_N = \sqrt{3}\times 380\times 22.6\times 0.85 = 12.6(\text{kW})$$

而输出功率

$$P_{2N} = 11\text{kW}$$

则效率

$$\eta_N = \frac{P_{2N}}{P_{1N}} = \frac{11}{12.6}\times 100\% = 87\%$$

一般笼型三相异步电动机的额定效率为 72%~93%。

2. 功率因数

因为电动机是电感性负载，定子相电流比相电压滞后一个 φ 角，$\cos\varphi_N$ 就是电动机的额定功率因数。

三相异步电动机的功率因数较低。在额定负载时为 0.7～0.9，而在轻载和空载时更低，空载时只有 0.2～0.3。

此外，从技术数据中，还可以求出电动机的起动电流 I_{st}、起动转矩 T_{st} 及最大转矩 T_{max}。起动电流和起动转矩也称为堵转电流和堵转转矩。

8.7 三相异步电动机的起动

8.7.1 起动性能

电动机根据铭牌要求连接成 Y 形或者△形，接通电源，若电动机的起动转矩 T_{st} 大于负载转矩 T_C，电动机就从静止开始转动，转速逐渐上升直到稳定运转状态，这一过程称为起动过程。

在起动瞬间，转子转速为 0，旋转磁场与转子的相对转速大，转子电动势 E_2、转子电流 I_2 都很大，定子电流 I_1 也相应很大。这时定子中的电流(指线电流)称为电动机的起动电流，其值为额定电流的 5～7 倍。在表 8-6-3 中，可以看出 Y160M-4 电动机的额定电流为22.6A，而起动电流与额定电流之比为 7，因此起动电流为 7×22.6=158.2(A)。

对异步电动机起动性能的要求，主要有以下两点。

(1) 在保证一定大小的起动转矩的前提下，起动电流越小越好，以减小对电网的冲击。

虽然三相异步电动机起动电流大，但是其起动时间很短，小型电动机只有 1～3s，并且在起动之后随着转速的升高，电流迅速减小，所以只要不是频繁起动，从发热角度来看电动机是可以承受的。但是如果电动机起动频繁，热量的积累会导致电动机过热，加速绝缘老化，大大缩短电动机的使用寿命。此外，对于大容量电动机，在起动瞬间，过大的起动电流会造成输电线上的压降增大，使负载端电压下降，将影响同一电网中其他设备的正常工作。例如，电灯突然变暗、邻近的电动机转速下降，电流增大，甚至可能使其最大转矩 T_{max} 小于负载转矩，使电动机停下来，造成堵转。在这种情况下，就需要采取措施减小起动电流。

(2) 要有足够的起动转矩，以保证生产机械能够正常起动。

如果起动转矩过小，一方面电动机不能在满载下起动，另一方面小的起动转矩也会拖长起动时间。对于不同的生产机械，对起动转矩的要求是不同的，如金属切削机床，在起动时都是空载起动，转速稳定后再进行切削，所以对起动转矩没有什么要求。但是移动鞍床、起重用电动机等就要求起动转矩要大一些。

下面讨论适用于不同电机容量、不同机械负载性质而采用的起动方法。

8.7.2 直接起动

直接起动(全压起动)就是在起动时将电机直接接到具有额定电压的电源上，适用于小容量电动机带轻载的情况。直接起动的优点是操作简单，无需很多的附属设备；主要缺点是起动电流较大。笼型异步电动机必须满足以下条件才能直接起动：①若电动机和照明负载共用同一电网时，电动机起动时引起的电网压降不应超过额定电压的 5%；②若电动机是用单独的变压器供电时，对于频繁起动的电动机，其容量不应超过变压器容量的 20%；而不经常起动的电动机，其容量不应大于变压器容量的 30%。如果不满足上述要求，则必须采用降压起动等措施以减小起动电流。

直接起动一般只在小容量的笼型电动机中使用。在一般情况下，20kW 以下的笼型异步电动机允许直接起动。

8.7.3 降压起动

降压起动的目的是限制起动电流。起动时，通过起动设备使加到电动机上的电压小于额定电压，待电动机转速上升到一定数值时，再使电动机承受额定电压，保证电动机在额定电压下稳定工作。

降压起动适用于容量大于或等于 20kW 并带轻载的情况。这种方法是用降低异步电动机端电压的方法来减小起动电流。由于异步电动机的起动转矩与端电压的平方成正比，所以采用此方法时，起动转矩也会减小。该方法只适用于对起动转矩要求不高的场合，即轻载或空载起动的场合。

笼型电动机常用的降压起动方式有两种：星形-三角形(Y-△)换接起动和自耦降压起动。

1. 星形-三角形(Y-△)换接起动

星形-三角形换接起动只适用于正常运行时定子绕组为△连接的电动机。接线图如图 8-7-1(a)所示，在起动时断开开关 Q_2，闭合 Q_3，电动机 Y 连接起动，等电动机转速接近额定值时断开 Q_3，闭合 Q_2，使电动机改为△连接。起动时电动机每相绕组电压为正常工作电压的 $\dfrac{1}{\sqrt{3}}$。

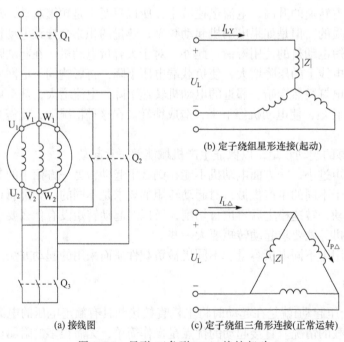

(a) 接线图

(b) 定子绕组星形连接(起动)

(c) 定子绕组三角形连接(正常运转)

图 8-7-1　星形-三角形(Y-△)换接起动

图 8-7-1(b)、(c)是定子绕组的两种连接法，|Z|为起动时每相绕组的等效阻抗。

当定子绕组为星形连接时，即降压起动时

$$I_{LY} = \frac{U_L / \sqrt{3}}{|Z|}$$

当定子绕组为三角形连接，即直接起动时

$$I_{L\triangle} = \sqrt{3}I_{P\triangle} = \sqrt{3}\frac{U_L}{|Z|}$$

可得

$$\frac{I_{LY}}{I_{L\triangle}} = \frac{1}{3}$$

即降压起动时的电流为直接起动时电流的1/3。

由于转矩与电压的平方成正比，所以起动转矩也下降到直接起动时起动转矩的1/3。

星形-三角形换接起动的起动电流小、起动设备简单、价格便宜、操作方便，缺点是起动转矩小。它仅适用于小功率电动机空载或轻载起动。为了便于采用这种起动方法，国产Y系列4kW以上电动机定子绕组都采用三角形连接。

2. 自耦降压起动

对于容量较大的或者正常运行时为星形连接而不能采用 Y-△ 换接起动的笼型异步电动机，可以采用自耦降压起动，如图 8-7-2(a)所示。起动时，先把开关 Q₂ 扳到"起动"位置，等电动机转速接近额定值时，将开关扳向"工作"位置，切除自耦变压器。

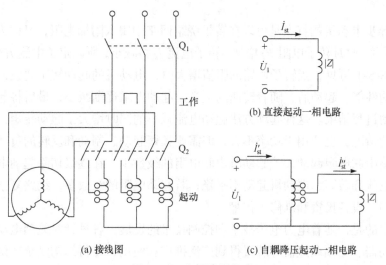

(a) 接线图　　　　(c) 自耦降压起动一相电路

图 8-7-2　自耦降压起动

为满足不同需要，自耦变压器的二次侧备有三个抽头，以便得到不同的电压(例如，为电源电压的 40%、60%、80%)。如果使用 60%的抽头向电动机供电时，电动机起动时的电压就降为额定电压的 60%，此时变压器副边匝数与原边匝数之比为 0.6，即

$$\frac{N_2}{N_1} = 0.6$$

设电源的相电压为 U_1，则根据图 8-7-2(b)，直接起动的电流为

$$I_{st} = \frac{U_1}{|Z|}$$

现采用自耦降压起动，如图 8-7-2(c)所示，如果自耦变压器副边匝数与原边匝数之比为 $K(K<1)$，则经过变压器降压后，电动机定子绕组上的相电压为 KU_1。此时电动机中的起动电流，即自耦变压器二次侧的电流为

$$I_{st}'' = \frac{KU_1}{|Z|} = KI_{st}$$

而线路的起动电流即变压器一次侧的电流：

$$I_{st}' = KI_{st}'' = K^2 I_{st}$$

因转矩与电压的平方成正比，所以起动转矩

$$T_{st}' = K^2 T_{st}$$

笼型异步电动机采用自耦降压起动时，在减小起动电流的同时降低了起动转矩，所以这种起动方法只适用于空载或轻载起动。

8.7.4 绕线型异步电动机的起动方法

当电动机起动时既要求低起动电流又要求有高起动转矩，可以采用绕线型异步电动机。

绕线型异步电动机的特点是可以在转子绕组回路中串入附加电阻，又称为起动电阻，如图 8-2-6 所示。此时转子电阻 R_2 增加，转子电流 I_2 将减小，所以定子电流 I_1 也随之减小；同时，由图 8-5-4 可见，当转子回路的阻值增大时，电动机的起动转矩变大，从而提高了电动机的起动性能。起动后，随着转速的上升，起动电阻逐渐减小，最后将起动电阻全部切除掉，起动过程结束。这种起动方法起动电流减小的同时增大了起动转矩，适用于大功率重载起动的情况，也适用于功率不大，但需要频繁起动、制动和反转的负载。

转子回路串联电阻起动，若起动时串联电阻的级数少，在逐级切除起动电阻时会产生较大的冲击电流和转矩，电动机起动不平稳；若起动电阻的级数多，线路复杂，变阻器体积较大，增加了设备投资和维修工作量。

应当指出的是，随着电力电子技术和控制技术的发展，各种针对笼型电动机发展起来的电子型起动器、变频调速器等装置得到广泛推广和使用，使得结构复杂、价格昂贵、维护困难的绕线型异步电动机的使用减少。

【例 8.7.1】 一台 Y 系列三相笼型异步电动机的技术数据为 P_N=90kW，U_N=380V，$\cos\varphi_N$=0.89，η_N=0.925，n_N=2910r/min，三角形连接，I_{st}/I_N=7.0，T_{st}/T_N=1.8，T_{max}/T_N=2.63，电网允许的最大起动电流为 1000A，起动过程中最大负载转矩为 220N·m。请问：(1)能否直接起动？(2)能否采用 Y-△ 换接起动？(3)采用自耦降压起动，若取自耦变压器的抽头为 0.73，线路的起动电流与电机的起动转矩为多少？电动机能否起动？

解 (1) 采用直接起动方法，电动机的额定电流为

$$I_N = \frac{P_N}{\sqrt{3}U_N \cos\varphi_N \eta_N} = \frac{90 \times 10^3}{\sqrt{3} \times 380 \times 0.89 \times 0.925} = 166(A)$$

直接起动时的起动电流为

$$I_{st} = 7I_N = 7 \times 166 = 1163(A)$$

该值大于电网允许的最大起动电流，因此不能采用直接起动。

(2) Y-△换接起动的起动电流为

$$I_{stY} = \frac{1}{3}I_{st\triangle} = \frac{1}{3} \times 1163 = 387.7(A)$$

电动机的额定转矩为

$$T_N = 9550\frac{P_N}{n_N} = 9550 \times \frac{90}{2910} = 295.4(N \cdot m)$$

直接起动的转矩为

$$T_{st} = 1.8T_N = 1.8 \times 295.4 = 531.7(N \cdot m)$$

Y-△换接起动的转矩为

$$T_{stY} = \frac{1}{3}T_{st\triangle} = \frac{1}{3} \times 531.7 = 177.2(N \cdot m)$$

该值小于最大负载转矩，因此不能采用 Y-△换接起动。

(3) 采用自耦降压起动。

自耦变压器的抽头为 0.73，则 K=0.73，自耦降压起动时线路的起动电流为

$$I'_{st} = K^2 I_{st} = 0.73^2 \times 1163 = 620(A)$$

设自耦降压起动时的起动转矩为 T'_{st}，则

$$T'_{st} = K^2 T_{st} = 0.73^2 \times 531.7 = 283(N \cdot m) > 220(N \cdot m)$$

结论：采用自耦降压起动，抽头为 0.73，可以满足起动要求。

8.8　三相异步电动机的调速

调速是在同一负载下，根据生产的需要人为地改变电动机的转速。要注意的是，在前面我们介绍过的，电动机在运行时不须借助机械和人为调节，自身就具有自动适应负载变化的能力，这种情况称为电动机的转速改变，与电动机的调速是两个不同的概念。

电动机在满载时所能得到的最高转速与最低转速之比称为调速范围，如 4：1、10：1 等。如果转速只能跳跃式地调节，这种调速称为有级调速；如果在一定的范围内转速可以连续调节，则这种调速称为无级调速，无级调速的平滑性好。

异步电动机的调速方法根据电动机转子结构的不同而采用不同的方法。

8.8.1 笼型电动机调速方法

改变电动机的同步转速 n_0，转子转速 n 也会跟着改变。由 $n_0 = \dfrac{60 f_1}{p}$ 可知，同步转速 n_0 由电源频率 f_1 和磁极对数 p 决定，因此可以有如下两种方法实现电动机转速的调速。

1. 变频调速

通过改变电动机电源频率 f_1 而实现调速的方法称为变频调速。变频调速是 20 世纪 80 年代以后，伴随着电力电子技术、计算机技术以及控制技术的发展而发展起来的。在此之前，尽管异步电动机和直流电机相比，具有结构简单、运行可靠、维护方便等一系列优点，但其调速性能无法和直流电机相比，所以在高控制性能、可调速的控制系统中大都采用直流电机。近年来，随着变频装置性能价格比的逐年提高，在变速传动领域中，交流传动正逐步取代直流传动。

目前主要采用的变频调速装置如图 8-8-1 所示，它主要由整流器和逆变器两大部分组成。整流器先将 50Hz 的三相交流电变换为直流电，再由逆变器变换为频率可调、电压可调的三相交流电，提供给电动机。

图 8-8-1　变频调速装置

变频调速为无级调速，电动机具有较硬的机械特性，在国际上已经成为大型动力设备中笼型电动机主要的调速方式。此外变频调速在家用电器中的应用也日益增多，如变频空调、变频电冰箱和变频洗衣机等。

2. 变极调速

通过改变电动机旋转磁场的磁极对数 p 而实现调速的方法称为变极调速。能够用改变磁极对数的方法调节转速的电动机，称为多速电动机。

改变磁极对数是通过改变电动机定子绕组的连接来实现的。可以在定子上安装两套不同磁极对数的单独绕组，也可以在定子上安装一套能变换为不同磁极对数的绕组，这时在绕组上会有多个抽头引至电动机外部，通过外部连接来改变电动机的磁极对数。多速电动机目前已普遍应用在机床上，采用多速电机后，可以使机床的传动机构简化。

变极调速方法简单、运行可靠、机械特性较硬，但是由于磁极对数的改变只能是 1、2… 的变化，因此只能实现有级调速。三速电机定子绕组的结构已经相当复杂，故变极调速不宜超过三种速度。

8.8.2 绕线型电动机调速方法

绕线型异步电动机通常采用转子串入附加电阻的方法进行调速，接线图如图 8-2-5 所示。当转子串有不同附加电阻时，电动机的机械特性曲线如图 8-8-2 所示，当转子所串附加电阻增加时，n_0、T_{max} 均不变，但临界转差率 s_m 增大，因此这种调速方法也称为变转差率调速。当负载转矩一定时，电动机的转速随转子所串附加电阻的增加而降低，可以达到调节异步电动机的转速的目的。

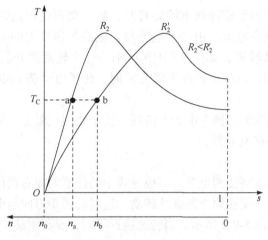

图 8-8-2　绕线型异步电动机转子串电阻调速

这种调速方法的主要优点是方法简单，易于实现。缺点是在低速时，由于机械特性变软，当负载转矩波动时引起的转速波动比较大，即运行稳定性较差。此外，转子回路中的附加电阻会消耗较多电能。但是此调速方法简便，在调速要求不高的场合及拖动容量不大的生产机械(如桥式起重机)上应用仍十分普遍。

8.9　三相异步电动机的制动

当电动机所产生的电磁转矩不再是驱动转子运转的驱动转矩，而成为阻止转子转动的转矩(又称为阻转矩或制动转矩)，即转矩的方向与转子转动的方向相反时，称电动机处于制动状态。电动机制动运行主要用于电动机断电后能快速停车、限制电动机发生过速等情况(如起吊的重物下降时，用制动可以获得稳定的下降速度)。

异步电动机的制动常有下列几种方法。

1. 能耗制动

异步电动机能耗制动的线路图如图 8-9-1(a)所示。制动时，在电动机与三相电源断开的同时，立即在定子绕组中通入直流电流。这时电动机中的磁场不再随时间变化，而是

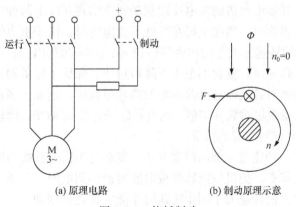

　　　(a) 原理电路　　　　　　　(b) 制动原理示意

图 8-9-1　能耗制动

一个恒定磁场。当转子由于惯性而继续旋转时,转子切割此恒定磁场,从而在转子导体中产生感应电动势和感应电流,由转子电流与恒定磁场所产生的电磁转矩的方向与转子转动方向相反,为制动转矩,如图8-9-1(b)所示。这个转矩阻止转子转动,使转速迅速下降,起到了制动作用。当转子转速下降为零时,转子电动势和电流均为零,制动过程结束。

这种方法将转子的动能转换为电能,消耗在转子绕组电阻上,故称为能耗制动。能耗制动准确平稳,但需要直流电源。

2. 反接制动

为了快速停车,可以将接到电源的三根导线中的任意两根对调位置,这时旋转磁场反转,而转子由于惯性仍在按照原方向继续转动。这时的转矩方向与电动机的转动方向是相反的,是制动转矩,如图8-9-2所示。当转速接近零时,要利用某种控制电器将电源切断,否则电动机将会反转。

但是在反接制动时,旋转磁场与转子的相对速度很大,因此电流很大,对大容量的电动机,必须要采取措施来限制电流。

这种制动比较简单,效果较好,但能量消耗较大。

3. 发电反馈制动

当转子的转速高于旋转磁场的转速时,转矩的方向与转子的转动方向是相反的,是制动转矩,如图8-9-3所示。此时有电能从电动机定子反馈给电网,电动机已转入发电机运行,因此这种制动称为发电反馈制动。

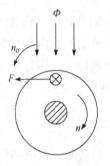

图 8-9-2　反接制动

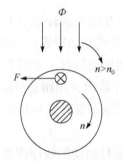

图 8-9-3　发电反馈制动

在生产实践中,异步电动机的发电反馈制动通常出现在以下两种情况中:一种是出现在起重机等设备下放重物时。当起重机在高处下放重物时,由于重力的作用,在重物的下放过程中,会使转子的转速 n 大于旋转磁场转速 n_0,在制动转矩的作用下,转子转速下降,从而限制了重物的下降速度,重物不至于下降得过快,保证了设备和人身安全。另一种是出现在电动机改变磁极对数或改变电源频率的调速过程中。例如,多速电动机在从高速调到低速的过程中,如将磁极对数 p 加倍,则旋转磁场速度 n_0 减半,而转子由于惯性仍以原来的速度旋转,就会出现 $n > n_0$ 的情况。

发电反馈制动是一种比较经济的制动方法。制动时不需改变线路即可从电动运行状态自动地转入发电制动状态,把机械能转换成电能再回馈到电网,节能效果显著。缺点是应用范围较窄,仅当电动机转速大于同步转速时才能实现这种制动。

8.10 单相异步电动机

单相异步电动机只需要单相交流电源供电，在电动工具(如手电钻)、家用电器(如电冰箱、电风扇、洗衣机等)、医疗器械、自动化仪表等设备中得到广泛应用。与同容量的三相异步电动机相比，单相异步电动机的体积较大，运行性能也较差，因此单相异步电动机只能做成几十瓦到几百瓦的小容量电机。

8.10.1 单相脉动磁场

从结构上看，单相异步电动机与三相笼型异步电动机相似，其转子也为笼型，只是定子绕组中为单相工作绕组。工作时，定子绕组中通入单相交流电，形成的磁场是单相脉动磁场，其方位不变，与绕组轴线一致，而大小和方向随着时间按正弦规律变化。

单相脉动磁场可以分解为两个大小相等、转速相同但转向相反的旋转磁场。这一结论可以利用反证法通过图 8-10-1 来证明。图中，上面画了单相脉动磁场的磁通 Φ 随时间按正弦规律变化的波形，下面画了两个大小相等($\Phi_F = \Phi_R$)、转速相同但转向相反的旋转磁场在转到不同位置时的合成结果。图中表明，合成磁通在任一瞬间都与对应的单相脉动磁通的瞬时值相等，从而证明了上述结论的正确性。

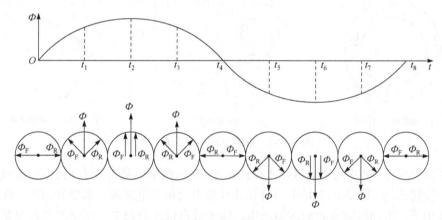

图 8-10-1　单相脉动磁场

两个旋转磁场，一个顺时针方向旋转，另一个逆时针方向旋转，每个旋转磁场都会与转子绕组作用，在转子上产生转矩，分别为 T_F、T_R。当转子静止不动时，$T_F = T_R$，合成转矩 T 为 0。

当转子已经在沿着顺时针方向转动时，顺时针旋转的磁场在转子上产生的转矩 T_F 大于逆时针旋转磁场产生的转矩 T_R，电动机上仍会有转矩并仍能继续顺时针运行。如果转子已经在逆时针方向转动，和上述情况一样，电动机仍能够按照原方向转动。可见，单相异步电动机虽然没有起动转矩，但是却有运行转矩。所以只要让电动机转起来，解决其起动问题，便可带着负载运行。

如果三相异步电动机在运行时，接至电源的三根导线有一根断线，电动机就处于单相电源供电状态。如果是起动时断线，电动机将无法起动，时间一长，会因电流过大而烧坏；如果是运行中断线，电动机仍可继续运行，但电流会增加许多，电动机发热可能会烧毁，所以三相电动机应尽量避免单相运行。

为了使单相异步电动机能够产生起动转矩，起动时应在电动机内部形成一个旋转磁场。根据获得旋转磁场方式的不同，单相异步电动机可分为电容分相式和罩极式两大类，它们都采用笼型转子，但定子结构不同。

8.10.2　电容分相式异步电动机

如图 8-10-2 所示，电容分相式异步电动机的定子上有两个绕组：工作绕组 L_1 和起动绕组 L_2。两个绕组在定子圆周的空间位置相差 90°。电动机起动时，起动绕组 L_2 与电容 C 串联，再与工作绕组 L_1 并联接入电源。工作绕组为电感性，其电流 i_1 滞后于电源电压一个角度，当电容 C 的容量足够大时，起动绕组为容性电路，电流 i_2 超前电源电压一个角度。如果电容器的容量选择适当，可使两绕组的电流 i_1、i_2 相位差为 90°，这称为分相。电容器的作用是使单相交流电分为两个相位相差 90°的电流。

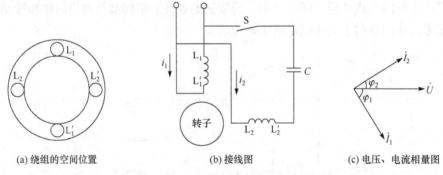

|(a) 绕组的空间位置|(b) 接线图|(c) 电压、电流相量图|

图 8-10-2　电容分相式异步电动机

空间位置相差 90°的两个绕组通入相位相差 90°的两个电流 i_1 和 i_2 后，在电动机内部就产生一个旋转磁场。图 8-10-3 是电容分相式异步电动机的电流波形和旋转磁场。在该旋转磁场的作用下，电动机就有起动转矩产生，转子就自行转动起来。通常起动绕组是按短时工作制来设计的，当电动机转速达到同步转速的 70%～80%时，由离心开关将其从电源自动切除，正常工作时只有工作绕组在电源上运行。但也有一些电动机，为了提高功率因数和增大转矩，运行时起动绕组仍接在电源上，这实质上相当于一台两相电机，但由于接在单相电源上，故仍称为单相异步电动机。

分相式单相交流异步电动机欲改变转子转动方向，可以通过改变电容器 C 的串联位置来实现，如图 8-10-4 所示。当开关合在位置 a 处时，电容器 C 与绕组 L_2 串联，电流 i_2 比 i_1 超前 90°；当开关合在位置 b 处时，电容器 C 与绕组 L_1 串联，电流 i_1 比 i_2 超前 90°。这样就改变了旋转磁场的方向，从而实现电动机的反转。通常洗衣机中的电动机就是采用这种方法控制转动方向的，只不过在洗衣机内开关 S 是自动定时转换开关，它可以根据设定要求自动切换，完成不间断的正反转控制。

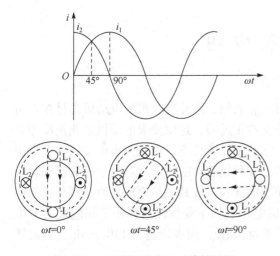

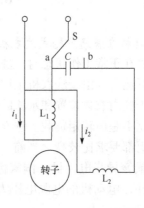

图 8-10-3　两相电流产生的旋转磁场　　　　图 8-10-4　用转换开关控制电机转动方向

8.10.3　罩极式电动机

　　罩极式电动机的转子也是笼型的，定子大多数做成凸极式的，由硅钢片叠压而成。定子磁极的极身上装有集中的工作绕组，在磁极极靴表面一侧约占 1/3 的部分开一个凹槽，凹槽将磁极分成大小两部分，在较小的部分套装一个短路铜环，如图 8-10-5 所示。

　　罩极式电动机的工作绕组接通单相交流电源以后，产生的磁通分为两部分，如图 8-10-6 所示。其中，Φ_1 不穿过短路环直接进入气隙，Φ_2 穿过短路环进入气隙。Φ_2 在短路环中会产生感应电动势与感应电流，由于感应电流的阻碍作用，磁通 Φ_2 滞后于 Φ_1，这两部分磁通产生相位差。当 Φ_1 达到最大值时，Φ_2 较小；而当 Φ_1 减小时，Φ_2 增大到最大值。看起来就像磁场从没有短路环的部分向着有短路环的部分移动，这样的磁场称为移行磁场。移行磁场的作用与旋转磁场的作用相似，能够使转子产生起动转矩，转子就转动起来。罩极式单相交流异步电动机的短路铜环位置确定之后，电动机的转动方向是不能改变的。

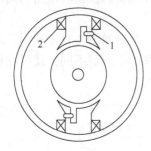

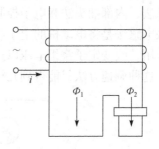

图 8-10-5　罩极式电动机结构图　　　　　　图 8-10-6　罩极式电动机的移动磁场
1-短路铜环　2-工作绕组

　　罩极式电动机具有结构简单、工作可靠、维护方便、价格低廉等优点，但起动转矩比较小并且铜环在电动机工作时有能量损耗，因而罩极式电动机效率较低，容量也比较小，一般为几瓦或几十瓦，只能用于对起动转矩要求不高的小容量设备中，如小型电扇和电子仪器的通风设备及一些搅拌装置中。

8.11 工 程 应 用

1. 电动机在普通波轮式洗衣机中的应用

洗衣机在正常工作状态时，洗涤桶内装有水和衣物，因此洗衣机的电动机总是在有负载的条件下运行。由于洗衣机工作时要求波轮交替正反转，这就要求电动机带载正反频繁起动。由于桶内衣物位置和水流的变化，在正常的工作条件下，负载大小可能经常要发生变化，因此不是恒转矩负载。洗衣机的负载特点和频繁起动的需要，对电动机的起动转矩和最大转矩都要求比较高。当前，我国广泛使用的洗衣机按其工作原理来说，都是单相电容分相式鼠笼异步电动机。国家标准对洗衣机电动机的主要性能指标作了相应规定，根据我国条件，电动机的电源电压为220V，频率为50Hz，同步转速为1500r/min，额定转速为1350r/min。

由于在工作过程中，无论正转、反转，都要有相同的输出功率、相同的性能指标，因此，电动机的主副绕组具有完全相同的匝数、线径等。为了得到不同的洗涤和漂洗方式，可以通过设定洗衣机的强洗、标准洗、弱洗的转换开关和定时器的时间长短，控制电动机的正转、反转和停转的时间来实现。洗衣机电动机的运行过程不进行调速，洗衣过程的强度，即强洗、标准洗、弱洗，完全靠控制电动机的正反转的时间和停机的间隙时间来实现。强洗为不停机单向洗。标准洗和弱洗时，电动机是按正反转的程序来运转的，标准洗的正反运转时间为30s左右，间隙时间为5s，弱洗的正反运转时间为4s，间隙时间为8s。电动机的运行程序由发条式或电动式机械定时器控制。其基本控制电路如图8-10-4所示。

2. 电动机在电风扇中的应用

电风扇主要由扇头、叶片、网罩和控制装置等部件组成。在扇头内部装有电动机和摇头机构。电风扇的主要部件是交流电动机。

功率较小的电风扇一般采用罩极式单相异步电动机拖动，功率较大的电风扇一般采用单相电容运转电动机拖动。通过变压调速实现其对风速和风量的控制。常用的具体方法有串联电感法、内部抽头法和电子控制法等。

串联电感法是将电动机的定子绕组与电感线圈串联，电路如图8-11-1所示。通过电感的分压作用，改变定子绕组电压以达到调速的目的，串联的电感量不同，便可以得到不同的转速，这种调速方法只能得到几档转速，属于有级调速。

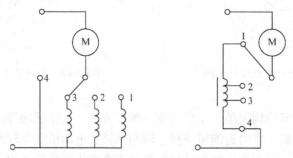

图 8-11-1 电风扇的串联电感调速方法

内部抽头法是在电动机内部将定子绕组与一个具有几个抽头的中间绕组串联，中间绕组的抽头与换位开关连接，通过换位开关调节电动机的转速。这种方法虽然增加了电动机制造上的困难，但外部控制却很简单，因此也得到了广泛应用，属于有级调速。

电子控制法是利用后面将要介绍的晶闸管来控制电动机的转速。转速可以平滑调速，属于无级调速。

习　题

8.1　三相交流异步电动机旋转磁场的转速 n_0 由哪些条件决定?

8.2　若要求三相异步电动机反转，应改变什么条件? 如何改变?

8.3　转差率 s 越大表明电动机转动得越快还是越慢? 若一台 50Hz 的三相异步电动机 n_0=1500r/min，这台电动机是几极的? 当 n=0 及 n=1440r/min 时，转差率 s 是多少?

8.4　三相交流异步电动机转子电流的频率 f_2 与定子电流的频率 f_1 相同吗(何时相同，何时不同)? 一台 50Hz 的三相异步电动机，当 n_0=1500r/min 时，求 n=0 和 n=1460r/min 时转子电流频率 f_2 的值。

8.5　有一台三相异步电动机，其额定转速为 1470r/min。电源频率为 50Hz。在起动瞬间、转子转速为同步转速的 2/3 时、转差率为 0.02 时三种情况下，试求：(1)定子旋转磁场对定子的转速；(2)定子旋转磁场对转子的转速；(3)转子旋转磁场对转子的转速；(4)转子旋转磁场对定子的转速；(5)转子旋转磁场对定子旋转磁场的转速。

8.6　一台三相异步电动机，p=3，额定转速 n_N=960r/min，转子电阻 R_2=0.02Ω，X_{20}=0.08Ω，转子电动势 E_{20}=20V，电源频率 f_1=50Hz。求该电动机在起动和额定转速下，转子电流 I_2 是多少? 转子电流 I_2 在何时最大? 为什么?

8.7　为什么说三相异步电动机的主磁通基本保持不变? 是否在任何情况下都保持不变?

8.8　三相异步电动机在一定负载转矩下运行时，如果电源电压略微降低，待稳后电动机的转矩、电流和转速如何变化?

8.8　异步电动机在空载起动或满载起动时，起动电流和起动转矩是否一样大? 为什么?

8.9　某三相异步电动机铭牌上标有 380V/220V 两种额定电压，Y/△ 两种接法。试问：当电源电压分别为 380V 和 220V 时，各应采用什么接法? 在这两种情况下，它们的额定相电流是否相同? 额定线电流是否相同? 若不同，差多少倍? 输出功率是否相同?

8.10　在电源电压不变的情况下，如果把星形连接的三相异步电动机误连成三角形或把三角形连接的三相异步电动机误连成星形，其后果如何?

8.11　三相异步电动机的技术数据如下：电源电压 380/220V、Y/△ 接法、P_N=3kW、n_N=2960r/min、频率为 50Hz、功率因数为 0.88、效率为 0.86、I_{st}/I_N=7、T_{st}/T_N=1.5、T_{max}/T_N=2.2。

(1) 若电源的线电压为 220V 时，应如何连接? I_N、I_{st}、T_N、T_{st}、T_{max} 为多少?

(2) 若电源的线电压为 380V 时，应如何连接? I_N、I_{st}、T_N、T_{st}、T_{max} 又为多少?

8.12　某四极三相异步电动机的额定功率为 30kW，额定电压为 380V，三角形接法，频率为 50Hz。在额定负载下运行，其转差率为 0.02，效率为 90%，线电流为 57.5A，试求：(1)转子旋转磁场对转子的转速；(2)额定转矩；(3)电动机的功率因数。

8.13　上题中电动机的 T_{st}/T_N=1.2，I_{st}/I_N=7，试求：(1)用 Y-△ 换接起动时的起动电流和起动转矩；(2)当负载转矩为额定转矩的 60% 和 25% 时，电动机能否起动?

8.14　在上题中，如果采用自耦变压器降压起动，而使电动机的起动转矩为额定转矩的 85%，试求：(1)自耦变压器的变比；(2)电动机的起动电流和线路上的起动电流各为多少?

8.15　当三相异步电动机下放重物时，会不会因重力作用重物急剧下落而造成危险?

8.16　单相异步电动机为什么不能自行起动? 一般采用什么方法起动?

8.17　三相交流电动机运行时，若有一相电源线断掉，电动机为什么能继续运转? 在这种情况下对电动机有无损害?

△第9章 直流电动机

内容概要：直流电动机是将电能转换为机械能的电气装置。相比于交流电动机，直流电动机的突出优点是具有良好的调速性能，因而在电力拖动中得到广泛应用。直流电动机按励磁方式分为永磁、他励和自励三类，其中自励又分为并励、串励和复励三种。直流电机也可以用作发电机，将机械能转换为电能。与交流电动机一样，本章主要介绍直流电动机的机械特性及起动、调速、反转等。

重点要求：直流电机的基本工作原理、机械特性、起动及调速方法等。

9.1 直流电动机的基本结构和分类

9.1.1 直流电动机的构造

直流电动机的构造与三相异步电动机类似，也主要由定子和转子构成。此外，直流电动机还有一个特殊的部件——换向器。

1) 定子

定子由磁极、机座构成，如图 9-1-1 所示。磁极包括极心和极掌两部分。极心上放置励磁绕组，励磁绕组由极掌固定，合理设计极掌可以在电机空气隙中获得所需要的磁感应强度。磁极是用 0.5～1mm 厚的钢片叠成的，固定在机座上。对于一些小型直流电动机，也可以采用永久磁铁作为磁极。

2) 转子

转子也称电枢，由电枢铁心、电枢绕组和换向器等构成。考虑到电枢铁心被交变磁化，通常采用 0.35～0.5mm 厚的圆柱形硅钢片叠成。电枢铁心表面冲有槽，用以放电枢绕组(图 9-1-2)。当电枢绕组通过换向器(外接直流电源)通电后，电枢绕组与定子磁场相作用产生电磁力矩，驱动转子转动。此外，电枢绕组还将产生感应电动势。

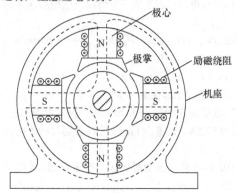

图 9-1-1 直流电动机的磁极及磁路

图 9-1-2 直流电动机的转子结构

换向器是直流电动机中的一种特殊装置，它是由相互绝缘的楔形铜片组成的，其示意图如图 9-1-3 所示。电枢绕组的导线与换向铜片相连接。换向器装在转轴上，是直流电机的构造特征。在换向器的表面用弹簧压着固定的电刷，使转动的电枢绕组得以同外电路连接起来，从而保证与两个电刷连接的绕组的电流方向始终保持不变。在图 9-1-3 中，与上面电刷连接的电枢绕组的电流方向始终向右，而与下面电刷连接的电枢绕组的电流方向始终向左。在恒定的磁场作用下，电枢绕组上产生方向不变的转矩，使转子转动。

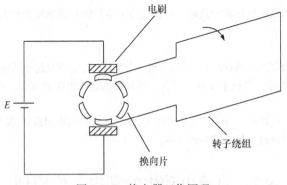

图 9-1-3　换向器工作原理

9.1.2　直流电动机的分类

直流电动机分为永磁式和励磁式，其中励磁式根据励磁线圈和转子(电枢)的连接关系，又可分为以下四种。

(1) 他励电动机：励磁线圈与转子电枢采用不同的直流电源供电。

(2) 并励电动机：励磁线圈与转子电枢并联到同一直流电源上供电。

(3) 串励电动机：励磁线圈与转子电枢串联到同一直流电源上供电。

(4) 复励电动机：励磁线圈与转子电枢的连接既有串联又有并联，接到同一直流电源上供电。

上述四种电动机的电路连接图如图 9-1-4 所示。

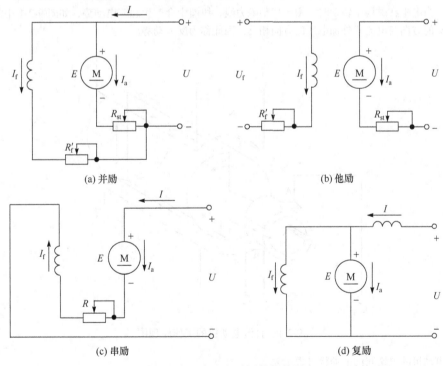

图 9-1-4　直流电动机的接线图

9.1.3　直流电动机与交流电动机的比较

相比于交流电动机，直流电动机结构复杂，维护成本高，但直流电动机也有其优点。

(1) 调速性能较好，调速比(在额定负载下可长期稳定运行的最高速度和最低速度之比)明显高于交流电动机的变频调速比。

(2) 起动转矩较大。

因此，对调速要求较高的设备(如加工车床、机车等)或者需要较大起动转矩的机械(如起重机械、电力牵引设备等)往往采用直流电动机来驱动。而在一些只提供直流电源的场合，也只能采用直流电动机，如剃须刀、电动汽车等。

此外，近二十年来，随着电力电子技术的进步，无刷(无电刷和换向器)直流电动机在汽车、工具、工业控制及航空航天等领域得到了越来越多的应用。

无刷直流电机

9.2 直流电动机的基本工作原理

根据结构的不同，直流电动机又可分为有刷直流电动机和无刷直流电动机两种，在不特别说明的情况下，一般都指的是前者。

为了分析直流电动机的工作原理，将直流电动机结构简化为图 9-2-1 所示的工作原理图。在图 9-2-1 中，N 和 S 为电动机定子中的一对磁极，电枢绕组简化为一个线圈，线圈两端分别连在两个换向片上，换向片上压着电刷 A 和 B，后者接入直流电压 U。

不难看出，在 U 的作用下，电枢线圈的 ab 边将流过自 b 向 a 的电流，电枢线圈的 cd 边将流过自 d 向 c 的电流。在磁场的作用下，ab 边和 cd 边产生的力矩将使电枢绕组顺时针转动。当电枢绕组转动时，由于换向器的作用，N 极下的有效边中的电流总是一个方向，而 S 极下的有效边中的电流总是另一个方向。因此，在电枢绕组中产生的转矩方向总是一致的，从而保证电机始终保持同一转动方向。

此外，当电枢在磁场中转动时，由于切割磁力线，线圈中会产生感应电动势，如图 9-2-1 中的 e。该感应电动势的方向与电流或外加电压的方向相反，因此称为反电动势。

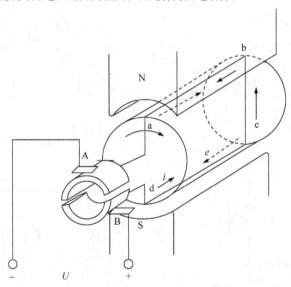

图 9-2-1 直流电动机的工作原理图

直流电动机的电刷间的电动势可表示为

$$E = K_E \Phi n \tag{9-2-1}$$

式中，Φ 是一个磁极的磁通(Wb)；n 是电枢转速(r/min)；K_E 是与电机结构有关的常数。

电枢绕组中的电流 I_a 与磁通 Φ 相互作用，产生电磁力和电磁转矩。因此，直流电动机的电磁转矩可

表示为

$$T = K_T \Phi I_a \tag{9-2-2}$$

式中，K_T 是与电机结构有关的常数。

在实际运行中，电动机的电磁转矩 T 必须与机械负载转矩 T_2 及空载损耗转矩 T_0 相平衡。当机械负载转矩 T_2 发生变化时，则电动机的转速、反电动势、电流及电磁转矩将自动进行调整，并最终达到新的平衡。例如，若负载转矩 T_2 增加，则刚开始电动机的电磁转矩小于阻转矩，导致转速下降。随着转速的下降，如果磁通 Φ 不变，根据式(9-2-1)，反电动势 E 将减小，导致电枢电流增加，电动机的电磁转矩也随之增加。当电动机的电磁转矩与阻转矩达到新的平衡后，转速将不再下降，但这时的电枢电流比负载变化前大，即电动机从电源输入的功率变大了。

9.3 直流电动机的机械特性

前已述及，直流电动机有并励、他励、串励和复励等四种类型，其中并励和他励电动机应用最广。本节以并励电动机为例，分析其机械特性。他励电动机和并励电动机的机械特性是一样的。

根据图9-1-4，并励电动机的励磁绕组与电枢并联，电路中电压与电流间的关系式如下：

$$U = E + R_a I_a \tag{9-3-1}$$

$$I_a = \frac{U - E}{R_a} \tag{9-3-2}$$

$$I_f = \frac{U}{R_f} \tag{9-3-3}$$

$$I = I_a + I_f \approx I_a \tag{9-3-4}$$

式中，U 是电源电压；R_f 是励磁电路的电阻(包括励磁绕组的电阻和励磁调节电阻 R_f')；R_a 是电枢电路的电阻(含电枢线圈电阻及起动电阻)。显然，如果 R_f 保持不变，则励磁电流 I_f 以及由它所产生的磁通 Φ 也保持不变，即 Φ = 常数。在这种情况下，电动机的转矩和电枢电流成正比，即

$$T = K_T \Phi I_a = K I_a \tag{9-3-5}$$

并励电动机的磁通等于常数，其转矩与电枢电流成正比，这是该类型电机的一个重要特征。

前已述及，电动机匀速转动的前提是电动机的转矩 T 与机械负载转矩 T_2 及空载损耗转矩 T_0 相平衡。一旦该平衡被打破，如负载转矩 T_2 发生变化，则电动机的转速、反电动势、电流及电磁转矩等都将发生变化，并最终达到新的平衡。研究电动机转速 n 与转矩 T 之间的关系，即电动机的机械特性，具有重要的意义。

在直流电动机中，假设电源电压 U 和励磁电路的电阻 R_f 保持不变，将描述电动机机械特性的 $n = f(T)$ 曲线，称为机械特性曲线。

由式(9-2-1)和式(9-3-1)可得

$$n = \frac{E}{K_E \Phi} = \frac{U - R_a I_a}{K_E \Phi} \tag{9-3-6}$$

在式(9-2-2)中，I_a 可以写成 T 的形式，因此式(9-3-6)可写成

$$n = \frac{U}{K_E \Phi} - \frac{R_a}{K_E K_T \Phi^2} T \tag{9-3-7}$$

令 $n_0 = \dfrac{U}{K_E \Phi}$，$\Delta n = \dfrac{R_a}{K_E K_T \Phi^2} T$，则式(9-3-7)可写成

$$n = n_0 - \Delta n \tag{9-3-8}$$

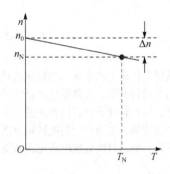

图 9-3-1 并励电动机的机械特性曲线

式中，n_0 对应 $T=0$ 的转速，这在实际中是不可能发生的，因此，n_0 也被称为理想空载转速；Δn 是转速降，该值与负载转矩直接相关，即负载增加时，转速下降。另外，转速降也是由电枢电阻 R_a 引起的。由式(9-2-2)可知，当负载减小时，I_a 随之减小，使 $R_a I_a$ 减小。考虑到电源电压 U 是一定的，这使反电动势 E 增加，由式(9-3-6)可知，此时转速 n 将上升。

图 9-3-1 是并励电动机的机械特性曲线，该曲线实际上是一条斜率为 $-R_a$ 的直线。由于 R_a 很小，并励电动机的机械特性曲线较为平坦，即负载的变化对转速的影响不大。因此，和三相异步电动机类似，并励电动机也具有硬的机械特性。

【例 9.3.1】 有一台并励电动机，其额定数据如下：$P_2=10\text{kW}$，$U=220\text{V}$，$n=1000\text{r/min}$，$\eta=0.8$；已知 $R_a=0.3\Omega$，$R_f=150\Omega$。试求：(1)额定电流 I，额定电枢电流 I_a 及额定励磁电流 I_f；(2)损耗功率 ΔP_{aCu}、ΔP_{fCu} 及 ΔP_0；(3)额定转矩 T；(4)反电动势 E。

解 (1) P_2 是输出的机械功率，而输入电功率 P_1 为

$$P_1 = \frac{P_2}{\eta} = \frac{10}{0.8} = 12.5(\text{kW})$$

额定电流

$$I = \frac{P_1}{U} = \frac{12.5 \times 10^3}{220} = 56.82(\text{A})$$

额定励磁电流

$$I_f = \frac{U}{R_f} = \frac{220}{150} = 1.47(\text{A})$$

额定电枢电流

$$I_a = I - I_f = 55.35 \text{ A}$$

(2) 电枢电路铜损

$$\Delta P_{aCu} = R_a I_a^2 = 0.3 \times 55.35^2 = 919(\text{W})$$

励磁电路铜损

$$\Delta P_{fCu} = R_f I_f^2 = 150 \times 1.47^2 = 324(\text{W})$$

总损失功率

$$\Delta P = P_1 - P_2 = 12500 - 10000 = 2500(\text{W})$$

空载损耗功率

$$\Delta P_0 = \Delta P - \Delta P_{aCu} - \Delta P_{fCu} = 2500 - 1243 = 1257(\text{W})$$

(3) 额定转矩

$$T = 9550 \frac{P_2}{n} = 9550 \times \frac{10}{1000} = 95.5(\text{N} \cdot \text{m})$$

(4) 反电动势

$$E = U - R_a I_a = 220 - 0.3 \times 55.35 = 203.4(\text{V})$$

9.4 直流电动机的起动与反转

本节以并励电动机为例，讨论直流电动机的起动与反转，其他类型的电动机分析过程类似。

9.4.1 并励电动机的起动

与异步电动机类似，当直流电动机接通电源开始转动时，转速从零逐渐上升到稳定值，也需要一个起动的过程。在电机起动的过程中，由于转速尚未建立，因此电枢电流、反电动势等参数和稳定运行时有很大的区别，需要专门进行分析。

以并励电动机为例，在电动机起动瞬间，$n=0$，所以 $E = K_E \Phi n = 0$。此时电枢电流为

$$I_{ast} = \frac{U - E}{R_a} = \frac{U}{R_a}$$

$$(9\text{-}4\text{-}1)$$

由于 R_a 很小，因此 I_{ast} 将达到额定电流的 $10 \sim 20$ 倍，这是不允许的。

另外，由于并励电动机的转矩与电枢电流成正比，因此起动转矩也非常大，将产生机械冲击，使传动部件(如齿轮)受损。

因此，必须采取措施限制起动电流。在电枢电路中串接起动电阻 R_{st} 是最简单有效的起动方法。根据图 9-1-4，此时电枢中的起动电流

$$I_{ast} = \frac{U}{R_a + R_{st}}$$

$$(9\text{-}4\text{-}2)$$

一般规定起动电流不应超过额定电流的 $1.5 \sim 2.5$ 倍。

根据式(9-4-2)，可算出起动电阻

$$R_{st} = \frac{U}{I_{ast}} - R_a$$

$$(9\text{-}4\text{-}3)$$

在实际运行中，随着电动机转速的上升，将起动电阻逐段切除。

必须注意，直流电动机运行时，一定要保证励磁电路的接通。否则，由于磁路中只有很小的剩磁，就可能导致严重后果。

(1) 如果电动机处于起动状态，由于转矩非常小(磁通很小)，将无法起动，因此反电动势为零，导致电枢电流很大，可能烧毁电枢绕组；

(2) 如果电动机正带载运行，断开励磁电路后，反电动势将立即减小，使电枢电流增大。但电枢电流的增大不如磁通减小的影响大，导致电动机转矩不能满足负载的需要，电动机转速降低直至停转，进一步增大电枢电流，可能烧毁电枢绕组和换向器；

(3) 如果电动机空载运行，则电机转速将迅速上升(俗称"飞车")，使电机遭受严重的机械损坏，同时电枢电流过大可能烧毁绕组。

9.4.2 直流电动机的反转

改变电磁转矩的方向，就能改变直流电动机的转动方向。根据左手定则，当磁场方向固定不变时，改变电枢电流的方向，即可实现电磁转矩方向的改变，反之亦然。

需要注意的是，如果同时改变磁场和电枢电流的方向，则电磁转矩的方向将保持不变。基于这一点，对于串励电动机，在接入交流电源和直流电源这两种情形下，都能保证电动机的转向不变。因此，在需要外接不同类型电源同时又保持转向不变的电动设备或工具中，如手电钻，可以采用串励电动机。

【例 9.4.1】 在例 9.3.1 中，(1)求电枢中的直接起动电流的初始值；(2)如果使起动电流不超过额定电流的 2 倍，求起动电阻。

解 (1)

$$I_{ast} = \frac{U}{R_a} = \frac{220}{0.3} = 733(\text{A}) \approx 13 I_a$$

(2)

$$R_{st} = \frac{U}{I_{ast}} - R_a = \frac{U}{2 I_a} - R_a = \frac{220}{2 \times 55.35} - 0.3 = 1.69(\Omega)$$

9.5 直流电动机的调速

电动机的调速是指在负载不变的情况下改变转速。较之于异步交流电动机，直流电动机虽然结构复杂、维护成本高，但是可以很方便地调速。此外，较之于交流电动机的变频调速，直流电动机的调速比(在一定负载下的最高转速与最低转速之比)更大。以上两点也是直流电动机的突出优点。因此，在一些对调速有较高要求的场合，直流电动机仍然得到了广泛的应用。

本节以并励(或他励)电动机为例，介绍直流电动机的调速原理。

根据并励(或他励)电动机的转速公式

$$n = \frac{U - I_a R_a}{K_E \Phi}$$

可知，要改变电动机转速，可采用以下三种方法。

9.5.1 改变电源电压 U

改变电源电压调速是指在保持励磁磁通为额定值，且电枢电路不串联电阻的情况下，调节电枢电压 U(考虑到电动机的绝缘要求，一般是降压)进行调速。以他励电动机为例，根据机械特性方程

$$n = \frac{U}{K_E \Phi} - \frac{R_a}{K_E K_T \Phi^2} T$$

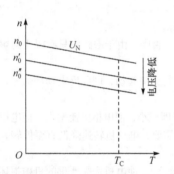

图 9-5-1 改变电源电压调速的机械特性曲线

可知，电枢电压降低，则 n_0 将变小，但不改变 Δn。因此，改变电源电压调速可得出一族平行的机械特性曲线，如图 9-5-1 所示。不难看出，在负载不变的情况下，U 越小，则 n 越低。这种调速方式只能是将转速下调。

改变电源电压调速时，由于主磁通不变，电动机额定电流也不变，因此调速过程具有"恒转矩"特性，适用于恒转矩负载的拖动，如起重设备。

改变电源电压调速是迄今为止公认最好的一种调速方式，具有以下特点。

(1) 机械特性保持不变，稳定性好。

(2) 调速比较大，为 6~10。

(3) 通过连续调节电枢电压，可得到平滑的无级调速。

【例 9.5.1】 有一台他励电动机，已知：$U = 220\text{ V}$，$I_a = 53.8\text{ A}$，$n = 1500\text{ r/min}$，$R_a = 0.7\Omega$。今将电枢电压降低一半，而负载转矩不变，问转速降低多少？设励磁电流保持不变。

解 由 $T = K_T \Phi I_a$ 可知，在保持负载转矩和励磁电流不变的条件下，电池也保持不变。

电压降低后的转速 n' 对原来的转速 n 之比为

$$\frac{n'}{n} = \frac{E'/K_E \Phi}{E/K_E \Phi} = \frac{E'}{E} = \frac{U' - R_a I_a'}{U - R_a I_a} = \frac{110 - 0.7 \times 53.8}{220 - 0.7 \times 53.8} = 0.4$$

即转速降低到原来的 40%。

9.5.2 改变磁通 Φ(调磁)

在电源电压 U 为额定值的情况下，在励磁回路串入可调电阻 R_f'，通过改变励磁电流 I_f 达到改变磁通的目的。

根据

$$n = \frac{U}{K_E\Phi} - \frac{R_a}{K_E K_T \Phi^2}T$$

可知，磁通 Φ 减小，n_0 增大，转速降 Δn 也随之增大，电机的机械特性曲线(图 9-5-2)也就越陡，硬度有所下降。考虑到电动机在额定状态运行时，其磁路已接近饱和，因此通常只是减小磁通 $(\Phi < \Phi_N)$，将转速往上调 $(n > n_N)$。

这种调速方法的特点如下。

(1) 调速平滑，可实现无级调速。

(2) 减弱磁通使机械特性曲线上移，特性变软。

(3) 调速经济，控制方便。

(4) 调速范围不大。对专门生产的调磁电动机，其调速比可达 3~4，如 530~2120r/min 及 310~1240r/min。

这种调速方法适用于转矩与转速成反比而输出功率基本不变(恒功率调速)的场合，如切削机床。

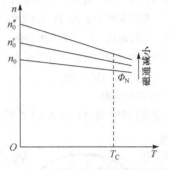

图 9-5-2　改变磁通调速的机械特性曲线

9.5.3　改变电枢回路的电阻调速

以并励电动机为例，根据其机械特性方程，在电枢回路串入一个调节电阻 R_T 进行调速，可得其机械方程的表达式为

$$n = \frac{U}{K_E\Phi} - \frac{R_a + R_T}{K_E K_T \Phi^2}T \tag{9-5-1}$$

根据式(9-5-1)可知，该调速方式只能实现低于额定转速的降速调节，且机械特性明显变软，系统稳定性较差。此外，由于电枢电流较大，增加的调节电阻 R_T 上的功耗较大。

因此，这种调速方式很少应用。

9.6　工程应用

在机器人(图 9-6-1)系统中，常用的驱动设备包含三种：普通的直流电机(含有刷和无刷电机)、伺服电机(servo motor)及步进电机(stepping motor)。其中在中小型机器人(尺寸为 15~30cm)中，由于供电方便、价格便宜、定位精度高，直流电机的应用最为广泛。

9.6.1　直流电机

直流电机的工作原理前已述及，此处不再赘述。需要指出的是，直流电机一般运行在高速低转矩运行范围内，这与机器人系统中电机低速、大范围转矩驱动的要求是矛盾的。因此，为了降低电机转速，同时提高电机转矩，一般在电机与输出轴之间增加减速器以获得不同的额定转速与额定转矩。目前，很多市面上购买的直流电机出厂时已经带有减速器，因而常称为直流减速电机。

图 9-6-1　机器人

减速电机的优点是使用简单、输出转矩高、转速低、可供选择范围大，缺点是精度较低，即使同一厂家生产的同一批次的减速电机，施加相同的电压或者电流，减速电机的输出也有可能不同。因此，在机器人应用中，对减速电机进行控制时一般需要引入转速闭环控制，而不能使用开环控制。

9.6.2　伺服电机

伺服电机又称执行电机，其主要特点是，当信号电压为零时无自转现象，转速随着转矩的增加而匀速下降。在自动控制系统中，伺服电机通常用作执行部件，把所收到的电信号转换成电动机轴上的角位移或角速度输出。此外，伺服电机本身具备发出脉冲的功能，其每旋转一个角度，都会发出对应数量的脉冲。利用伺服电机的这一功能可以很方便地构成闭环控制系统，精确控制电机转动，从而实现精确的定位，定位精度可以达到0.001mm。

伺服电机分为交流和直流两大类。

1.交流伺服电机

1) 基本结构

交流伺服电机结构如图9-6-2所示。交流伺服电机主要由定子和转子构成。定子铁心通常用硅钢片叠压而成。定子铁心表面的槽内嵌有两相绕组，其中一相绕组是励磁绕组，另一相绕组是控制绕组，两相绕组在空间位置上相差90°。工作时励磁绕组与交流励磁电源相连，控制绕组加控制信号电压。

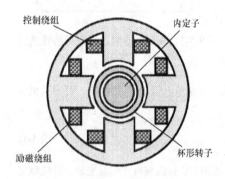

图 9-6-2　交流伺服电机结构图

交流伺服电机在没有控制电压时，气隙中只有励磁绕组产生的脉动磁场，转子上没有起动转矩而静止不动。当有控制电压且控制绕组电流和励磁绕组电流不同相时，在气隙中产生一个旋转磁场并产生电磁转矩，使转子沿旋转磁场的方向旋转。但是对伺服电机的要求是不仅在控制电压作用下就能起动，且电压消失后电动机应能立即停转。如果伺服电机控制电压消失后像一般单相异步电动机那样继续转动，则出现失控现象，我们把这种因失控而自行旋转的现象称为自转。

2) 工作原理

交流伺服电机的接线图和相量图如图9-6-3所示。

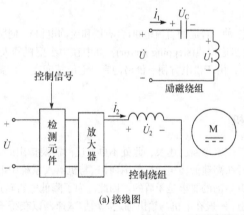

(a) 接线图

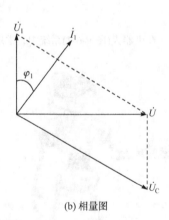

(b) 相量图

图 9-6-3　交流伺服电机的接线图和相量图

交流伺服电机的工作原理与单相异步电动机有相似之处。在图9-6-3中，励磁绕组串联电容 C，是为了产生两相旋转磁场。适当选择电容的大小，可使通入两个绕组的电流相位差接近90°，从而产生所需的旋转磁场。励磁绕组固定接在电源上，当控制电压为零时，电机无起动转矩，转子不转。若有控制电压加在控制绕组上，且励磁电流 i_1 和控制绕组电流 i_2 不同相时，便产生两相旋转磁场。在旋转磁场的作用下，转子便转动起来。

3) 机械特性

在励磁电压不变的情况下，随着控制电压的下降，特性曲线下移。在同一负载转矩作用下，电动机转速随控制电压的下降而均匀减小。

此外，加在控制绕组上的控制电压大小变化时，其产生的旋转磁场的椭圆度不同，产生的电磁转矩也不同，从而改变电动机的转速。

交流伺服电机的机械特性如图 9-6-4 所示。

交流伺服电机的输出功率一般为 0.1～100W，电源频率分 50Hz、400Hz 等多种。它应用很广泛，如用在各种自动控制、自动记录等系统中。

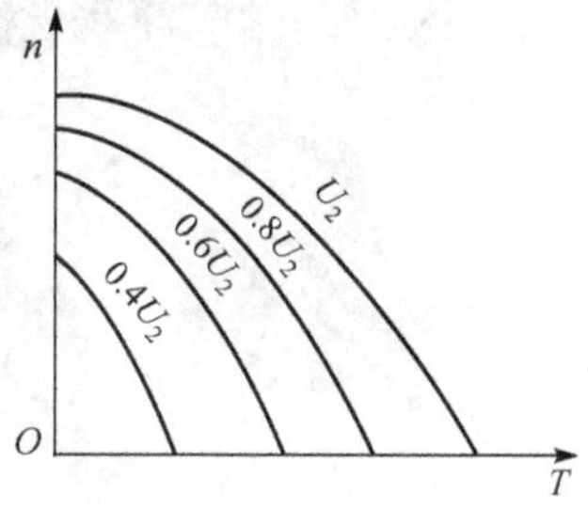

图 9-6-4　交流伺服电机的机械特性

2. 直流伺服电机

传统的直流伺服电机实质是容量较小的普通直流电动机，有他励式和永磁式两种，其结构与普通直流电动机的结构基本相同，只是为减小转动惯量，电机做得细长一些。杯形电枢直流伺服电机的转子由非磁性材料制成空心杯形圆筒，转子较轻而使转动惯量小，响应快速。转子在由软磁材料制成的内、外定子之间旋转，气隙较大。

无刷直流伺服电机用电子换向装置代替了传统的电刷和换向器，使之工作更可靠。它的定子铁心结构与普通直流电动机基本相同，其上嵌有多相绕组，转子用永磁材料制成。

直流伺服电机的接线图如图 9-6-5 所示。

直流伺服电机的特性比交流伺服电机硬。通常应用于功率稍大的系统中，如随动系统中的位置控制等。直流伺服电机输出功率一般为 1～600W。

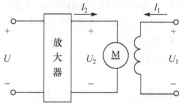

图 9-6-5　直流伺服电机的接线图

9.6.3　步进电机

步进电机是将电脉冲信号转变为角位移或线位移的开环控制元件。这种电机每输入一个电脉冲就动一步，所以又称脉冲电动机。在不超载的情况下，步进电机的转速、停止的位置只取决于脉冲信号的频率和脉冲数，而不受负载变化的影响，即给电机加一个脉冲信号，电机就转过一个步距角。这一线性关系的存在，加上步进电机只有周期性的误差而无累积误差等特点，使得在速度、位置等控制领域用步进电机来控制变得非常简单。

1. 基本结构

常见步进电机的外形构造如图 9-6-6 所示。步进电机主要由励磁式和反应式两种类型，区别在于励磁式步进电机的转子上有励磁线圈，依靠电磁转矩工作；而反应式步进电机的转子上没有励磁线圈，依靠变化的磁阻生成磁阻转矩工作。反应式步进电机的应用最广泛，它有两相、三相、多相之分。这里主要讨论三相反应式步进电机的结构和工作原理。

下面以反应式步进电机为例说明步进电机的结构和工作原理。三相反应式步进电机结构示意图如图 9-6-7 所示。定子内圆周均匀分布着六个磁极，磁极上有励磁绕组，每两个相对的绕组组成一相。采用 Y 连接，转子有四个齿。

2. 工作原理

由于磁力线总是要通过磁阻最小的路径闭合，因此会在磁力线扭曲时产生切向力，而形成磁阻转矩，使转子转动。

1) 三相单三拍

"三相"指三相步进电机；"单"指每次只能一相绕组通电；"三拍"指通电三次完成一个通电循环。

按 A→B→C→A→…的顺序给三相绕组轮流通电，转子便一步一步转动起来。每一拍转过 30°(步距角)，每个通电循环周期(3 拍)磁场在空间旋转了 360°而转子转过 90°(一个齿距角)。

图 9-6-6　常见步进电机外形构造

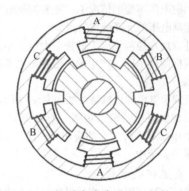

图 9-6-7　三相反应式步进电机结构示意图

2) 三相六拍

按 A→AB →B →BC →C → CA 的顺序给三相绕组轮流通电。这种方式可以获得更精确的控制特性。

三相反应式步进电动机的一个通电循环周期如下：A→AB →B →BC →C → CA，每个循环周期分为六拍。每拍转子转过 15°(步距角)，一个通电循环周期(6 拍)转子转过 90°(齿距角)。

与单三拍相比，六拍驱动方式的步进角更小，更适用于需要精确定位的控制系统中。

3) 三相双三拍

按 AB →BC →CA 的顺序给三相绕组轮流通电。每拍有两相绕组同时通电。与单三拍方式相似，双三拍驱动时每个通电循环周期也分为三拍。每拍转子转过 30°(步距角)，一个通电循环周期(3 拍)转子转过 90°(齿距角)。

3. 步进电机的步距角和转速

从以上对步进电机三种驱动方式的分析可得步距角计算公式：

$$\theta = \frac{360°}{Z_r m} \tag{9-6-1}$$

式中，θ 是步距角；Z_r 是转子齿数；m 是每个通电循环周期的拍数。

实用步进电机的步距角多为 3° 和 1.5°。为了获得小步距角，电机的定子、转子都做成多齿的结构。

对于小车的运动驱动来说，一般可以选用直流电机或步进电机，而伺服电机一般用在机械臂上，用来得到精确的旋转角度。

习　题

9.1　若将并励直流电动机改用工频 50Hz 电源供电，会出现什么结果？

9.2　某手电钻既能使用 12V 的电池，又能接入 220V 交流电源，这是为什么？

9.3　他励电动机的机械特性曲线是线性的吗？和异步交流电机有什么不同？

9.4　直流电动机稳定运行时，电枢电流的大小取决于什么因素？

9.5　有一台他励式直流电动机，已知 U=220V，R_a=0.5Ω，电枢电流 I_a=20A，求：(1)反电动势 E；(2)当负载转矩增加 50%后的电枢电流和反电动势的值，以及此时转速的变化。

9.6　有一台并励电动机，其额定数据如下：P_N=22kW，U=110V，n=1000r/min，η = 0.84。已知 R_a=0.04Ω，R_f=27.5Ω。试求：(1)额定电流 I、额定电枢电流 I_a 及额定励磁电流 I_f；(2)损耗功率 ΔP_{aCu}、ΔP_{fCu} 及 ΔP_0；(3)额定转矩 T；(4)反电动势 E。

9.7　并励电动机不能直接起动，其原因和异步电动机的起动是一样的吗？如何解决这个问题？

9.8　通过哪些方法可以改变直流电机的转向？

9.9　采用降低电源电压的方法来降低并励电动机的起动电流，是否也可以？

9.10 对并励电动机能否改变电源电压来进行调速？

9.11 有一并励电动机，已知：$U=110V$，$E=90V$，$R_a=20\Omega$，$I_a=1A$，$n=3000\ r/min$。为了提高转速，把励磁调节电阻 R_f' 增大，使磁通 Φ 减小 10%，如负载转矩不变，问转速如何变化？

9.12 有一台并励电动机，其额定数据如下：$P_2=10kW$，$U=220V$，$I=53.8A$，$n=1500r/min$，$R_a=0.4\Omega$，$R_f=193\Omega$。假设在励磁电路中串联励磁调节电阻 $R_f'=50\Omega$，采用调磁调速。(1)如保持额定转矩不变，求转速 n，电枢电流 I_a 及输出功率 P_2；(2)如保持额定电枢电流不变，求转速 n，转矩 T 及输出功率 P_2。

9.13 有一 Z2-32 型他励电动机，其额定数据如下：$P_2=2.2kW$，$U=U_f=110V$，$n=1500r/min$，$\eta=0.8$；$R_a=0.4\Omega$，$R_f=82.7\Omega$。试求：(1)额定电枢电流；(2)额定励磁电流；(3)励磁功率；(4)额定转矩；(5)额定电流时的反电动势。

9.14 对上题的电动机，如果保持额定转矩不变，求下列两种方法调速时的转速：(1)磁通不变，电枢电压降低 20%；(2)磁通和电枢电压不变，与电枢串联一个 1.6Ω 的电阻。

第五篇　电动机控制电路

第 10 章　继电接触器控制系统

内容概要：本章主要介绍一些常用的控制、保护电器，以及基于继电接触器控制系统的三相异步电动机控制电路。

重点要求：了解常用控制、保护电器的结构及工作原理，掌握三相异步电动机控制电路的分析、设计方法。

10.1　引　言

为了实现生产过程自动化、满足生产工艺的要求，对电动机或其他执行电器的起停、正反转、调速、制动等运行方式进行控制，称为电器控制。电器控制的基本思路是一种逻辑思维，只要符合逻辑控制规律，能保证电气安全，并满足生产工艺的要求，就可以认为是一种好的设计。电器控制电路的实现，可以采用继电接触器逻辑控制方法、可编程序逻辑控制方法以及计算机控制方法等，其中继电接触器逻辑控制方法是最简单最基本的方法，是各种控制方法的基础。

继电接触器控制系统是由继电器、接触器、按钮等各种有触点的开关电器组合，并通过物理接线的方式实现逻辑控制功能的系统。它的优点是电路图较直观形象、装置结构简单、易于掌握、价格便宜、维修方便，因此广泛应用于各类生产设备及控制系统中。它的缺点主要是由于采用固定接线形式，其通用性和灵活性较差，在生产工艺要求提出后才能设计实现，一旦做成就不便修改，且不能实现系列化生产；另外，由于采用有触头的开关电器，触头接触不良易发生故障，维修量较大。尽管如此，继电接触器控制仍是各类机械设备最基本的电器控制形式之一。

本章以三相笼型异步电动机为控制对象，主要介绍常用低压电器的结构和工作原理以及基本控制线路。

10.2　常用低压电器

凡是能够自动或手动接通和断开电路，以及能够实现对电路或非电对象的切换、控制、保护、检测、变换和调节等操作的电气元件统称为电器。低压电器是用于额定电压交流 1kV 或直流 1.5kV 以下电路中的电器；反之为高压电器。低压电器的种类繁多、功能多样、用途广泛。按其用途可分为控制电器和保护电器。控制电器是用于各种控制电路和控制系统的电器,如开关、按钮、接触器、继电器等;保护电器是用于保护电路和用电设备的电器,如熔断器、热继电器等。控制电器按其动作性质又可分为手动控制电器和自动控制电器两类。手动控制电器是由工作人员手动操作的,如刀开关、组合开关、按钮等;自动控制电器则是根据指令、信号或某个物理量的变化自动进行的,如各种继电器、接触器、行程开关等。

10.2.1 刀开关

刀开关又称闸刀开关,是一种结构简单的手动电器,由闸刀(动触点)、静插座(静触点)、手柄和绝缘底板组成,图 10-2-1 所示为其外形结构和符号。刀开关主要供无载通断电路用,有时也可作为照明设备和小型电动机不频繁操作的电源开关。刀开关作为电源的引入开关,不用来直接接通或断开较大的负载。在连接时应注意将电源线接在刀座上,而负载则接在闸刀上。

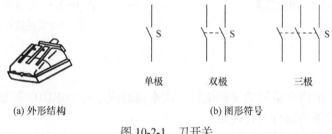

(a) 外形结构   (b) 图形符号

图 10-2-1   刀开关

根据工作条件和用途的不同,刀开关有不同的结构形式,但工作原理基本相似。按极数可分为单极、两极、三极和四极刀开关;按切换功能,可分为单投和双投刀开关;按有、无灭弧罩,可分为带灭弧罩和不带灭弧罩;按操作方式,又可分为中央手柄式和带杠杆机构操纵式。

刀开关的技术数据主要是闸刀的额定电压和额定电流。当用于直接起动小型电动机时,要考虑电动机的起动电流,一般刀开关的额定电流应是电动机额定电流的 3～5 倍。

10.2.2 组合开关

组合开关又称为转换开关,是一种转动式的刀开关。其结构紧凑,安装面积小,操作方便,常用来作为电源的引入开关,通常不带负载操作。有时也能用来接通和分断较小工作电流的电路,如小容量笼型异步电动机的起停、正反转控制,或电路的局部照明等。

组合开关有若干个动触片和静触片,分别安装于数层绝缘体内,静触片固定在绝缘垫板上,动触片套装在带有手柄的转轴上,通过转动手柄来带动转轴转动,从而改变动触片和静触片的通、断状态。组合开关的外形结构及图形符号如图 10-2-2 所示。组合开关有单极、双极、三极和四极几种。

图 10-2-3 所示电路是用组合开关起停电动机的接线图。

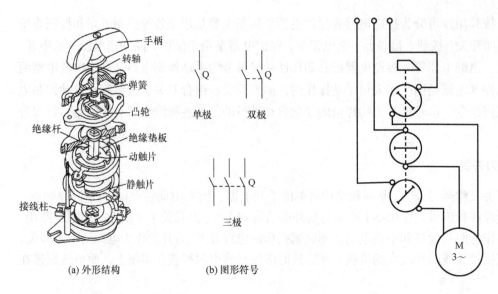

(a) 外形结构   (b) 图形符号

图 10-2-2 组合开关

图 10-2-3 组合开关起停
电动机的接线图

10.2.3 按钮

按钮是一种发出指令信号的手动电器,用来接通或断开小电流的控制电路,从而对电动机或其他电气设备的运行进行控制。

按钮的原理结构图及图形符号如图 10-2-4 所示,按钮由外壳、按钮帽、触点和复位弹簧组成。按钮的触点分为常闭触点(动断触点)和常开触点(动合触点)两种。常闭触点是按钮未按下时闭合、按下后断开的触点;常开触点是按钮未按下时断开、按下后闭合的触点。

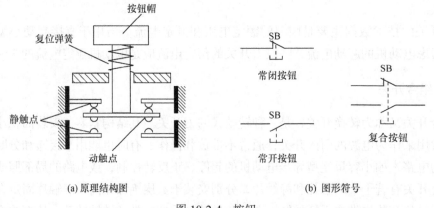

(a) 原理结构图   (b) 图形符号

图 10-2-4 按钮

常见的按钮为复合按钮,其常开和常闭触点制作在一起。当按下按钮帽时,上面的常闭触点先断开,然后下面的常开触点闭合;松开按钮帽时,下面的常开触点先复位为常开状态,上面的常闭触点后复位为常闭状态。可见,复合按钮的常开和常闭触点的通、断有一定的先后顺序。

还有一种双联按钮，由两个按钮组成，一个用于电动机的起动，另一个用于电动机的停止。

应用按钮时应注意：①大多数按钮都有自动复位功能，它的结构决定了它只能在极短的时间内接通电路，与开关不同；②触点接触面积很小，因此只能通过小电流，额定电流一般不超过 5A。

10.2.4 接触器

接触器是一种自动控制开关，适用于在低压配电系统中远距离控制、频繁操作交直流主电路和大容量控制电路，如自动控制交直流电动机、电热设备、电容器组等设备。应用最广泛的是空气电磁式交流接触器和空气电磁式直流接触器，习惯上简称交流接触器和直流接触器。

接触器由电磁系统、触头系统、灭弧系统、释放弹簧机构、辅助触头及基座等几部分组成。交流接触器的原理结构图及图形符号如图 10-2-5 所示，它利用电磁原理通过控制电路的控制和动铁心的运动来带动触头动作，从而实现对主电路的通断控制。接触器的动触点固定在动铁心上，静触点则固定在壳体上。当套在静铁心上的吸引线圈加额定电压通电时，产生电磁吸力将动铁心吸合，从而使常闭触点断开、常开触点闭合；当吸引线圈断电或电压降低较多时，由于弹簧的作用，动铁心释放，电磁铁和触点均恢复到原状态。因此，只要控制吸引线圈通电或断电就可使其触点断开或闭合，从而使电路断开或接通。

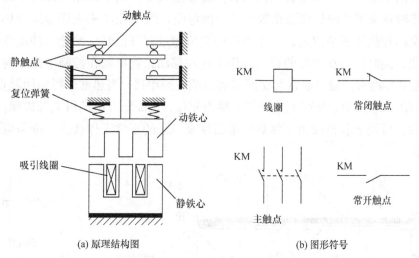

(a) 原理结构图   (b) 图形符号

图 10-2-5 交流接触器

根据用途不同，接触器的触点可分为主触点和辅助触点两种。主触点能通过较大电流，主要用于切换主电路，所以触点接触要良好，接触压力要足够大，通断速度要快，并要求采取灭弧装置以熄灭由于主触点断开而产生的电弧，防止烧坏触点。辅助触点流过的电流较小，用于控制电路中，无须加灭弧装置。

选用接触器时，应考虑其额定电压、线圈电压及触点数量等。

10.2.5 继电器

继电器是一种根据特定输入信号而动作的自动控制电器，它的输入信号可以是电压、电流等电量，也可以是温度、速度和压力等非电量，输出则为触点的动作。当电压、电流、温度、压力等超过或低于某一数值时，继电器接通或断开被控制的电路。

根据转化物理量的不同，可以构成各种继电器，在控制电路中进行信号传递、放大、转化、连锁等，从而控制主电路和辅助电路中的器件或设备按预定的动作程序进行动作，实现自动调节、安全保护、转换电路等作用。

1. 中间继电器

中间继电器通常用来传递信号和同时控制多个电路。其工作原理与接触器基本一样，主要区别在于：接触器的主触点可以通过大电流；而中间继电器的触点数目多且只能通过小电流，因此继电器只能用于控制电路中。当控制电路较复杂、接触器辅助触点不够用时，常用中间继电器来弥补接触器触头数量的不足以扩展辅助触点。电路符号如图 10-2-6 所示。

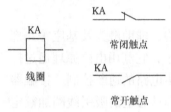

图 10-2-6　中间继电器

2. 热继电器

热继电器是一种过载保护电器，它利用电流的热效应原理来实现对电动机的过载保护。双金属片式热继电器的原理结构图及图形符号如图 10-2-7 所示。热元件是一段具有均匀电阻值的铜镍合金、镍铬铁合金等电阻材料，串接在电动机的主电路中。双金属片由两种热膨胀系数不同的金属经机械碾压的方法形成一体，受热时双金属片向热膨胀系数小的一侧弯曲。图 10-2-7 中上层金属片热膨胀系数小，下层金属片热膨胀系数大，当主电路中电流超过容许值时，发热元件使双金属片受热向上弯曲，同时扣板在弹簧的拉力作用下向左移动，将串联在控制电路中的常闭触点断开。热继电器的常闭触点通常与交流接触器的线圈串接，当热继电器常闭触点断开时，交流接触器的线圈断电，使交流接触器主触点复位，从而断开电动机电源以保护电动机。故障排除后，可按下复位按钮，使热继电器恢复原来的正常工作状态，准备电动机的重新起动工作。

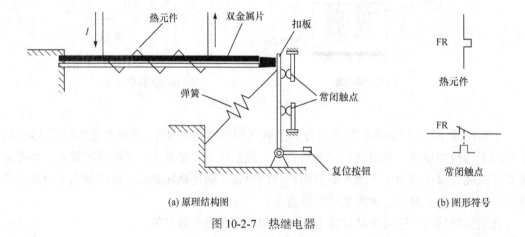

(a) 原理结构图　　　　　　　　　　　　　　　　　　(b) 图形符号

图 10-2-7　热继电器

由于热继电器的热惯性比较大，即使热元件上流过几倍的额定电流，热继电器也不会立即动作。因此在电动机起动时间不太长或短时过载的情况下，热继电器是能经受电流的冲击而不动作的，避免了电动机不必要的停车。只有在电动机长时间过载的情况下，热继电器才动作，实现过载保护。也正因为这样，热继电器不能作为短路保护。

3. 时间继电器

时间继电器是一种实现触头延时接通或断开的自动控制电器。在获得电信号后，经历一段设定的延时时间使控制电路接通或断开，主要作为辅助电器用于各种电气保护和自动装置中。时间继电器有通电延时和断电延时两种。通电延时是指时间继电器的延时触点在其线圈通电后延时动作，在线圈断电时，立刻恢复原状态；断电延时则在线圈通电时所有触点立即动作，而当线圈断电时，其延时触点延时恢复原状态。

时间继电器按延时原理有电磁式、空气阻尼式、电动式、电子式、可编程序和数字式等。交流电路中常采用空气阻尼式时间继电器，是利用空气阻尼原理获得延时的，其原理结构图及图形符号如图 10-2-8 所示，由电磁系统、延时机构、触头三部分组成。当吸引线圈通电后产生吸力，动铁心被吸合，带动托板和复位弹簧一起下移，微动开关 1 立即动作，常开触点闭合，常闭触点打开。此时，动铁心和活塞杆之间有一段距离，活塞杆在释放弹簧的作用下带动伞形活塞及橡皮膜向下移动，造成橡皮膜上方空气室的空气稀薄，形成负压，活塞只能缓慢移动，其移动速度由进气口气隙大小决定。经过一段时间后，活塞杆移动到动铁心处，杠杆压住微动开关 2，使其触点动作，常开触点延时闭合，常闭触点延时断开，实现通电延时。当线圈断电时，动铁心被释放，在复位弹簧的作用下回到原位，所有触点立即复位。时间继电器除延时触点(微动开关 2)外，还设置有瞬时触点(微动开关 1)，其动作原理及图形符号与中间继电器相同。

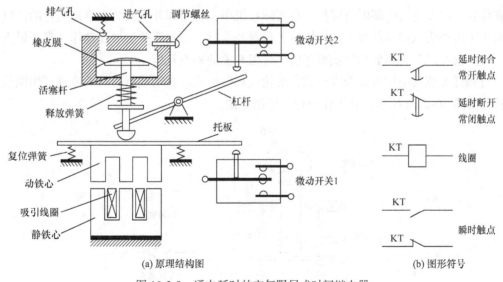

(a) 原理结构图　　　　　　　(b) 图形符号

图 10-2-8　通电延时的空气阻尼式时间继电器

若将上述通电延时继电器的铁心倒装一下，即可做成断电延时继电器，如图 10-2-9 所示。

空气阻尼式时间继电器的优点是：延时长、结构简单、寿命长、价格低廉。但是，其延时误差大，并且难以精确地整定延时值，不适合于延时精度要求高的场合。

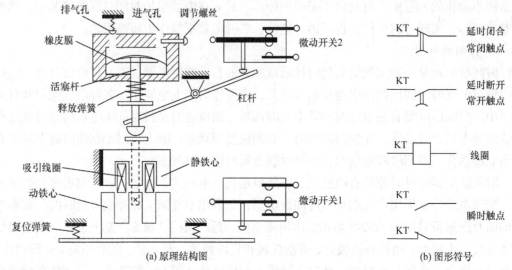

(a) 原理结构图

(b) 图形符号

图 10-2-9　断电延时的空气阻尼式时间继电器

电子式时间继电器由晶体管或集成电路和电子组件构成，具有延时长、精度高、体积小、调节方便及寿命长等优点。

10.2.6　行程开关

行程开关又称限位开关，是将机械运动部件的行程、位置信号转换成电信号而切换电路的自动电器。它是行程控制的主令开关，用于控制机械设备的运动方向、速度、行程大小和位置，以及进行终端限位保护。在实际系统中，将行程开关安装在限定运行的位置，当安装于生产机械运动部件上的挡块撞击行程开关时，行程开关的触点动作，常开触点闭合，常闭触点断开。当触动模块离开后，行程开关的触点复位。

行程开关按其结构可分为直动式、滚轮式和微动式。直动式行程开关原理结构图及图形符号如图 10-2-10 所示，其工作原理与按钮类似。

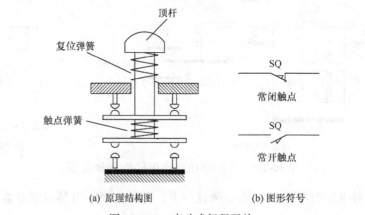

(a) 原理结构图

(b) 图形符号

图 10-2-10　直动式行程开关

10.2.7　熔断器

熔断器俗称保险丝，是一种常用的短路保护电器。当电流超过规定值，熔断器以它本身产生的热量使熔体熔化，从而分断电路。它串接在被保护的线路中，线路正常工作时如同一根导线，起通路作用；而在电路发生短路或严重过电流时快速自动熔断，切断电路电源，起到保护线路和电气设备的作用。

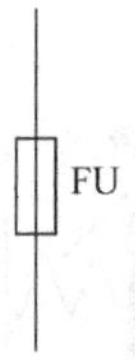

熔体是熔断器的主要部分，它应具备的基本性能是功耗小、分断能力强，通常由电阻率较高的易熔合金或截面积很小的良导体制成，如锡铅合金、铜、银等。常用的熔断器有插入式、螺旋式、管式等。如图 10-2-11 所示为熔断器的图形符号。

图 10-2-11　熔断器的图形符号

熔断器的主要参数有额定电压、额定电流、额定分断电流等。熔断器的额定电压应不低于保护线路的额定电压，其额定电流应不小于熔体的额定电流。而熔体的额定电流 I_{NR} 确定方法如下。

(1) 保护照明或电热设备，因负载电流较稳定，所以熔体的额定电流应等于或稍大于负载的额定电流 I_L，即

$$I_{NR} \geqslant I_L$$

(2) 保护单台电动机：

$$I_{NR} \geqslant 电动机起动电流/2.5$$

(3) 保护单台频繁起动的电动机：

$$I_{NR} \geqslant 电动机起动电流/(1.6 \sim 2)$$

(4) 保护多台电动机：

$$I_{NR} \geqslant (1.5 \sim 2.5) \times 容量最大的电动机的额定电流 + 其余电动机额定电流之和$$

10.2.8　低压断路器

低压断路器俗称自动空气开关，是低压配电网中的一种主要开关电器。它不仅可以通断正常的负载电流、电动机工作电流和过载电流，而且可以通断短路电流。主要用于不频繁操作的低压配电线路或开关柜中作为电源开关使用，以及对电路实现短路、过载和欠压等多种自动保护功能。

图 10-2-12 是低压断路器的原理图。低压断路器主要由主触点和灭弧系统、具有不同保护功能的各种脱扣器、操作机构三部分组成。

主触头串接在主电路中，通常手动闭合，闭合后主触点通过连杆装置被锁钩锁住。在正常情况下，可操作主触点来接通、分断工作电流；而当出现故障时，相应的脱扣机构可将锁钩脱开，则主触点在释放弹簧的作用下能够迅速、及时地断开从而切断故障电流，保护电路及用电设备。

脱扣器有过流脱扣器、欠压脱扣器等。正常情况下，过流脱扣器的衔铁是释放着的，一旦发生严重过载或短路故障，线圈中的电流增加产生较大的电磁吸力，将衔铁往下吸合

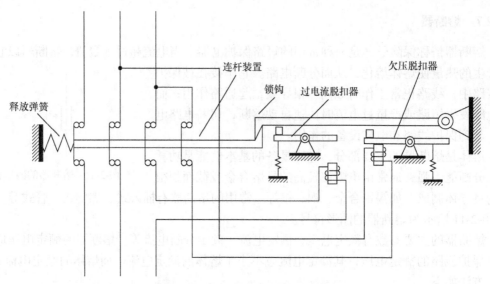

图 10-2-12　低压断路器的原理图

而顶开锁钩，连杆装置被释放弹簧拉回而使主触点断开，实现过电流保护。欠压脱扣器工作情况则相反，电压正常时衔铁被吸合住，当电网电压严重下降或断电时，线圈失电，吸力消失，衔铁被释放，向上顶开锁钩，连杆装置被释放弹簧拉回而使主触点断开，实现欠压保护。

低压断路器动作后无须更换元件，工作可靠，运行安全，操作方便，断流能力强，应用十分广泛。

10.3　三相异步电动机的基本控制电路

大多数工业自动化控制系统，通常都是由基本控制电路派生、组合而成的。

控制线路图可分为结构图和电气原理图。结构图中各电器按其实际位置画出，属于同一电器的各部件画在一起，这种画法比较容易识别电器，便于安装和检修。但是，当线路比较复杂、电器较多时，线路分析较困难。实际系统中，同一电器的各部件虽然在机械上是连在一起的，但是在电路上却不一定互相关联。因此，为了读图分析和设计线路的方便，常常按作用原理将主电路和控制电路清楚地分开，这样的图就称为控制线路的电气原理图。

在分析、绘制控制系统的电气原理图时，应遵循以下原则。

(1) 主电路(动力电路，通过大电流)一般画在左侧，用粗实线绘制；控制电路(辅助电路，通过小电流)画在右侧，为主电路服务，用细实线绘制。

(2) 原理图中，应采用国标图形符号绘出电器元件的各功能部件。图中线圈均未通电，触点、按钮状态均为电器未动作前的原始状态。

(3) 同一电器的各个部件，分散画在各工作电路中，都应标注同一文字符号。

10.3.1　直接起停控制

三相异步电动机在很多场合都是加上额定电压直接起动的，虽然这种方式存在着起动电流大、起动时电压降较大等不利因素，但由于直接起动方式操作简便、不需要额外增加起动设备，因此在考虑笼型异步电动机起动方式时，仍优先考虑直接起动方式。只有在不符合直接起动条件时，才考虑采用降压起动方式。

1. 点动控制

图10-3-1为三相异步电动机的点动控制结构图和电气原理图。点动控制是指按下按钮，电动机通电起动；松开按钮，电动机失电停转。一般在生产机械需要试验各部件动作情况或进行部件与加工工件之间的调整工作时，就需要对电动机进行点动控制。其工作原理是：合上组合开关Q，为电机起动做好准备；按下按钮SB，交流接触器KM线圈通电，动铁心吸合，常开触点闭合，电动机M接入三相电源起动运行；松开按钮SB，交流接触器KM线圈断电，由于弹簧的作用，动铁心松开，常开触点断开，电动机M断电而停转。

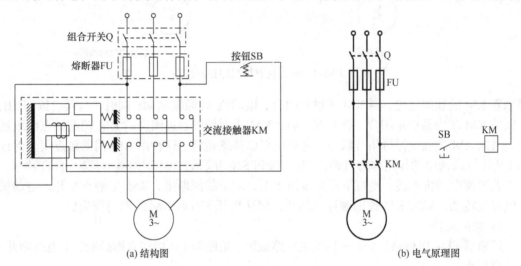

(a) 结构图　　　　　　　　　　　　　　　　(b) 电气原理图

图10-3-1　电动机点动控制线路

2. 具有自锁功能的直接起停控制

在点动控制线路的基础上进行修改、补充，即可得如图10-3-2所示的电动机直接起停结构图和电气原理图。

1) 控制目的和方法

控制目的：实现电动机的直接起动和停止，并能实现单方向长期运转。

控制方法：由起动按钮SB_2和停止按钮SB_1控制。

保护措施：短路保护，过载保护和失压、欠压保护。

2) 线路组成

主电路包括：组合开关Q、熔断器FU、交流接触器KM的主触点、热继电器FR的发热元件、电动机M。

控制电路包括：起动按钮SB_2、停止按钮SB_1、交流接触器KM的线圈、交流接触器KM的辅助触点、热继电器FR的常闭触点。

3) 工作原理

首先合上组合开关Q，为电动机起动做好准备。按下起动按钮SB_2，控制电路中交流

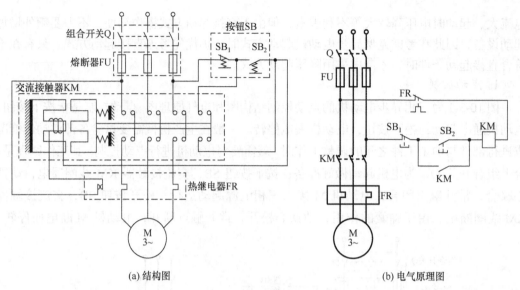

组合开关Q
熔断器FU
交流接触器KM
热继电器FR

按钮SB
SB₁ SB₂

(a) 结构图

Q
FU
FR
SB₁   SB₂   KM
KM
KM
FR

(b) 电气原理图

图 10-3-2　电动机直接起停控制线路

接触器 KM 的线圈通电，则 KM 主触点闭合，电动机 M 通电起动；同时，与起动按钮 SB₂ 并联的 KM 辅助触点也闭合，松开 SB₂ 后，KM 线圈仍可通过闭合的 KM 辅助触点继续通电，因此 KM 主触点保持闭合状态，电动机得以持续运转。这种由 KM 辅助触点闭合保证 KM 线圈持续通电的作用称为自锁，与起动按钮 SB₂ 并联的 KM 辅助触点就称为自锁触点。

若要使电动机停转，则按下停止按钮 SB₁，KM 线圈断电，KM 主触点断开，电动机失电停止转动；同时 KM 辅助触点也断开，保证松开 SB₁ 后 KM 线圈持续失电。

4）保护元件

熔断器 FU：作短路保护。一旦发生短路故障，熔断器 FU 熔体立即熔断，主电路断开，电动机停车。

热继电器 FR：作过载保护。当电动机过载时，热继电器 FR 的热元件发热持续一定的时间，FR 常闭触头断开，控制回路断电，交流接触器 KM 线圈失电，KM 主触点复位断开，电动机 M 断电停车，从而避免了长期过载的危险。

交流接触器 KM：作失压、欠压保护，依赖于接触器本身的电磁机构来实现。当电源电压由于某种原因而严重降低或断电时，交流接触器 KM 的动铁心自行释放，KM 主触点和辅助触点复位断开，将电动机从电源切除，电动机停转。当电源电压恢复正常后必须重新起动电动机。控制电路具有失压、欠压保护能力之后，可以防止电动机在低电压下运行而引起过电流。另外，避免电源电压恢复后电动机自行起动而造成设备损坏和人身事故。

本节中各控制线路的保护措施与此类似，不再赘述。

10.3.2　正反转控制

三相异步电动机
正反转控制线路

机械设备的运动部件往往需要向正反两个方向运动，例如，工作台的前进和后退、主轴的正转和反转、起重机对重物的提升和放下，都涉及电动机的正反转。为实现电动机转动方向的改变，只需要将接入电动机的三相电源的两根相线对调一下即可，而这一要求只要用两个接触器就可实现，如图 10-3-3 所示。需要注意的是，如果误操作使两个接触器同时工作，由图 10-3-3 可见，两个接触器的主触点都闭合，将会导致电源短路，造成事故。因此，在电动机的正反转控制线路中，必须采取一定的措施保证两个接触器不会同时工作。这种在同一时间内两接触器只允许一个工作的控制作用称为互锁或连锁。

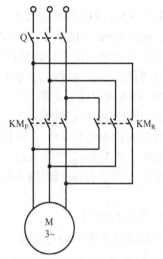

1. 正反转点动控制

控制线路如图 10-3-4 所示。

1) 控制目的和方法

控制目的：正转点动和反转点动。

控制方法：正转点动通过按钮 SB_F 和正转接触器 KM_F 实现；反转点动通过按钮 SB_R 和反转接触器 KM_R 实现。

图 10-3-3 用两个接触器实现电动机正反转

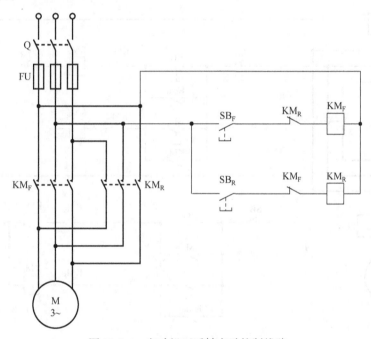

图 10-3-4 电动机正反转点动控制线路

2) 线路组成

主电路包括：组合开关 Q、熔断器 FU、正转接触器 KM_F 的主触点、反转接触器 KM_R 的主触点、电动机 M。

控制电路包括：正转按钮 SB_F、反转按钮 SB_R、正转接触器 KM_F 的线圈、反转接触器 KM_R 的线圈、正转接触器 KM_F 的常闭辅助触点、反转接触器 KM_R 的常闭辅助触点。

3) 工作原理

首先合上组合开关 Q，正转点动时，按下正转按钮 SB_F，正转接触器 KM_F 的线圈通电，KM_F 的主触点闭合，电动机正转，同时 KM_F 的常闭辅助触点断开，这时即使按下 SB_R，反

· 225 ·

转接触器 KM_R 线圈也不会通电。松开 SB_F，KM_F 的线圈断电，其主触点复位断开，电动机停转，同时 KM_F 辅助触点复位闭合。

反转点动时，按下反转按钮 SB_R，反转接触器 KM_R 的线圈通电，反转接触器 KM_R 的主触点闭合，电动机反转，同时 KM_R 的常闭辅助触点断开，保证了在 KM_R 的线圈通电期间 KM_F 的线圈回路总是断开的。松开 SB_R，KM_R 的线圈断电，其主触点复位断开，电动机停转，同时 KM_R 辅助触点复位闭合。

可见在控制电路中，正转接触器 KM_F 的常闭辅助触点串接在反转接触器 KM_R 的线圈支路中，而反转接触器 KM_R 的常闭辅助触点串接在正转接触器 KM_F 的线圈支路中，从而保证了两个接触器线圈不能同时通电，因此将这两个常闭辅助触点称为互锁或连锁触点。

2. 正反转控制

控制线路如图 10-3-5 所示。

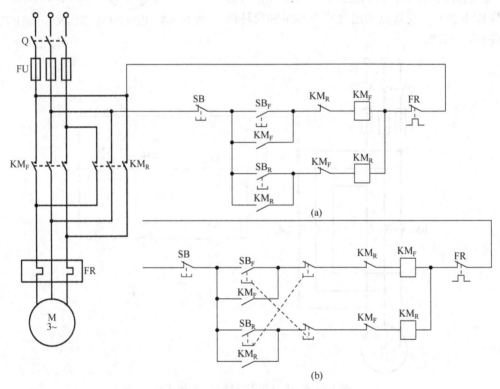

图 10-3-5 电动机正反转控制线路

1) 控制目的和方法

控制目的：正转起动并连续工作、反转起动并连续工作。

控制方法：通过正转起动按钮 SB_F 和正转接触器 KM_F 实现正转控制；通过反转起动按钮 SB_R 和反转接触器 KM_R 实现反转控制；通过停止按钮 SB 停车。

2) 线路组成

主电路包括：组合开关 Q、熔断器 FU、正转接触器 KM_F 的主触点、反转接触器 KM_R 的主触点、热继电器 FR 的发热元件、电动机 M。

控制电路包括：正转起动按钮 SB$_F$、反转起动按钮 SB$_R$、停止按钮 SB、正转接触器 KM$_F$ 的线圈、反转接触器 KM$_R$ 的线圈、正转接触器 KM$_F$ 的自锁触点和互锁触点、反转接触器 KM$_R$ 的自锁触点和互锁触点、热继电器 FR 的常闭触点。

3) 工作原理

如 10.3.5(a)图所示，闭合组合开关 Q，正转控制时，按下 SB$_F$， KM$_F$ 线圈通电，KM$_F$ 主触头闭合，电动机 M 正转起动；KM$_F$ 常开自锁触头闭合，电动机 M 连续工作；KM$_F$ 常闭互锁触头断开，保证 KM$_R$ 线圈不会通电。

若要将电动机由正转转为反转，需按下停止按钮 SB，KM$_F$ 线圈断电，KM$_F$ 主触头和自锁触头断开，电动机停转；KM$_F$ 常闭互锁触头复位闭合。再按下反转起动按钮 SB$_R$，KM$_R$ 线圈通电，电动机 M 反转起动；KM$_R$ 的自锁触点闭合，电动机 M 连续工作；KM$_R$ 互锁触点断开，保证 KM$_F$ 线圈不会通电。

由以上分析可以发现，这一控制电路有一个缺陷，在正转过程中要求反转时，必须先按停止按钮 SB，让 KM$_F$ 互锁触头闭合后，才能按反转起动按钮使电动机反转。由反转变为正转亦如此，这就带来操作上的不便。为了解决这个问题，常采用按钮和接触器双重互锁的正反转控制电路，如图 10-3-5(b)所示，将正反转起动按钮都换成复合按钮，即可利用复合按钮机械动作的先后次序来实现正反转的直接切换。当电动机 M 正转运行时，直接按下反转起动按钮 SB$_R$，它的常闭触点先断开，常开触点后闭合，使正转接触器 KM$_F$ 的线圈先断电，串接在反转控制电路中的 KM$_F$ 常闭互锁触头恢复闭合，然后反转接触器 KM$_R$ 的线圈通电，电动机 M 即反转。

$^{\triangle}$10.4　行　程　控　制

行程控制是指，当电动机带动的运动部件到达一定行程位置时，采用行程开关对电动机进行自动控制。行程控制一般有两种：一种是限位控制，如桥式起重机运行到轨道顶端要求自动停车；另一种是自动往返控制，广泛应用于铣床、磨床、刨床等。

10.4.1　限位控制

图 10-4-1 所示电路是用行程开关对电动机的正反转进行限位控制。

1) 控制目的和方法

控制目的：电动机能够正反转工作，到达 A、B 终端位置时能自动停车，且在运行过程中任意时刻均可人为停车。

控制方法：在正反转控制线路的基础上增设了两个行程开关，当运动部件运行到规定位置时，由安装于运动部件上的挡块碰撞行程开关来控制电路。

2) 线路组成

主电路：与电动机正反转控制主电路相同。

控制电路：与电动机正反转控制电路相比，增设了两个行程开关触点。

3) 工作原理

合上组合开关 Q，按下正转起动按钮 SB$_F$，正转接触器 KM$_F$ 线圈通电，KM$_F$ 触点动作并自锁，电动机 M 正转，带动小车正向行驶，到达终端位置 A 处撞击行程开关 SQ$_A$，使 SQ$_A$ 常闭触点断开，正转接触器 KM$_F$ 线圈失电，电动机 M 停转，小车停在设定的位置上。此时即使按下正转按钮 SB$_F$，KM$_F$ 线圈也不会通电。

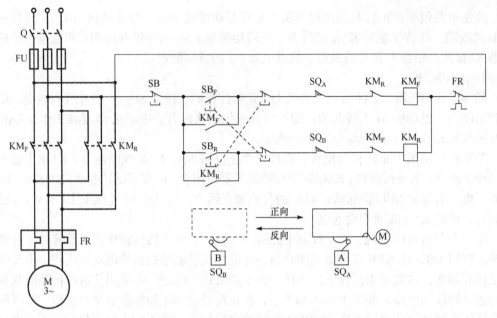

图 10-4-1　电动机限位控制线路

当按下反转按钮 SB_R，反转接触器 KM_R 线圈通电，KM_R 触点动作并自锁，电动机 M 反转，并带动小车反向行驶，小车一离开原停止位置，行程开关 SQ_A 即复位，其常闭触点恢复闭合状态。当小车反向行驶至终端位置 B 处，撞击行程开关 SQ_B，使 SQ_B 常闭触点断开，小车停下。

在正、反向行驶过程中，按下停止按钮 SB，电动机 M 均可停车。

10.4.2　自动往返控制

若将图 10-4-1 所示的限位控制电路中的 SQ_A、SQ_B 触点换为复合触点，将 SQ_A 的常开触点与 SB_R 并联、SQ_B 的常开触点与 SB_F 并联，即可实现自动往返控制，如图 10-4-2 所示。

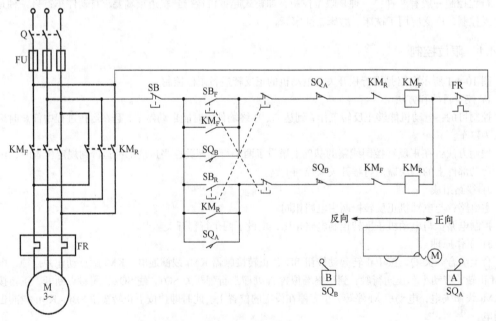

图 10-4-2　自动往返控制线路

合上组合开关 Q，按下正转起动按钮 SB_F，正转接触器 KM_F 线圈通电，KM_F 触点动作并自锁，电动机 M 正转，带动小车正向行驶。到达终端位置 A 处撞击行程开关 SQ_A，使 SQ_A 常闭触点断开，正转接触器 KM_F 线圈失电，与此同时，SQ_A 常开触点闭合，反转接触器 KM_R 线圈通电，KM_R 触点动作并自锁，电动机 M 反转，并带动小车反向行驶，此时行程开关 SQ_A 复位。当小车反向行驶至终端位置 B 处，撞击行程开关 SQ_B，使 SQ_B 常闭触点断开，反转接触器 KM_R 线圈失电，与此同时，SQ_B 常开触点闭合，电动机再次正转。如此循环，实现往返控制。要停车时，按下停止按钮 SB 即可。

△10.5 时间控制

时间控制是指，按实际需要对电动机按一定时间间隔进行控制的方式，利用时间继电器的延时功能即可实现。如对电动机实现 Y-△换接起动控制、能耗制动控制等。

10.5.1 电动机的 Y-△换接起动控制

图 10-5-1 所示电路为电动机 Y-△换接起动控制线路。

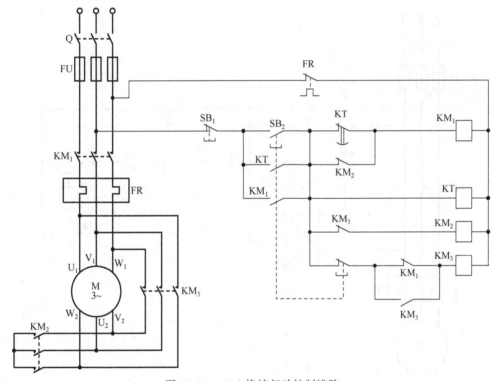

图 10-5-1 Y-△换接起动控制线路

1) 控制目的和方法

控制目的：起动时电动机采用 Y 形连接，经过一段时间延时，当电动机转速上升到一定值将其转换成△形连接，要求在断电的情况下完成换接。

控制方法：交流接触器 KM_2 实现定子绕组的 Y 形连接，交流接触器 KM_3 实现定子绕组的△形连接，利用时间继电器的延时功能来自动切换。

2) 线路组成

主电路包括：组合开关 Q、熔断器 FU、交流接触器 KM_1～KM_3 的主触点、热继电器 FR 的发热元件、电动机 M。

控制电路包括：起动切换按钮 SB₂、停止按钮 SB₁、交流接触器 KM₁～KM₃ 的线圈、交流接触器 KM₁～KM₃ 的辅助触点、通电延时的时间继电器 KT 的线圈及延时断开常闭触点、热继电器 FR 的常闭触点。

3）工作原理

首先合上开关 Q，按下 SB₂，KM₁ 线圈、KT 线圈、KM₂ 线圈通电，此时 KM₃ 线圈保持断电，电动机 M 接成 Y 形起动；经过一段时间的延时，电动机转速达到预期要求，KT 的常闭触点断开，KM₁ 首先断电，KM₁ 主触点复位断开，主电路暂时断电，同时 KM₁ 常闭触头复位，KM₃ 线圈通电，KM₃ 主触点闭合，同时 KM₃ 常闭触点断开，KM₂ 线圈断电，KM₂ 主触点断开，KM₂ 常闭触点复位，KM₁ 线圈通电，KM₁ 主触点闭合，电动机在△形连接下正常运转。若要停车，按下停止按钮 SB₁，KM₁ 和 KM₃ 线圈同时断电，主触点断开，电动机 M 停转。

由以上动作过程可见，接触器 KM₁ 在 Y-△ 换接起动期间经历了接通-断开-接通三个阶段，即电动机是在断电的情况下完成转换的，这样可以避免当 KM₂ 主触点未断开时 KM₃ 主触点已吸合而造成电源短路；同时接触器 KM₂ 的主触点在无电下断开，不会产生电弧，可延长使用寿命。

10.5.2 电动机的能耗制动控制

图 10-5-2 所示为电动机能耗制动控制线路。

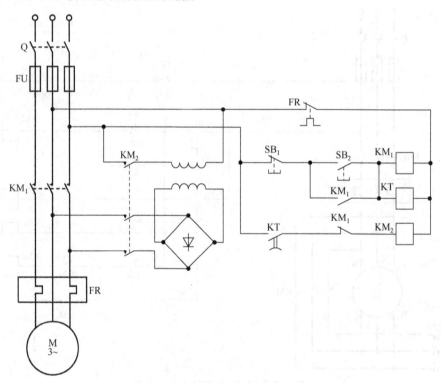

图 10-5-2 电动机能耗制动控制线路

1）控制目的和方法

控制目的：电动机能耗制动，快速停车。

控制方法：利用接触器的自动切换作用，在电动机断开三相交流电源的同时，接通直流电源，使电动机定子绕组中通入直流电而产生一个制动转矩；利用时间继电器的延时功能切断直流电源。

2）线路组成

主电路包括：除电动机直接起停控制的主电路外，增加了由接触器 KM₂ 控制的能耗制动电路，由降压变压器二次侧经桥式整流后提供直流电。

控制电路包括：起动按钮 SB₂、停止按钮 SB₁、交流接触器 KM₁、KM₂ 的线圈、交流接触器 KM₁、KM₂ 的辅助触点、断电延时的时间继电器 KT 的线圈及延时断开常开触点、热继电器 FR 的常闭触点。

3) 工作原理

电动机 M 起动后正常连续工作时，KM₁ 和 KT 的线圈通电，KM₁ 互锁，常闭触点断开，KM₂ 线圈不通电，KT 延时断开常开触点闭合。

需对电动机进行制动时，按下停止按钮 SB₁，KM₁ 线圈失电，KM₁ 主触头和自锁触头断开，电动机 M 脱离电源，KM₁ 互锁触头复位闭合；与此同时，KT 线圈也失电，但其延时断开常开触点仍保持闭合状态，因此 KM₂ 线圈通电，电动机 M 接通直流电，制动开始。经过一段时间延时后，KT 延时断开常开触点复位断开，KM₂ 线圈失电，其主触头断开，制动结束。

10.6　工　程　应　用

1. 单相异步电动机连续正反转控制线路

单相电容起动异步电动机有两个绕组：工作绕组和起动绕组。图 10.6.1(a)所示为电动机正转原理图，图 10-6-1(b)所示为电动机反转原理图，正反转原理与 8.10 节类似，请自行分析。图中，C 为起动电容，S 为装在电动机转轴上的离心开关，当电动机低于正常转速的 75%～90%时，离心开关 S 是闭合的，超过这个转速时借助离心力的作用将开关 S 断开，因此在单相异步电动机正常运行时，开关 S 保持断开状态。

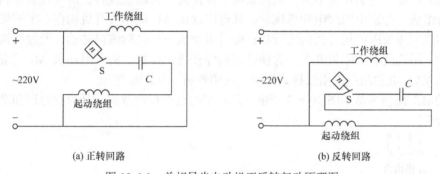

(a) 正转回路　　　　　　　　　　　(b) 反转回路

图 10-6-1　单相异步电动机正反转起动原理图

图 10-6-2 所示为单相异步电动机连续正反转控制线路，其工作原理是：合上组合开关 Q，按下正转起动按钮 SB_F，正转接触器 KM_F 线圈通电，KM_F 主触点及辅助触点吸合。由于电动机刚起动时转速较低，因此离心开关 S 保持闭合状态，电动机在起动绕组的辅助下正向起动运转，并带动设备正向运行。当电动机转子转速接近额定转速时，离心开关 S 断开，起动绕组退出运行。当设备运行到正向限位点时，机械挡块撞击行程开关 SQ_A，SQ_A 触点动作，KM_F 线圈断电，KM_F 各触点动作，电动机失电，同时 KT₂ 线圈通电，经过一段时间，电动机转子转速下降，离心开关 S 闭合，KT₂ 的延时闭合常开触点闭合，KM_R 线圈通电，电动机反向起动运转，并带动设备反向运行，各电器动作次序与正向运行类似。如此循环往复，电动机由正向起动—停止供电—反向起动—停止供电—正向起动……，从而实现连续自动正反转运行。

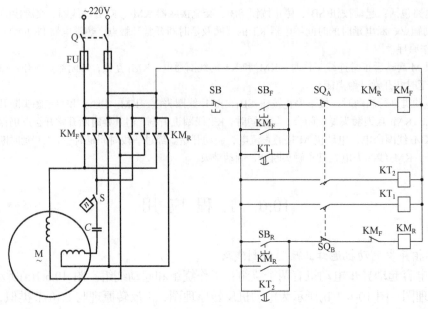

图 10-6-2　单相异步电动机连续正反转控制线路

2. 电动葫芦控制线路

电动葫芦是一种起重量不大、结构紧凑、操作简单的起重设备，由移行装置和提升结构两部分组成，分别由两台电动机拖动。移行电动机 M_2 拖动提升机构在工字横梁上平行移动，用机械撞块限值提升机构的行程；提升电动机 M_1 带动滚筒转动，通过吊钩提升或放下重物，吊钩装有上限位开关。为保证吊钩停在指定位置，提升电动机 M_1 端部设有电磁制动器 YA。电动葫芦采用悬挂式按钮，使用者站在地面操作。

电动葫芦控制线路如图 10-6-3 所示，是典型的点动控制线路，其控制原理和动作顺序请自行分析。

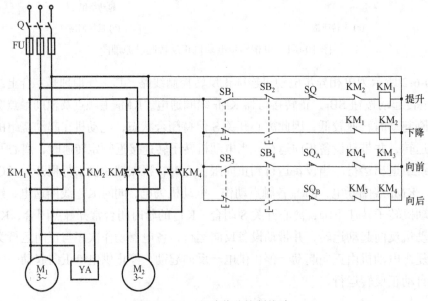

图 10-6-3　电动葫芦控制线路

习　题

10.1　为什么熔断器不能用作电动机过载保护?

10.2　在按下按钮时复合按钮中的动断触点和动合触点的动作顺序是怎样的?

10.3　指出题 10.3 图所示异步电动机"起动-保持-停止"控制电路的接线错误。

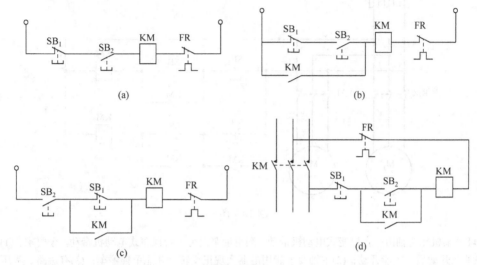

题 10.3 图

10.4　试画出三相鼠笼式电动机既能连续工作，又能点动工作的继电接触器控制线路。

10.5　根据图 10-3-2 接线做实验时，将开关 Q 合上后按下起动按钮 SB$_2$，发现有下列现象，试分析和处理故障：(1)接触器 KM 不动作；(2)接触器 KM 动作，但电动机不转动；(3)电动机转动，但一松手电动机就不转；(4)接触器动作，但吸合不上；(5)接触器有明显颤动，噪声较大；(6)接触器线圈冒烟甚至烧坏；(7)电动机不转动或者转得很慢，并有嗡嗡声。

10.6　题 10.6 图所示为两台异步电动机的直接起动控制电路，试说明其控制功能。应如何改进电路才能更合理?

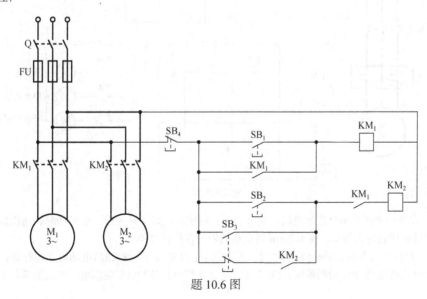

题 10.6 图

10.7 某生产机械由两台鼠笼式异步电动机 M_1、M_2 拖动，要求 M_1 起动后 M_2 才能起动，M_2 停止后 M_1 才能停止。分析题 10.7 图所示设计图中有无错误？应如何改正？

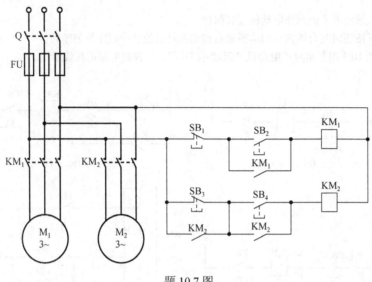

题 10.7 图

10.8 某机床主轴由一台鼠笼式电动机带动，润滑油泵由另一台鼠笼式电动机带动。今要求：(1)主轴必须在油泵开动后，才能开动；(2)主轴要求能用电器实现正反转，并能单独停车；(3)有短路、零压及过载保护。试画出控制线路。

10.9 如题 10.9 图所示液位控制电路，可以将液位自动地保持在 B_3 位置以下，B_1 位置以上，即液面达到 B_3 时自动停机，液面降至 B_2 位置以下时自动开机。试分析该电路的工作原理。

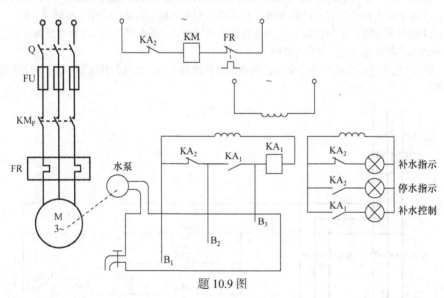

题 10.9 图

10.10 设计一个运物小车控制电路，要求如下：每按一次起动开关后，小车从起始地出发向目的地运行，到达目的地后自动停车，停车 2min 后自动返回出发位置并停车。

10.11 设计一个控制电动机运行的电路，要求如下：(1)按下起动按钮后电动机立即起动；(2)按下停机按钮后，电动机延时 30s 后再停机；(3)停机后控制电路中的各种电器应断电。画出能满足上述控制要求的电路原理图。

10.12 有两台电动机 M_1 和 M_2，试画出满足以下要求的控制电路：(1)按下起动按钮，第一台电动机先起动，经一定延时后第二台电动机自行起动；(2)第二台电动机起动后经一定延时第一台电动机自动停止；(3)两台电动机分别设有停止按钮。

10.13 有一辆运货小车在 A、B 两处装卸货物，它由三相笼型异步电动机带动，请按照下述要求设计电动机的控制电路。(1) 电动机可在 A、B 间任何位置起动，起动后正转，小车行进到 A 处，电动机自动停转，装货，停 5min 后电动机自动反转；(2) 小车行进到 B 处，电动机自动停转，卸货，停 5min 后电动机自动正转，小车到 A 处装货；(3) 有零压、过载和短路保护；(4) 小车可停在 A、B 间任意位置。

第 11 章　可编程逻辑控制器

内容概要：可编程逻辑控制器是专门为在工业环境下应用而设计的数字控制器，它以中央处理器(CPU)为核心，配以输入/输出(I/O)接口、程序存储器等模块，可以很方便地实现对工业现场的控制。本章将介绍可编程逻辑控制器的结构、工作原理、指令系统及编程方法等。

重点要求：了解可编程逻辑控制器的结构及基本工作原理，掌握编程指令及可编程控制器的软、硬件设计方法。

11.1　可编程逻辑控制器的结构和工作原理

在传统的继电接触器控制系统中，由于机械触点数量多、接线复杂等原因，系统的可靠性、拓展性及可移植性较差。可编程逻辑控制器(programmable logic controller，PLC)将大量的触点用软件变量代替，实现了电路硬件的"软件化"，可极大地提高系统的可靠性及稳定性。通过编程，也可以很方便地实现对系统结构的改变，以及对其控制功能的调整，大大增强了系统设计的灵活性。自 1969 年美国数字化设备公司(DEC)研制出第一台可编程控制器并在通用汽车公司的生产线上试用后，可编程逻辑控制器就得到了快速的发展和应用。目前，国际上主流的可编程逻辑控制器有西门子(Siemens)、罗克韦尔(RockWell)、施耐德(Schneider)、ABB、欧姆龙(Omron)、三菱(Mitsubishi)、松下(Panasonic)等公司生产的相关产品。PLC 通常简称可编程控制器。

11.1.1　PLC 的结构及组成部分

PLC 种类繁多，但其结构却基本相同，与微型计算机十分相似，即由中央处理器、输入/输出接口、I/O 扩展端口、外部设备接口、电源及编程器等构成。PLC 硬件系统结构图如图 11-1-1 所示。

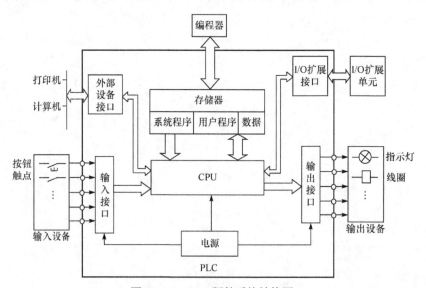

图 11-1-1　PLC 硬件系统结构图

1. 中央处理器(CPU)

中央处理器是 PLC 的核心，对 PLC 的性能起决定性的作用，主要用来处理和运行用户程序，监控输入/输出接口状态，进行数据处理和逻辑运算。通过读取输入变量，运行程序，最后将输出结果送至输出端。此外，中央处理器也可以响应外部设备(如编程器等)的请求，并进行系统自检等。中央处理器由控制器、运算器和寄存器组成，通过地址总线和控制总线与存储器的输入/输出接口电路相连。

2. 存储器

存储器是具有记忆功能的半导体电路，它的作用是存放系统程序、用户程序、逻辑变量和其他一些信息。PLC 的内部存储器有两类：一类是系统程序存储器，其中存储的系统程序用于系统管理、监控及用户程序编译，该程序由 PLC 生产厂家编写，并固化到只读存储器(ROM)中，用户不能更改；另一类是用户程序和数据存储器，主要用于存储用户程序和各类暂存数据和中间结果。

3. 输入接口

输入接口是 PLC 与输入设备相连的桥梁，用于接收输入设备(如按钮、开关、继电器触点、传感器等)传来的信号。输入信号的类型有直流输入、交流输入、交直流输入等。

图 11-1-2 是一个典型的 PLC 输入接口电路。按钮动作后，对应的电路将接通，光电耦合电路(虚线框内)将控制三极管导通，从而使内部电路识别该输入信号。图中 LED 为发光二极管，用于显示有无信号输入。

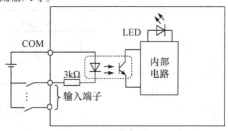

图 11-1-2　PLC 输入接口电路

4. 输出接口

输出接口是 PLC 与输出设备之间的连接部件，其作用是把 PLC 的输出信号传送给被控设备，即将中央处理器送出的弱电信号转换成电平信号，驱动被控设备的执行元件。输出的类型有继电器输出(图 11-1-3)、晶体管输出(图 11-1-4)、晶闸管输出等。

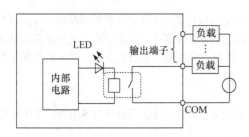

图 11-1-3　PLC 继电器输出接口电路

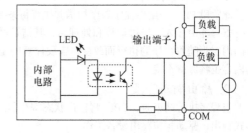

图 11-1-4　PLC 晶体管输出接口电路

除上述几部分外，根据机型的不同还有多种外部设备，其作用是编程、实现监控以及网络通信。常用的外部设备有编程器、打印机、盒式磁带录音机、计算机等。

5. 电源

PLC 的电源是为 CPU、存储器、I/O 接口等电路提供电能的直流开关稳压电源。此外，I/O 接口电路的电源相互独立，以减小对彼此间的干扰，同时还可以为输入设备提供直流电源。

6. 编程器

编程器是 PLC 的外部设备，用于手持编程。用户可以用它输入、修改、调试程序。此外，现在越来越多的 PLC 是通过通信电缆将计算机和 PLC 相连接，利用工具软件进行编程或监控。

7. 输入/输出(I/O)扩展接口

I/O 扩展接口用于将外部输入/输出端子的扩展单元与主机相连接。

8. 外部设备接口

该接口可将编程器、计算机、打印机等外部设备与主机相连，以完成相应操作。

11.1.2 PLC 的工作方式

与计算机的中断响应(等待)工作方式不同，可编程控制器采用的是"顺序扫描、不断循环"的工作方式。在 PLC 工作时，CPU 顺序执行用户程序，并按指令步序号进行周期性扫描。若无跳转指令，则从第一条指令顺序执行到最后一条指令，再返回第一条指令，循环往复。此外，在每一轮程序扫描的过程中，PLC 还要完成对输入信号的采样和对输出状态的刷新。

PLC 一个完整的工作过程可大致分为输入采样、程序执行和输出刷新等三个阶段，如图 11-1-5 所示。

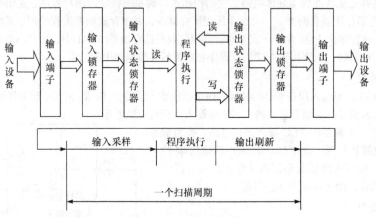

图 11-1-5　PLC 工作过程

1. 输入采样阶段

在输入采样阶段，PLC 将所有暂存在输入锁存器中的输入端子的通断状态或输入数据顺序读入，并将其写入各对应的输入状态寄存器中，刷新输入。此后关闭输入端口，进入程序执行阶段。

2. 程序执行阶段

此阶段 PLC 按用户程序顺序扫描并执行每条指令，所需的执行条件可从输入状态寄存器和当前输出状态寄存器中读入，经过运算和处理后，其结果再写入输出状态寄存器中。因此，输出状态寄存器中所有的内容将随着程序的执行而改变。需要注意的是，在该阶段，即使输入状态有变化，输入状态寄存器的内容也将保持不变。

3. 输出刷新阶段

当程序执行结束时，CPU 将输出状态寄存器的数据送至输出锁存器中，最终通过继电器、晶体管等形式输出，驱动相应输出设备工作。

这三个阶段构成一个完整的扫描周期。需要说明的是，PLC 的这种工作模式存在一定的控制延时和死区，但由于时间很短(几毫秒至几十毫秒)，这种影响对一般工业系统的控制影响不大。

11.1.3 PLC 的主要技术参数

PLC 的主要性能通常可用以下技术参数进行描述。

1. I/O 点数

I/O 点数即 PLC 的输入和输出端子数。这是一项重要的技术指标，显示了 PLC 的控制规模。PLC 的 I/O 点数从数十到上千不等。

2. 用户程序存储容量

该容量决定了用户程序的规模。在 PLC 中，程序指令是按"步"存储的，一"步"占用一个地址单元，但有的指令可能不止一"步"。一个地址单元一般占两个字节(16 位二进制码为一个字，即两个 8 位的二进制码)。例如，一个程序容量为 5000 步的 PLC，其程序存储器为 10KB。

3. 扫描速度

扫描速度指 PLC 每扫描 1000 步用户程序所需的时间,一般以 ms/千步为单位。

4. 指令系统条数

PLC 具有基本指令和高级指令,指令的种类和数量决定了软件的功能。

5. 编程元件的种类和数量

编程元件是指输入继电器、输出继电器、辅助继电器、定时器、计数器、通用"字"寄存器、数据寄存器及特殊功能继电器等,其种类和数量直接决定编程的便捷性,也是衡量 PLC 系统功能强弱的一个重要参考。

需要说明的是,这些继电器、定时器和计数器的作用与继电接触器控制系统中的硬件功能十分相似,在绘制梯形图时也有"线圈"或对应符号,但它们并不是真正意义上的硬件,而是 PLC 存储器的存储单元,在程序中则可以理解成一个变量。以继电器为例,当写入该单元的逻辑状态为"1"时,则表示相应继电器的线圈接通,其常开触点闭合,常闭触点断开。

不同的 PLC 具有不同的编程元件。以松下(Panasonic)FP1 系列 PLC 为例,其最常用的编程元件的编号范围与功能说明如表 11-1-1 所列。

表 11-1-1　FP1-C24 编程元件及说明

元件名称	代表字母	编号范围	功能说明
输入继电器	X	X0～XF　共 16 点	接收外部输入设备的信号
输出继电器	Y	Y0～Y7　共 8 点	输出程序执行结果给外部输出设备
辅助继电器	R	R0～R62F　共 1008 点	在程序内部使用,不能提供外部输出
定时器	T	T0～T99　共 100 点	延时定时继电器,其触点在程序内部使用
计数器	C	C100～C143　共 44 点	减法计数继电器,其触点在程序内部使用

11.1.4　PLC 的主要功能和特点

1. 主要功能

目前 PLC 已具备以下主要功能。

(1) 开关逻辑控制。替代传统的继电接触器,实现逻辑控制,这也是 PLC 最重要的用途。

(2) 定时/计数控制。用定时/计数指令进行定时和计数控制,在工业控制中也得到了广泛应用。

(3) 工序控制。可完成在一道工序完成后,再执行下一道工序操作的控制。

(4) 参数控制。可实现对压力、温度、风量等物理参数进行自动调节。

(5) 通信联网。通过 PLC 与计算机或者 PLC 之间的连接,实现数据组网及远程控制。

(6) 数字量与模拟量的转换。通过 A/D 和 D/A 转换,可实现对模拟量的控制。

2. 主要特点

(1) 可靠性高,抗干扰能力强。

PLC 采用数字集成技术,运算速度快,且可以很方便地进行系统状态自检,运行可靠。此外,通过对 I/O 接口采取光电隔离,极大地提升了系统的抗干扰能力。

(2) 使用灵活、通用性强。

PLC 的硬件是标准化的,加之 PLC 的产品已系列化,功能模块品种多,可以灵活组成各种不同功能的控制系统。在 PLC 构成的控制系统中,只需要在 PLC 的端子上接入相应的输入/输出信号线。当需要变更控制系统的功能时,可以用编程器在线或离线修改程序,同一个 PLC 装置用于不同的控制对象,只是输入/输出组件和应用软件不同。

(3) 设计、施工、调试周期短。

用继电器-接触器控制完成一项控制工程，首先必须按工艺要求画出电气原理图，然后画出继电器屏(柜)的布置和接线图等，进行安装调试，后期修改十分不便。而采用 PLC 控制，由于其靠软件实现控制，硬件线路非常简洁，并为模块化积木式结构，且已商品化，故仅需按性能、容量(输入/输出点数、内存大小)等选用组装，而大量具体的程序编制工作也可在项目前期进行，因而缩短了设计周期，使设计和施工可同时进行。由于用软件编程取代了硬接线实现控制功能，大大减轻了繁重的安装接线工作量，缩短了施工周期。PLC 是通过程序完成控制任务的，采用了方便用户的工业编程语言，且都具有强制和仿真的功能，故程序的设计、修改和调试都很方便，这样可大大缩短设计和投运周期。

11.2 PLC 的编程

可编程控制器的程序有系统程序和用户程序两种。系统程序通常是生产厂家在产品出厂时就已经完成并烧录至存储器中，只能访问不能修改。用户程序则是编程人员根据实际需要编写的应用程序，本节所指的编程就是这种程序。

11.2.1 PLC 编程语言

PLC 编程语言主要有两种，分别是梯形图语言和指令语句表语言，两者相互对应，学习者都应该熟练地掌握。

1. 梯形图

梯形图是一种图形语言，它由继电接触器控制电路图演变而来。梯形图也采用诸如常开/常闭触点、线圈及串、并联等符号，根据用户要求设计连接而成，具有直观、易读等优点。

在梯形图形中，常开和常闭触点一般用 ⊣⊢、⊣/⊢ 图形符号表示，而线圈则用 ⊣ ⊢(或–○–)表示。

以鼠笼式电动机直接起动电路(图 10-3-2)为例，图 11-2-1(a)是用 PLC 控制的梯形图。图中 X1 和 X2 分别表示 PLC 输入继电器的常闭和常开触点，它们分别与图 11-2-2 中的停止按钮 SB₁ 和起动按钮 SB₂ 相对应。Y1 表示输出继电器的线圈和常开触点，对应图 11-2-2 中的接触器 KM。

有几点需要说明：

(1) 梯形图中的器件(触点、线圈等)并不是真正意义上的硬件，而是程序变量。当该变量值为"1"时，表示相应器件的状态改变，即常闭的变成断开，而常开的变成闭合。

(2) 梯形图有左右两根母线，绘图按从左到右、自上而下的顺序进行，起始于左母线，中间是触点、元件的串、并联，最后是线圈与右母线相连。

(3) 输入继电器只能由外部按钮控制，如 X1 对应图 11-2-1 中的按钮 SB₁，则当 SB₁ 按下时 X1 即改变状态，由常闭变成断开。此外，当输出继电器线圈接通时，则对应的输出有效。

2. 指令语句表

指令语句表是一种用指令进行编程的语言，它类似于计算机的汇编语言，但比汇编语言容易理解，数量也很有限。

图 11-2-1(b)是鼠笼式电动机直接起动控制的指令语句表，其中的指令详见 11.2.3 节。

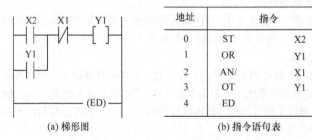

地址	指令	
0	ST	X2
1	OR	Y1
2	AN/	X1
3	OT	Y1
4	ED	

(a) 梯形图   (b) 指令语句表

图 11-2-1 鼠笼式电动机直接起动控制

11.2.2 PLC 的编程原则和方法

1. 编程原则

(1) PLC 编程元件的触点本质均为逻辑变量，可以调用无数次。

(2) 梯形图有左右两条母线，各逻辑行始于左母线，终于右母线。各种元件的线圈接于右母线，线圈与右母线之间不允许有任何元件或触点，线圈与左母线也不能直接相连。图 11-2-2 给出了正确的和不正确的接线。

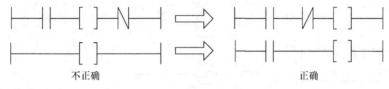

图 11-2-2 正确的和不正确的接线

(3) 绘制梯形图时，应遵循"上重下轻、左重右轻"的原则，以增强程序的可读性。图 11-2-3 所示的是合理的和不合理的接线。

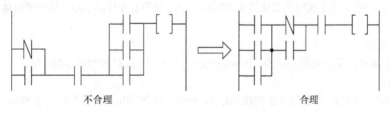

图 11-2-3 合理的和不合理的接线

(4) 在梯形图中不允许将触点画在垂直线上，否则将导致编译错误，如图 11-2-4 所示。

(5) 同一继电器线圈在程序中的输出只能出现一次，但作为触点变量可出现多次。

(6) 外部输入设备常闭触点的处理：以控制电动机直接起动的继电接触器电路为例，在图 11-2-5(a)中，停止按钮 SB$_2$ 采用的是常闭触点。当用 PLC 来控制，在外部接线时，如果 SB$_2$ 仍接成常闭，如图 11-2-5(b)左半部分所示，则在编制梯形图时，SB$_2$ 对应的必须是常开触点 X2，如图 11-2-5(b)右半部分所示。由于常态下 SB$_2$ 闭合，其对应的输入继电器接通，因此常开触点 X2 将变成闭合状态。只有按下 SB$_2$，断开输入继电器，X2 才断开。但这将导致实际控制电路图与梯形图存在差异，势必给程序阅读人员带来困惑，影响程序的可读性。

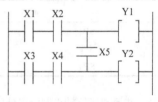

图 11-2-4 无法编程的梯形图

因此，为保持梯形图与原控制电路图的一致性，将梯形图改画成图 11-2-5(c)。此时，为保证控制逻辑正确，在 PLC 的外部接线图中，按钮 SB$_2$ 应该接成常开形式。

需要说明的是，在工程实际中，为了避免误操作，电路中的按钮通常都接成常开形式。

从图 11-2-5(a)和(c)可以看出，为了使梯形图和继电接触器控制电路一一对应，PLC 输入设备的触点应尽可能地接成常开形式。

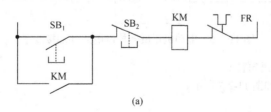

(a)

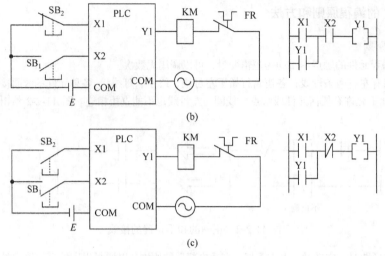

图 11-2-5 电动机直接起动控制

对于热继电器 FR，由于其触点只能接成常闭的，因此只需要在外部电路接线中予以体现，而不需要单独编程控制。

2．编程方法

以鼠笼式电动机正反转控制电路(图 10-3-5(a))为例，介绍用 PLC 控制的编程方法。

1) 确定 I/O 口

该电路需要三个按钮，分别是停止按钮 SB_0、正转起动按钮 SB_F 及反转起动按钮 SB_R，这三个按钮与 PLC 的三个输入端子相连接，在程序中与 X0、X1 及 X2 等三个输入继电器相对应；正转接触器线圈 KM_F 和反转接触器线圈 KM_R 接在两个输出端子上，对应程序中的 Y1 和 Y2。一共需要 5 个 I/O 点，即

输入		输出	
SB_0	X0	KM_F	Y1
SB_F	X1	KM_R	Y2
SB_R	X2		

电动机正反转控制电路外部接线图如图 11-2-6 所示。

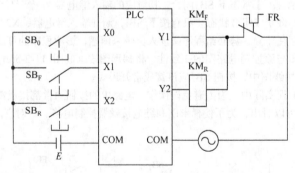

图 11-2-6 电动机正反转控制电路外部接线图

2) 编制梯形图和指令语句表

梯形图和指令语句表如图 11-2-7 所示。

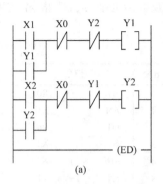

地址	指令	
0	ST	X1
1	OR	Y1
2	AN/	X0
3	AN/	Y2
4	OT	Y1
5	ST	X2
6	OR	Y2
7	AN/	X0
8	AN/	Y1
9	OT	Y2
10	ED	

(a)   (b)

图 11-2-7　电动机正反转控制的梯形图和指令语句表

图 11-2-7(b)中的指令见 11.2.3 节。

11.2.3　PLC 的指令系统

PLC 的指令系统有基本指令和高级指令两种，本节介绍基本指令中一些最常用的指令。

1. 起始指令 ST(Start)、ST/与输出指令 OT(Output)

ST　起始指令：从左母线开始，后面连接常开触点；

ST/　起始反指令(也称取反指令)：从左母线开始，后面连接常闭触点；

OT　输出指令：输出至右母线，后面连接线圈。

这三条指令的用法如图 11-2-8 所示。

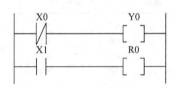

地址	指令	
0	ST/	X0
1	OT	Y0
2	ST	X1
3	OT	R0

图 11-2-8　ST、ST/、OT 指令的用法

指令说明：

(1) ST、ST/指令的使用元件为 X、Y、R、T、C；OT 指令的使用元件为 Y、R。

(2) ST、ST/指令也可与 ANS 或 ORS 块操作指令配合使用。

(3) OT 指令可以连续使用多次，结果相当于线圈的并联，如图 11-2-9 所示。

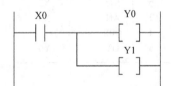

地址	指令	
0	ST	X0
1	OT	Y0
2	OT	X1

图 11-2-9　OT 指令的并联使用

当 X0 闭合时，Y0、Y1 均接通。

2. 触点串联指令 AN(And)、AN/与触点并联指令 OR、OR/

AN 为触点串联指令(也称"与"指令)，AN/为触点串联反指令(也称"与非"指令)。它们分别用于单个常开和常闭触点的串联。

OR 为触点并联指令(也称"或"指令)，OR/为触点并联反指令(也称"或非"指令)。它们分别用于单个常开和常闭触点的并联。

它们的用法如图 11-2-10 所示。

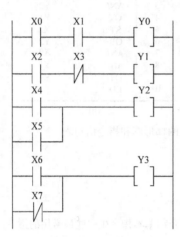

地址	指令	
0	ST	X0
1	AN	X1
2	OT	Y0
3	ST	X2
4	AN/	X3
5	OT	Y1
6	ST	X4
7	OR	X5
8	OT	Y2
9	ST	X6
10	OR/	X7
11	OT	Y3

图 11-2-10 AN、AN/、OR、OR/指令的用法

指令说明：AN、AN/、OR、OR/指令的使用元件为 X、Y、R、T、C。

3. 块串联指令 ANS 与块并联指令 ORS

ANS(块"与")是块串联指令，ORS(块"或")是块并联指令，其用法如图 11-2-11 所示。

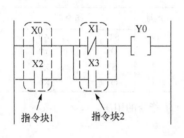

地址	指令	
0	ST	X0
1	OR	X2
2	ST/	X1
3	OR/	X3
4	ANS	
5	OT	Y0

(a)

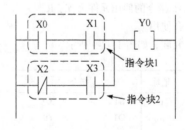

地址	指令	
0	ST	X0
1	AN	X1
2	ST/	X2
3	AN	X3
4	ORS	
5	OT	Y0

(b)

图 11-2-11 ANS、ORS 指令的用法

指令说明：

(1) 均以 ST(或者 ST/)开始。

(2) 当两个以上指令块相互连接时，可将前面块的运算结果作为整体参与新的"块"运算。

(3) 块指令后面不带编程元件。

【例 11.2.1】 写出图 11-2-12(a)所示梯形图的指令语句表。

解 指令语句表如图 11-2-12(b)所示。

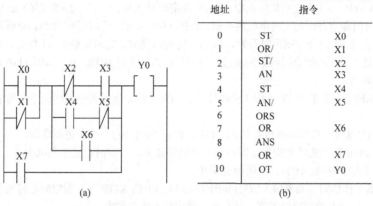

地址	指令	
0	ST	X0
1	OR/	X1
2	ST/	X2
3	AN	X3
4	ST	X4
5	AN/	X5
6	ORS	
7	OR	X6
8	ANS	
9	OR	X7
10	OT	Y0

(a)　　　　　　　　(b)

图 11-2-12　例 11.2.1 的梯形图和指令语句表

4. 反指令/

反指令可以将该指令所在位置的运算结果取反，其用法如图 11-2-13 所示。

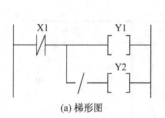

(a) 梯形图

地址	指令	
0	ST/	X1
1	OT	Y1
2	/	
3	OT	Y2

(b) 指令语句表

图 11-2-13　反指令的用法

在图 11-2-13 中，当 X1 闭合时，Y1 接通、Y2 断开；反之亦然。

5. 定时器指令 TM(Timer)

定时器指令有三种：TMR、TMX、TMY。这三种指令对应的定时单位分别是 0.01s、0.1s、1s，其占用的地址号分别是 3 个、3 个、4 个。

TM 指令的用法如图 11-2-14 所示。

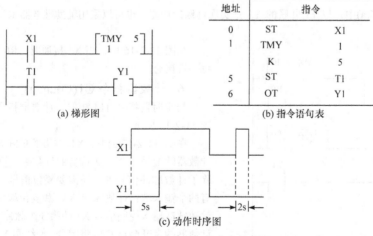

(a) 梯形图

地址	指令	
0	ST	X1
1	TMY	1
	K	5
5	ST	T1
6	OT	Y1

(b) 指令语句表

(c) 动作时序图

图 11-2-14　TM 指令的用法

在图 11-2-14(a)中，X1 右边的矩阵框中，TMY 是定时器名称，"1" 为定时器的编号，"5" 为设置的定时值。定时时间即定值与定时单位的乘积，在图 11-2-14 中，定时时间为 5s。分析该梯形图的控制过程：一旦触发信号 X1 闭合，则定时开始，5s 后，定时时间到，定时器触点 T1 闭合，控制线圈 Y1 接通。需要注意的是，X1 的闭合时间必须超过定时时长，否则定时器无输出，如图 11-2-14(c)中 X1 持续 2s 的高电平是无效的。

在图 11-2-14(b)中，由于 TMY 占用 4 个地址号，因此，指令语句表中的地址号出现了跳跃。

指令说明：

(1) 定时设置值为 1～32767(和 PLC 内部 CPU 位数有关)的任意一个十进制常数。

(2) 定时器内部执行减法计数操作，即每来一个时钟脉冲 C，定时设置值将减少 1，直至为 0，此时定时器有效，触发其常开触点闭合，常闭触点断开。

(3) 在定时器工作期间，如果输入信号(如图 11-2-14(a)中的 X1)断开，则定时器将被复位，同时定时值被恢复到输入信号断开前的原设置值，其常开、常闭触点恢复常态。

【例 11.2.2】 试编制延时 4s 接通、延时 6s 断开的电路的梯形图和指令语句表。

解 可采用两个定时单元为 0.1s 的定时器 T1 和 T2，其定时设置值 K 分别为 40 和 60。梯形图、指令语句表及动作时序图分别如图 11-2-15(a)～(c)所示。

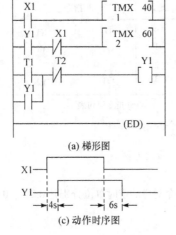

(a) 梯形图

(c) 动作时序图

地址	指令	
0	ST	X1
1	TMX	1
	K	40
4	ST	Y1
5	AN/	X1
6	TMX	2
	K	60
9	ST	T1
10	OR	Y1
11	AN/	T2
12	OT	Y1
12	ED	

(b) 指令语句表

图 11-2-15 例 11.2.2 的图

在图 11-2-15(a)中，与 T1 并联的 Y1 是实现自保持功能，也可以采用辅助继电器 R0，如图 11-2-16 所示。

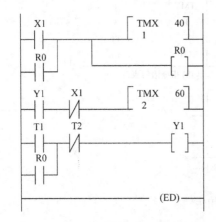

图 11-2-16 例 11.2.2 梯形图的其他设计方案

在图 11-2-16 中，当 X1 接通时，R0 接通，此后 R0 将一直接通。

6. 计数器指令 CT(Counter)

与定时器指令 TM 相似，计数器指令 CT 的用法如图 11-2-17 所示。

在图 11-2-17(a)中，X1 右边的矩阵框中，"20" 为计数器的编号，"3" 为设置的计数值。使用 CT 指令时，除了计数脉冲信号外，还需要复位信号。因此，计数器有两个输入端：计数脉冲端 C 和复位端 R。在图中，当计数脉冲输入控制信号 X1 的第 3 个脉冲上升沿来到时，计数器的常开触点 C20 将闭合，使线圈 Y1 接通。而当复位信号 X2 的脉冲上升沿来到时，计数器失效，其常开触点 C20 断开，使线圈 Y1 断开。

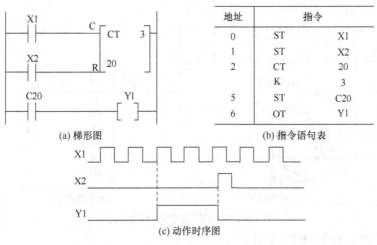

(a) 梯形图   (b) 指令语句表

地址	指令	
0	ST	X1
1	ST	X2
2	CT	20
	K	3
5	ST	C20
6	OT	Y1

(c) 动作时序图

图 11-2-17　CT 指令的用法

指令说明：

(1) 计数设置值为 1～32767 的任意一个十进制常数。

(2) 与定时器类似，计数器为减 1 计数，即每输入一个计数脉冲的上升沿，计数设置值逐次减 1，直至为零，计数器动作，其常开触点闭合，常闭触点断开。

7. 堆栈指令 PSHS(Push Stack)、RDS(Read Stack)、POPS(Pop Stack)

堆栈指令主要用于对指令运算结果的处理，其中 PSHS 指令存储该指令的运算结果(压入堆栈)；RDS 指令读出由 PSHS 指令存储的运算结果(读出堆栈)；POPS 指令读出和清除 PSHS 指令存储的运算结果(弹出堆栈)。堆栈指令的用法如图 11-2-18 所示。

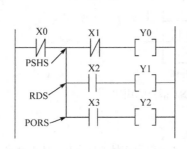

地址	指令	
0	ST/	X0
1	PSHS	
2	AN/	X1
3	OT	Y0
4	RDS	
5	AN	X2
6	OT	Y1
7	POPS	
8	AN	X3
9	OT	Y2

图 11-2-18　PSHS、RDS、POPS 指令的用法

指令说明：

(1) 在梯形图中，如果有多条连于同一点的支路要用到同一中间运算结果，此时用堆栈指令是比较方便的。图 11-2-19 为图 11-2-18 的等效梯形图，可以看出，采用堆栈指令编程可明显简化程序的结构，提高程序的可读性。

(2) 堆栈指令中的某一条不能单独使用，其中 PSHS、POPS 在堆栈程序的首尾各出现一次，但 RDS 在程序中却可以多次使用(取决于支路数量)。

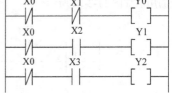

8. 微分指令 DF(Differential)、DF/

DF 指令用于检测触发信号的上升沿，DF/指令则用于检测触发信号的下降沿。当这两个信号有效时，将使线圈接通一个扫描周期。

它们的用法如图 11-2-20 所示。

图 11-2-19　图 11-2-18 的等效梯形图

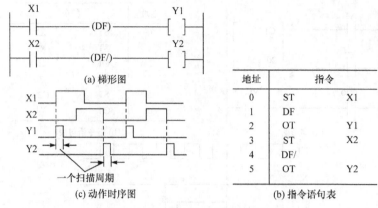

(a) 梯形图

地址	指令	
0	ST	X1
1	DF	
2	OT	Y1
3	ST	X2
4	DF/	
5	OT	Y2

(c) 动作时序图

(b) 指令语句表

图 11-2-20 DF、DF/指令的用法

9. 置位、复位指令 SET、RST

这两个指令可以直接控制输出线圈的接通或断开，其中 SET 指令控制线圈的接通，RST 指令控制线圈的断开。

置位、复位指令的用法如图 11-2-21 所示。

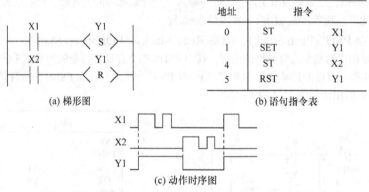

地址	指令	
0	ST	X1
1	SET	Y1
4	ST	X2
5	RST	Y1

(a) 梯形图

(b) 语句指令表

(c) 动作时序图

图 11-2-21 SET、RST 指令的用法

指令使用说明：

(1) SET、RST 指令的应用元件为 Y、R。

(2) 一旦触发信号有效，即执行这两条指令。此后，无论触发信号如何变化，线圈都将保持接通或断开，但如果是不同类型的触发信号到来时，输出将可能改变。如图 11-2-21 中先是 X1 有效，线圈接通，但随后复位信号 X2 有效，则线圈随即断开。

(3) SET、RST 指令各占 3 个地址号。

10. 空操作指令 NOP(No Operation)

该指令不执行任何操作，对运算结果没有影响，主要是标识作用，方便程序的检查和修改。NOP 指令的用法如图 11-2-22 所示。

地址	指令	
0	ST	X1
1	NOP	
2	OT	Y1

图 11-2-22 NOP 指令的用法

在图 11-2-22 中，当 X1 闭合时，Y1 接通。

11.3 PLC 系统设计

本节将介绍可编程控制器的系统设计方法。

对于一个较复杂应用系统的设计，通常需要从硬件和软件两个方面进行统筹考虑。

1. 硬件设计

首先应了解并熟悉控制对象的工作原理、工艺流程及详尽的控制要求。其次根据 I/O 点数(一般需预留15%左右的备用量)、用户程序规模(存储容量)、系统的响应速度及输入/输出接口要求等对 PLC 进行选型。

2. 软件设计

根据被控对象的控制要求，尤其是各工艺之间的逻辑要求，合理设计控制软件，并尽量使程序模块化、减少跳转指令，增强程序的可读性及可扩展性。在正式编程之前，对于较复杂的程序，为方便设计、调试，建议先绘制软件流程图。

PLC 应用控制系统设计流程框图如图 11-3-1 所示。

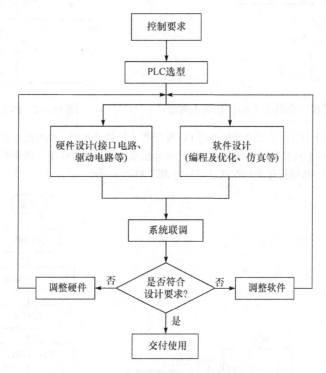

图 11-3-1　PLC 应用控制系统设计流程框图

11.4　工 程 应 用

三相异步电动机Y-△
换接起动控制编程

第 8 章指出对于功率较大的电动机，为减小其起动电流，通常需要进行 Y-△换接起动，本节以三相异步电动机 Y-△换接起动控制电路为应用对象，介绍可编程控制器工程案例的设计过程。

用 PLC 控制三相异步电动机 Y-△换接起动控制电路(图 8-7-1)，可采用三个交流接触器完成开关的切换，如图 11-4-1 所示。

首先进行 I/O 点分配，如图 11-4-2 所示。

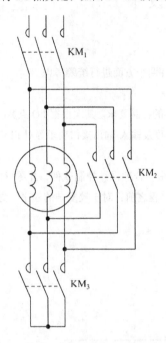

图 11-4-1 三相异步电动机 Y-△换接起动主电路

输入		输出	
SB$_1$	X1	KM$_1$	Y1
SB$_2$	X2	KM$_2$	Y2
		KM$_3$	Y3

图 11-4-2 PLC I/O 分配

图 11-4-3(a)～(d)分别给出了该电路的外部 I/O 接线图、软件流程图、梯形图及指令语句表。
需要指出的是，对于较复杂的程序，通常建议先画出系统的软件流程图，再根据流程图搭建梯形图。
三相异步电动机 Y-△换接起动的控制过程分析如图 11-4-4 所示。

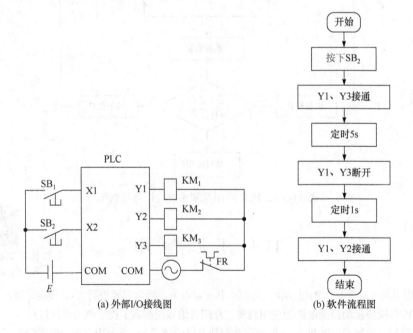

(a) 外部I/O接线图

(b) 软件流程图

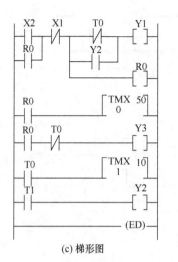

地址	指令		地址	指令	
0	ST	X2	13	ST	R0
1	OR	R0	14	AN/	T0
2	AN/	X1	15	OT	Y3
3	PSHS		16	ST	T0
4	OT	R0	17	TMX	1
5	POPS			K	10
6	AN	Y2	20	ST	T1
7	OR/	T0	21	OT	Y2
8	OT	Y1	22	ED	
9	ST	R0			
10	TMX	0			
	K	50			

(c) 梯形图　　　　　　　　(d) 指令语句表

图 11-4-3　PLC 控制三相异步电动机 Y-△换接起动的编程

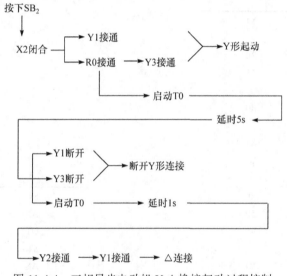

图 11-4-4　三相异步电动机 Y-△换接起动过程控制

习　　题

11.1　试画出题 11.1 图所示各梯形图中输出继电器的动作时序图。

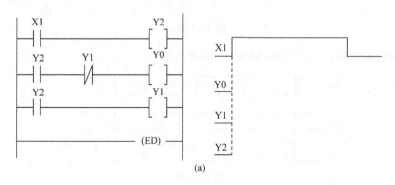

(a)

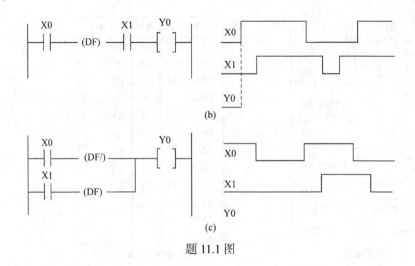

(b)

(c)

题 11.1 图

11.2 试画出题 11.2 图所示指令语句表所对应的梯形图。

ST	X1
DF	
OR	R0
AN/	T1
PSHS	
OT	R0
RDS	
AN	X1
OT	Y0
POPS	
TMX	0
K	50
ST	R0
DF	
SET	Y1
ST	T1
DF/	
RST	Y1
ED	

(a)

ST	X1
AN/	Y1
OT	Y0
ST	X2
AN/	Y0
OT	Y1
ST	Y0
ST	Y1
ED	

(b)

题 11.2 图

11.3 试画出能实现题 11.3 图所示动作时序图的梯形图。

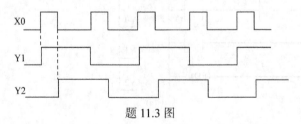

题 11.3 图

11.4 试写出题 11.4 图中两个梯形图的指令语句表，并画出 Y0 的动作时序图，然后说明各梯形图的功能。

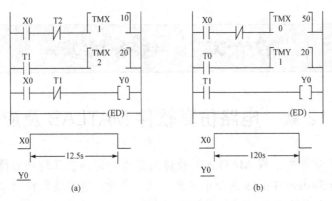

题 11.4 图

11.5 某电路输出的动作时序图如题 11.5 图所示，试编制相应的梯形图和指令语句表。

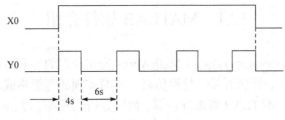

题 11.5 图

11.6 梯形图如题 11.6 图所示，画出 Y0 的动作时序图。

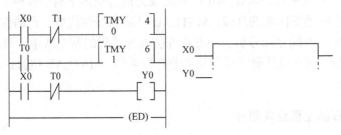

题 11.6 图

11.7 试编制实现下述控制要求的梯形图。通过对输入触点 X0 计数以控制三个灯 Y1、Y2、Y3 的亮灭；开关(X0)闭合一次，Y1 点亮；闭合两次，Y2 点亮；闭合三次，Y3 点亮；再闭合一次，三个灯全灭。

11.8 用 PLC 控制两台三相鼠笼式电动机 M_A 和 M_B。要求 M_B 先起动，经过 4s 后 M_A 起动；M_A 停车后，M_B 延迟 3s 停车。画出梯形图，并写出指令语句表。

11.9 分析由定时器与计数器组成的长延时电路的工作过程，其梯形图如题 11.9 图所示，且假设 X1 闭合的时间足够长。

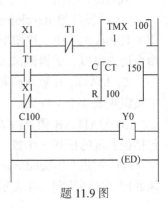

题 11.9 图

第六篇　电路仿真

第 12 章　电路仿真软件 MATLAB 及应用

内容概要： 本章首先介绍 MATLAB 软件的基本功能，以及软件的模块构成，特别是 Simulink 中 Power System Blocks 的使用开发方法。其次，运用该软件对本书中相关电路进行建模仿真，为电路的分析、测试提供依据。

重点要求： 学会运用 MATLAB 软件对电路进行建模仿真。

12.1　MATLAB 软件介绍

MATLAB(matrix laboratory)是美国 MathWorks 公司开发的一套高性能的数值分析和计算软件，用于概念设计、算法开发、建模仿真、实时实现的理想集成环境，是目前最好的科学计算类软件之一。MATLAB 将矩阵运算、数值分析、图形处理、编程技术结合在一起，为用户提供了一个强有力的科学及工程问题的分析计算和程序设计工具，它还提供了专业水平的符号计算、文字处理、可视化建模仿真和实时控制等功能，是具有全部语言功能和特征的新一代软件开发平台。MATLAB 已发展成为适合众多学科、多种工作平台、功能强大的大型软件。在欧美等国家的高校，MATLAB 已成为线性代数、自动控制理论、数理统计、数字信号处理、时间序列分析、动态系统仿真等课程的基本教学工具。成为在校生必须掌握的基本技能。而在设计研究单位和工业开发部门，MATLAB 也被广泛地应用于研究和工程实践中。

12.1.1　MATLAB 的主要组成部分

MATLAB 系统由 5 个主要的部分构成。

(1) 开发环境(development environment)：为 MATLAB 用户或程序编制员提供的一套应用工具和设施。由一组图形化用户接口工具和组件集成，包括 MATLAB 桌面、命令窗口、命令历史窗口、编辑调试窗口及帮助信息、工作空间、文件和搜索路径等浏览器。

(2) MATLAB 数学函数库(math function library)：数学和分析功能在 MATLAB 工具箱中被组织成 8 个文件夹。

(3) MATLAB 语言(MATLAB language)：一种高级编程语言(高阶的矩阵/数组语言)，包括控制流的描述、函数、数据结构、输入/输出及面对对象编程。

(4) 句柄图形(handle graphics)：MATLAB 制图系统具有二维、三维的数据可视化，图像处理，动画片制作和表示图形功能，可以对各种图形对象进行更为细腻的修饰和控制，允许建造完整的图形用户界面(GUI)，以及建立完整的图形界面的应用程序。制图法功能在MATLAB 工具箱中被组织成 5 个文件夹：二维图表(graph2d)、三维图表(graph3d)专业化图表(specgraph)、制图法(graphics)、图形用户界面工具(uitools)。

(5) 应用程序接口(applied function interface)：MATLAB 的应用程序接口允许用户使用C 或 FORTRAN 语言编写程序与 MATLAB 连接。

12.1.2　MATLAB 的系统开发环境

1. 操作桌面(Operating Desktop)

(1) 桌面布局包括 6 个窗口，即命令窗口、工作空间窗口、当前目录浏览器、命令历史窗口、启动平台、帮助窗口、M 文件优化器。

(2) 菜单和工具栏(Menu and Toolbar)：操作桌面上有 6 个菜单和带有 9 个快捷按钮的工具栏组。

(3) 改变桌面设置(Setting)：File 菜单中 Preference 对话框中设置。

2. 命令窗口(Command window)

命令窗口是 MATLAB 的主要交互窗口。用于输入 MATLAB 命令、函数、数组、表达式等信息，并显示图形以外的所有计算结果，还可在命令窗口输入最后一次输入命令的开头字符或字符串，然后用↑键调出该命令行。

3. 工作空间窗口(Workspace Window)

该窗口用于储存各种变量和结果的空间，显示变量的名称、大小、字节数及数据类型，对变量进行观察、编辑、保存和删除，临时变量不占空间。

为了对变量的内容进行观察、编辑与修改，可以用三种方法打开内存数组编辑器。双击变量名，单击该窗口工具栏上的打开图标，鼠标指向变量名，右击，弹出选择菜单，然后选项操作。

欲查看工作空间的情况，可以在命令窗口键入命令 whos(显示存在工作空间全部变量的名称、大小、数据类型等信息)或命令 who(只显示变量名)。

4. 当前目录浏览器(Current Directory)

其用于显示及设置当前工作目录，同时显示当前工作目录下的文件名、文件类型及目录的修改时间等信息。只有在当前目录或搜索路径下的文件及函数可以被运行或调用。

设置当前目录可以在浏览器窗口左上角的输入栏中直接输入，或单击浏览器下拉按钮进行选择。还可用 cd 命令在命令窗口设置当前目录，如：

```
cd c:\mydir
```
可将 c 盘上的 mydir 目录设为当前工作目录。

5. 命令历史窗口(Command History)

记录已运行过的 MATLAB 命令历史，包括已运行过的命令、函数、表达式等信息，可进行命令历史的查找、检查等工作，也可以在该窗口中进行命令复制与重运行。

6. 启动平台(Launch Pad)

帮助用户方便地打开和调用 MATLAB 的各种程序、函数和帮助文件。

平台列出了系统中安装的所有的 MATLAB 产品的目录，可以通过双击来启动相应的选项。

7. MATLAB 的搜索路径(Searching Path)

MATLAB 定义的一系列文件路径的组合，缺省状态下包括当前路径和已安装的全部工具箱的路径。

搜索目录的设置通过选择主菜单 Set Path 菜单项进行。

单击 Add Folder 按钮可以将某一目录加入搜索路径，单击 Add with Subfolder 按钮可将选中目录的子目录也包括在搜索路径中。

8. 内存数组编辑器(Array Editor)

其提供对数值型或字符型二维数组的显示和编辑功能，对其他数据类型都不能编辑。通过工作空间窗口打开所选的变量时，该编辑器启动。

12.2　Simulink 仿真基础

Simulink 是 MATLAB 软件的扩展，它是实现动态系统建模和仿真的一个软件包，它与 MATLAB 语言的主要区别在于，其与用户的交互接口是基于 Windows 的模型化图形输入，其结果是使得用户可以把更多的精力投入系统模型的构建，而非语言的编程上。

模型化图形输入是指 Simulink 提供了一些按功能分类的基本的系统模块，用户只需要知道这些模块的输入/输出及模块的功能，而不必考察模块内部是如何实现的，通过对这些基本模块的调用，再将它们连接起来就可以构成所需要的系统模型(以.mdl 文件进行存取)，进而进行仿真与分析。

仿真的最大好处在于设计人员可以忽略在实际施工中投入的巨大成本，在设备投入运行时先用 MATLAB 软件仿真出一个结果，验证所设计的电路的功能、性能的优劣以及有没有电路设计的疏漏。对于刚开始接触该软件的人员而言，仿真最重要的意义就是检验电路的准确性，以及快速生动地理解电路的功能和运作原理。对于设计人员，仿真最重要的意义则是减少研究时间，节省施工开销。当我们在软件中把模型建立出来后，就可以随意改变其中的任意元件，或者线路，或者参数，进而看出不同的情况下不同的电路反应等。

12.2.1　Simulink 启动

在 MATLAB 命令窗口中输入 Simulink,结果是在桌面上出现一个称为 Simulink Library Browser 的窗口，在这个窗口中列出了按功能分类的各种模块的名称。

也可以通过 MATLAB 主窗口的快捷按钮来打开 Simulink Library Browser 窗口。

12.2.2　Simulink 模块库介绍

整个 Simulink 模块库是由各个模块组构成的，标准的 Simulink 模块库中，包括信号源(Source)模块组、仪器仪表(Sinks)模块组、连续(Continuous)模块组、离散(Discrete)模块组、数学运算(Math)模块组、非线性(Nonlinear)模块组、函数与表格(Function&Tables)模块组、信号与系统(Signals&Systems)模块组和子系统(Subsystems)模块组几个部分，此外还有和各个工具箱与模块集之间的联系构成的子模块组，用户还可以将自己编写的模块组挂靠到整个模型库浏览器下。

12.2.3　电力系统模块库介绍

进入 MATLAB 系统后打开模块库浏览窗口，双击其中的 Power System Blocks 即可弹出电力系统工具箱模块库。SimPowerSystems 本质上是一个建模仿真软件，它的任务主要是让用户在它的工作环境中建立电路模型，然后经过模拟仿真一系列程序的运行，达到和实际功能水准一样的模拟系统。这样，用户在任意一处插入元件、设置故障等动作不会对现实造成任何影响，还能快速得到用户想要的结论。

System Blocks 包括连接(Connectors)元件库、电源(Electrical Sources)库、基本元件(Elements)库、电机(Machines)元件库、电力电子(Power Electronics)元件库、测量(Measurements)元件库和扩展元件库(Extra Library)，这些元件库包含了大多数常用电力系统元件的模块。利用这些库模块及其他库模块，用户可方便、直观地建立各种系统模型并进行仿真。

1) Connectors 接线设备模型

这一部分包括一些电力系统中常用的接线设备，如接地设备、输电线母线等，如图 12-2-1 所示。

2) 电源库

电源模型图如图 12-2-2 所示。

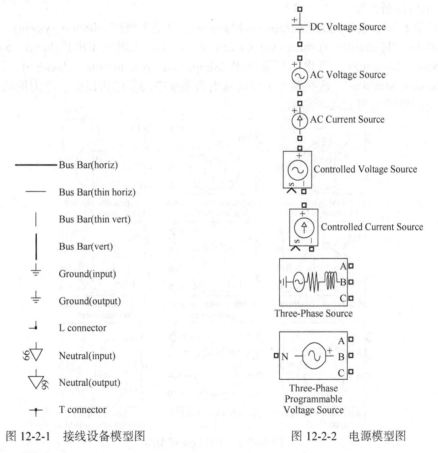

图 12-2-1　接线设备模型图　　　　图 12-2-2　电源模型图

3) 基本元件库

该部分包括断路器(Breaker)、分布参数线(Distribute Parameter Line)、线性变压器(Linear Transformer)、并联 RLC 负荷(Parallel RLC Load)、Ⅱ型线路参数(Ⅱ Section Line)、饱和变压器(Saturable Transformer)、串联 RLC 支路(Series RLC Branch)、串联 RLC 负荷(Series RLC

Load)、过电压自动装置(Surge Arrester)。这部分可以仿真交流输电线装置。基本元件模型图如图 12-2-3 所示。

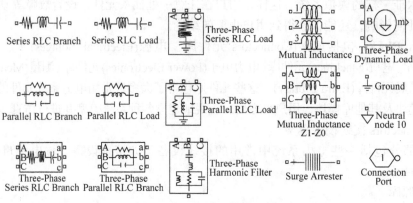

图 12-2-3　基本元件模型图

4) 电机设备模型

此部分有异步电动机(Asynchronous Machine)、励磁系统(Excitation System)、水轮电机及其监测系统(Hydraulic Turbine and Governor, HTG)、永磁同步电机(Permanent Magnet Synchronous Machine)、简化的同步电机(Simplified Synchronous Machine)、同步电机(Synchronous Machine)。这些模型可以仿真电力系统中的发电机设备、电力拖动设备等。电力设备模型图如图 12-2-4 所示。

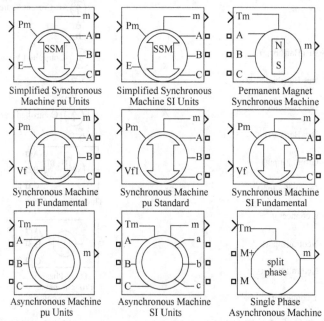

图 12-2-4　电机设备模型图

5) 电力电子设备模型

此部分含有二极管(Diode)、GTO、理想开关(Ideal Switch)、MOS 管(MOSFET、可控晶闸管(Thyristor)的仿真模型。这些设备模型不仅可以单独进行仿真而且可以组合在一起仿真整流电路等直流输变电的电力电子设备。电力电子设备模型图如图 12-2-5 所示。

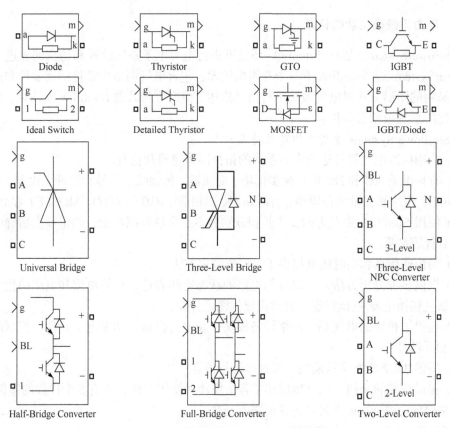

图 12-2-5　电力电子设备模型图

6) 测量设备模型

该部分模型是用来采集线路的电压或电流值的电压表和电流表。这一部分还起着连接 Simulink 模型与 Powerlib 模型的作用。测量设备模型图如图 12-2-6 所示。

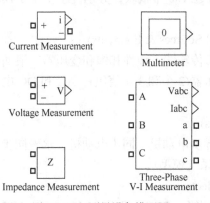

图 12-2-6　测量设备模型图

7) 扩展库

扩展库包含了上述各个模块组中的各个附加子模块组，用户可以根据自己的电力系统结构图使用 Powerlib 和 Slmulink 中相应的模型来组成仿真的电路模型。

12.2.4 电力系统模块功能特点

SimPowerSystems 是在 Simulink 环境下进行电力电子系统建模和仿真的先进工具。SimPowerSystems 是 Simulink 下一个专用模块库，包含电气网络中常见的元器件和设备，以直观易用的图形方式对电气系统进行模型描述。模型可与其他 Simulink 模块相连接，进行一体化的系统级动态分析。

1. SimPowerSystems 专用模块库的特点

(1) 使用标准电气符号进行电力系统的拓扑图形建模和仿真。

(2) 有标准的 AC 和 DC 电机模型模块、变压器、传输线、信号和脉冲发生器、HVDC 控制、IGBT 模块和大量设备模型，有断路器、二极管、IGBT、GTO、MOSFET 和晶闸管。

(3) 使用 Simulink 强有力的变步长积分器和零点穿越检测功能，给出高度精确的电力系统仿真计算结果。

(4) 为快速仿真和实时仿真提供了模型离散化方法。

(5) 提供多种分析方法，可以计算电路的状态空间表达、计算电流和电压的稳态解、设定或恢复初始电流/电压状态、电力机械的潮流计算。

(6) 提供了扩展的电气系统网络设备模块，如电力机械、功率电子元件、控制测量模块和三相元器件。

(7) 提供 36 个功能演示模型，可直接运行仿真。

(8) 提供详细的文档，完整地描述了各个模块和使用方法，还有 5 个详细的案例。

2. SimPowerSystems 专用模块库的强大功能

1) SimPowerSystems 中的模块

SimPowerSystems 中模块的数学模型基于成熟的电磁和机电方程，用标准的电气符号表示。它们可以同标准的 Simulink 模块一起使用，建立包含电气系统和控制回路的模型，与 SimPowerSystems 提供的测量模块实现连接。

SimPowerSystems 拥有近 100 个模块，分别位于 7 个子模块库中。这些库模块涵盖了以下应用范围。

(1) 电气网络(Electrical Sources & Elements)。

RLC 支路和负载、π 形传输线、线性和饱和变压器、浪涌保护、电路分离器、互感、分布参数传输线、三相变压器(2 个和 3 个绕组)、AC 和 DC 电压源、受控电压源和受控电流源。

(2) 电力机械(Machines)。

完整或是简化形式的异步电动机、同步电动机、永磁同步电动机、直流电动机、激磁系统和水轮机/涡轮机调速系统模型。

(3) 电力电子(Power Electronics)。

二极管、简化/复杂晶闸管、GTO、开关、MOSFET、IGBT 和通用型桥接管模型。

(4) 控制和测量(Measurements)模块。

电压、电流和电抗测量，RMS 测量，有功和无功功率计算，计时器，万用表，傅里叶分析、HVDC 控制、总谐波失真、abc 到 dq0 和 dq0 到 abc 轴系变换，三相 $V\text{-}I$ 测量，三相脉冲和信号发生，三相序列分析，三相 PLL 和连续/离散同步 6-脉冲发生器，12-脉冲发生器。

(5) 三相网络元器件(Electrical Sources & Elements)。

三相 RLC 负载和支路、三相断路器、三相电抗、π形传输线、AC 电压源、6-脉冲二极管和晶闸桥管、整流二极管、Y-△/△-Y/Y-Y/△-△可配置三相变压器。

2) 与 Simulink 和 MATLAB 集成在一起

SimPowerSystems 与 Simulink 和 MATLAB 是无缝结合在一起的。仿真仍可使用 Simulink 强大的的变步长积分器——其中有一些专为刚性系统求解而设计,用来精确地计算电气系统模型。另外,Simulink 的零点穿越检测功能,能以机器数据精度水平计算检测并求解不连续过程。

MATLAB 及其工具箱所提供的功能同样可以用来分析仿真结果,将其可视化,并进一步进行整个完整系统的建模、仿真和优化设计。

3) 交互式参数设定

用户可以使用 SimPowerSystems 提供的 Powergui 模块修改模型的初始状态,从任何起始条件开始仿真分析。

Powergui 交互式工具模块提供的工具有如下功能:显示稳态电压和电流;显示并修改初始状态量;计算潮流和初始化机电模块;当模型中存在电抗测量模块时可显示电抗相对频率的变化;可使用控制系统工具箱的 LTI Viewer 工具,进行系统的时域、频域响应分析;生成稳态计算分析报告。

4) 仿真和分析

通过 SimPowerSystems 的测量模块可以将电气系统模型信号转变为 Simulink 模型信号,并在示波器中显示。电动机和电力电子模块的测量输出端也可以直接输出 Simulink 模型信号。

除了使用连续仿真求解器,SimPowerSystems 还可以使用离散化模块将模型离散化,利用定步长梯形积分法进行离散仿真计算。这一特性能够显著提高仿真计算的速度,尤其是带有电力电子设备的模型。另外,由于模型被离散化了,这时还可以用 Real-Time Workshop 生成模型的代码,进一步提高仿真的速度。

SimPowerSystems 以 M-文件形式提供了 power2sys 函数,可用于在仿真过程之外获得电路的状态空间模型表达。该函数分析网络拓扑结构,并计算出等价状态空间模型。在这个函数所提供信息的帮助下,可以使用如控制系统工具箱进行更进一步的分析。

5) 完善的文档和示例

除了产品使用的基本信息,SimPowerSystems 提供的文档还覆盖了更多高级主题,如积分算法的选择、提高仿真速度和定制模块。文档同样包括所有模块的描述信息、5 个详细的案例研究和 7 节课程的教学。

随 SimPowerSystems 发布的还有 36 个可以直接运行的演示模型,其中有一些展示了对某些有一定使用经验的用户而言层次更高的建模概念。演示模型包括 6-脉冲 HVDC 传输系统、12-脉冲 HVDC 传输系统、三相整流、MOSFET 变换、汽轮机/调速系统和一个说明定步长梯形法计算的电流饱和变压器模型。这些都为 SimPowerSystems 的学习和使用建立了良好的起点。

12.3　工　程　应　用

【例 12.3.1】　直流电路分析。如图 12-3-1 所示的电路，已知：U_S=10V, R_1=6Ω、R_2=8Ω、R_3=2Ω、R_4=12Ω、R_5=10Ω、R_6=5Ω。求 I_4 和 U_6。

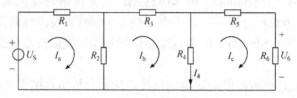

图 12-3-1　例 12.3.1 电路

利用 MATLAB 中的电力系统模块集和虚拟仪器搭建仿真电路。根据图 12-3-1 可知电路需要 1 个 Electrical Sources 模块下的 DC Voltage Source，6 个 Elements 模块下的 Series RLC Branch。由于要测量电流和电压，所以还需要 Measurements 模块下的电流测量(Current Measurement)模块和电压测量(Voltage Measurement)模块，另需要 2 个 Sinks 模块下的 Display。然后根据题目给出的条件对各元件进行赋值，搭建出如图 12-3-2 所示的仿真电路。最后进行仿真，2 个 Display 中显示的值即所要求的电流值和电压值。

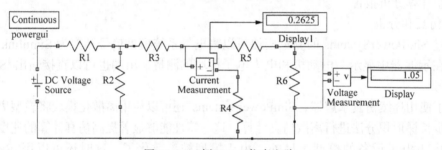

图 12-3-2　例 12.3.1 仿真电路

【例 12.3.2】　含受控源的电阻电路。如图 12-3-3 所示的是一个含受控源的电阻电路，设 R_1=R_2=R_3=4Ω, R_4=2Ω，控制常数 K_1=0.5, K_2=4, I_S=2A。求 I_1 和 I_2。

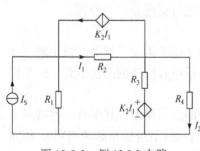

图 12-3-3　例 12.3.2 电路

利用 MATLAB 中的电力系统模块集和虚拟仪器搭建仿真电路。搭建好的仿真电路如图 12-3-4 所示，根据图 12-3-4 可知电路需要 4 个 Elements 模块下的 Series RLC Branch，2 个受控源是 Electrical Sources 下的 Controlled Current Source 和 Controlled Voltage Source。由于受控源分别受 2 条支路的电流控制，所以需要 2 个 Measurements 模块下的电流测量模块来引出这 2 条支路的电流。控制常数则由 2 个 Simulink 库下 Math Operations 中的 Gain 来完成。分别双击各元件，在弹出的对话框中对各电阻及各控制元件根据题目给出的条件赋值。

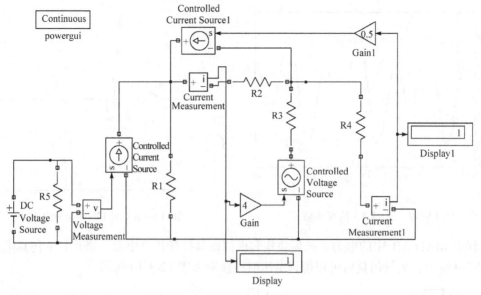

图 12-3-4　例 12.3.2 仿真电路

MATLAB 中没有直流电流源，所以这里用了一个小技巧，用受控电流源来完成。由于 powerlib 中有直流电压源，所以选用一个直流电压源来控制受控电流源，还需要 1 个 Measurements 模块下的电压测量 (Voltage Measurement)模块。电路图中电流源的电流为 2A，所以直流电压源的电压设为 2V。

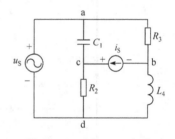

【例 12.3.3】　正弦稳态电路。电路如图 12-3-5 所示，C_1=0.5F，R_2=R_3=2Ω，L_4=1H，u_S=10cos$t$ V，$i_S(t)$=5cos2t A，求 b、d 两点的电压。

图 12-3-5　例 12.3.3 电路

利用 MATLAB 中的电力系统模块集和虚拟仪器搭建仿真电路。搭建好的仿真电路如图 12-3-6 所示，运行仿真后可以得到电压时域波形如图 12-3-7 所示。

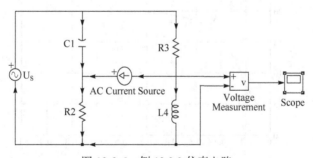

图 12-3-6　例 12.3.3 仿真电路

【例 12.3.4】　暂态电路。如图 12-3-8 所示，假设 U= 20V，C = 4μF，R_1 = R = 50kΩ，当 t = 0s 时闭合开关 S_1，当 t = 0.1s 时闭合开关 S_2。设 u_C 的初始状态 $u_C(0)$ = 0，求电容上的电压 u_C。

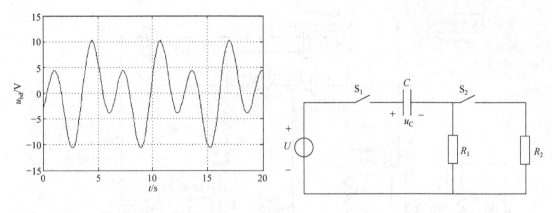

图 12-3-7　例 12.3.3 仿真结果　　　　　　图 12-3-8　例 12.3.4 仿真电路

利用 MATLAB 中的电力系统模块集和虚拟仪器搭建仿真电路。搭建好的仿真电路如图 12-3-9 所示，运行仿真后可以得到电压时域波形如图 12-3-10 所示。

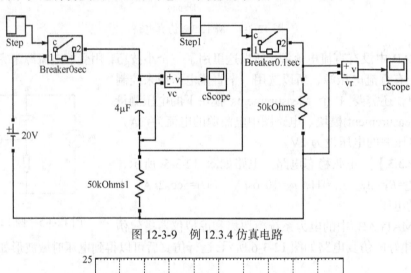

图 12-3-9　例 12.3.4 仿真电路

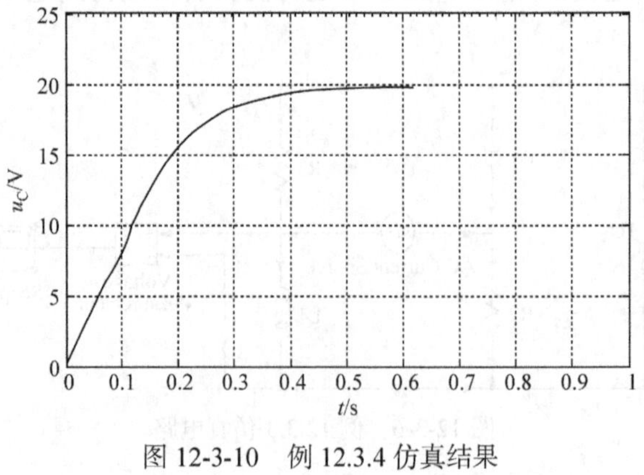

图 12-3-10　例 12.3.4 仿真结果

参 考 文 献

秦曾煌, 2009. 电工学[M]. 7 版. 北京: 高等教育出版社.

唐介, 2014. 电工学(少学时)[M]. 4 版. 北京: 高等教育出版社.

吴建强, 张继红, 2015. 电路与电子技术[M]. 北京: 高等教育出版社.

BOYLESTAD R L, NASHELSKY L, 2013. Electronic Devices and Circuit Theory[M]. 9th ed. Beijing: Publishing House of Electronics Industry.

GB 16895.21—2011/IEC 60364-4-41:2005, 低压电气装置 第 4-41 部分:安全防护 电击防护[S]. 北京: 中国标准出版社.

GB 50053—2013, 20kV 及以下变电所设计规范[S]. 北京: 中国计划出版社.

GB 50054—2011, 低压配电设计规范[S]. 北京: 中国计划出版社.

GB/T 12325—2008, 电能质量 供电电压偏差[S]. 北京: 中国计划出版社.

GB/T 14549—1993, 电能质量 公用电网谐波[S]. 北京: 中国计划出版社.